无线传感器网络技术与应用：ZigBee版

▶主　编　谢金龙　刘蔚　杨波

▶副主编　宁朝辉　邓人铭

▶主　审　王宏宇

中国教育出版传媒集团
高等教育出版社·北京

内容提要

本书是高等职业教育电类课程新形态一体化教材。

本书将全国职业院校技能大赛“物联网应用技术”赛项和1+X“传感网应用开发”职业技能等级证书的部分核心考点进行融合，跟踪ZigBee无线传感器网络的最新应用和发展，全面、系统地介绍ZigBee无线传感器网络的基本理论及其相关应用。全书共分为7个项目，内容包括初识ZigBee无线传感器网络、ZigBee无线传感器网络入门、ZigBee无线传感器网络协议栈、ZigBee无线传感器网络数据通信、ZigBee无线传感器网络管理、网关技术应用、ZigBee无线传感器网络设计。

本书配套有PPT电子课件、微课、源代码、实验指导和课程标准等数字资源，读者可发送电子邮件至gzdz@pub.hep.cn获取部分资源。

本书可作为高等职业院校物联网、通信、计算机、网络等相关专业的教材，也可作为物联网领域相关企业工程技术人员的培训教材和工具书。

图书在版编目（CIP）数据

无线传感器网络技术与应用：ZigBee版 / 谢金龙，刘蔚，杨波主编．-- 北京：高等教育出版社，2023.1
ISBN 978-7-04-058939-9

Ⅰ.①无… Ⅱ.①谢…②刘…③杨… Ⅲ.①无线电通信－传感器－计算机网络－高等职业教育－教材 Ⅳ.①TP212

中国版本图书馆CIP数据核字（2022）第116366号

无线传感器网络技术与应用：ZigBee版
WUXIAN CHUANGANQI WANGLUO JISHU YU YINGYONG：ZigBee BAN

策划编辑 郑期彤　责任编辑 郑期彤　封面设计 赵 阳　版式设计 童 丹
责任绘图 黄云燕　责任校对 陈 杨　责任印制 刘思涵

出版发行 高等教育出版社
社　　址 北京市西城区德外大街4号
邮政编码 100120
印　　刷 北京汇林印务有限公司
开　　本 850mm×1168mm 1/16
印　　张 16.5
字　　数 410千字
购书热线 010-58581118
咨询电话 400-810-0598
网　　址 http://www.hep.edu.cn
　　　　 http://www.hep.com.cn
网上订购 http://www.hepmall.com.cn
　　　　 http://www.hepmall.com
　　　　 http://www.hepmall.cn
版　　次 2023年1月第1版
印　　次 2023年1月第1次印刷
定　　价 46.80元

物 料 号 58939-00

“智慧职教”服务指南

“智慧职教”(www.icve.com.cn)是由高等教育出版社建设和运营的职业教育数字教学资源共建共享平台和在线课程教学服务平台,与教材配套课程相关的部分包括资源库平台、职教云平台和App等。用户通过平台注册,登录即可使用该平台。

● 资源库平台:为学习者提供本教材配套课程及资源的浏览服务。

登录“智慧职教”平台,在首页搜索框中搜索“无线传感器网络技术与应用:ZigBee版”,找到对应作者主持的课程,加入课程参加学习,即可浏览课程资源。

● 职教云平台:帮助任课教师对本教材配套课程进行引用、修改,再发布为个性化课程(SPOC)。

1. 登录职教云平台,在首页单击“新增课程”按钮,根据提示设置要构建的个性化课程的基本信息。

2. 进入课程编辑页面设置教学班级后,在“教学管理”的“教学设计”中“导入”教材配套课程,可根据教学需要进行修改,再发布为个性化课程。

● App:帮助任课教师和学生基于新构建的个性化课程开展线上线下混合式、智能化教与学。

1. 在应用市场搜索“智慧职教 icve”App,下载安装。

2. 登录App,任课教师指导学生加入个性化课程,并利用App提供的各类功能,开展课前、课中、课后的教学互动,构建智慧课堂。

“智慧职教”使用帮助及常见问题解答请访问 help.icve.com.cn。

前言

随着物联网产业的迅猛发展,企业对物联网工程应用型人才的需求越来越大。“全面贴近企业需求,无缝打造专业实用人才”是目前高职院校物联网应用技术专业教育改革追求的目标。为了实现这一目标,本书编写团队以教学改革为中心、以实践教学为重点、以提高教学质量为目的,突出实际应用的指导思想,撰写了本书。

关于本课程

ZigBee 无线传感器网络应用是采用工程设计思想,按照需求分析、设备选型、方案设计、方案实施、测试、管理等工作流程进行的。ZigBee 无线传感器网络依据角色分工、组网管理,对收发数据包进行监测和管理。节点上传采集信息,协调器下发控制信息,对相同的事件节点利用端口进行分类管理,采用默认的网状网(根据需要添加路由设备,默认不添加)架构进行集中智能管理。本课程突出基本知识和基本技能培养相结合的要求,内容新颖,适用性强。

关于本书

为实现培养新时代技术技能人才的目标,必须重构知识体系,努力加强实践教学,以学生为主体进行教学活动,实施“教、学、做”一体化的互动式教学,激发学生的学习兴趣和积极性,努力提高学生的基本技能。

本书在编写过程中,及时纳入新技术、新工艺、新规范,融入思政元素,落实立德树人根本任务,并体现全国职业院校技能大赛“物联网应用技术”赛项和 1+X “传感网应用开发”职业技能等级证书的核心考点,实现“岗课赛证”融通。

本书的知识结构如下:

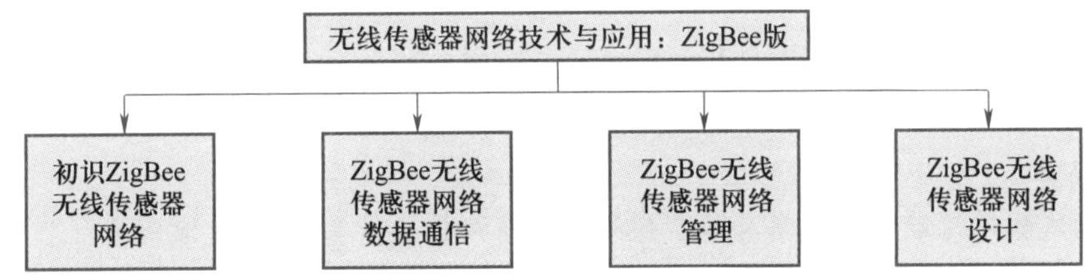

本书的基本技能如下:

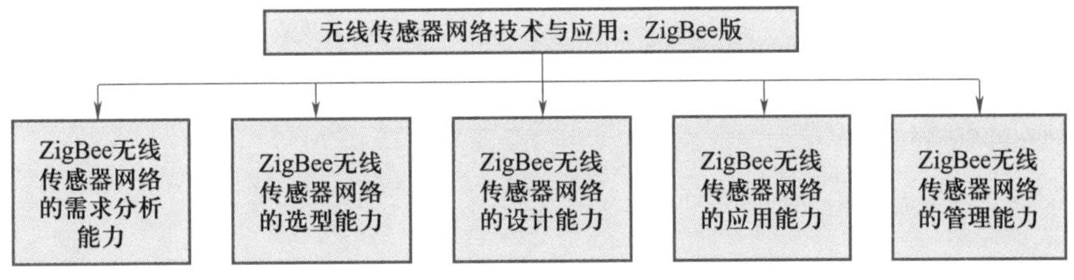

本书的课程思政融合树如下：

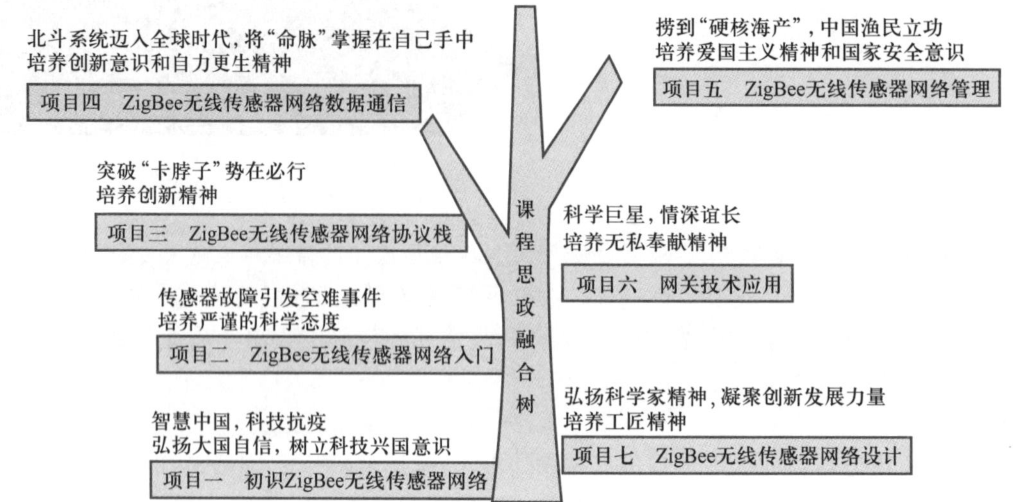

如何使用本书

本书各项目的教学安排如下：

项目名称	学时
项目一　初识 ZigBee 无线传感器网络	6
项目二　ZigBee 无线传感器网络入门	6
项目三　ZigBee 无线传感器网络协议栈	12
项目四　ZigBee 无线传感器网络数据通信	12
项目五　ZigBee 无线传感器网络管理	12
项目六　网关技术应用	4
项目七　ZigBee 无线传感器网络设计	4
总学时	56

本书配套资源

本书配套资源包括 PPT 电子课件、微课、源代码、实验指导和课程标准等，读者可发送电子邮件至 gzdz@pub.hep.cn 获取部分资源。

本书编写队伍

本书为湖南现代物流职业技术学院和广州粤嵌通信科技股份有限公司、湖南非凡联创科技有限公司校企“双元”合作开发教材。湖南现代物流职业技术学院谢金龙、刘蔚，郴州职业技术学院杨波任主编；湖南非凡联创科技有限公司宁朝辉、广州粤嵌通信科技股份有限公司邓人铭任副主编；湖南现代物流职业技术学院邹志贤、武献宇、陈拓参编；湖南现代物流职业技术学院王宏宇任主审。通过校企合作，以工程项目为引导，对接无线传感器网络工程师岗位，工学结合，产教融通，培养学生的实践能力和工程经验。

由于编者水平有限，书中难免存在不妥之处，敬请广大读者批评指正。您的宝贵意见请反馈到邮箱 498073710@qq.com。

编　者

2022 年 9 月

目 录

项目一
初识 ZigBee 无线传感器网络

项目目标

知识目标	技能目标	素质目标
(1) 理解 ZigBee 无线传感器网络的定义 (2) 掌握 ZigBee 无线传感器网络的系统结构 (3) 了解 ZigBee 无线传感器网络的特点及应用 (4) 掌握 ZigBee 无线传感器网络协议栈的选型方法	(1) 熟悉 BasicRF 项目的工作机制 (2) 熟悉 CC2530 建立点对点无线通信的方法	通过导入案例"智慧中国,科技抗疫",弘扬大国自信,树立科技兴国意识 导入案例

思维导图

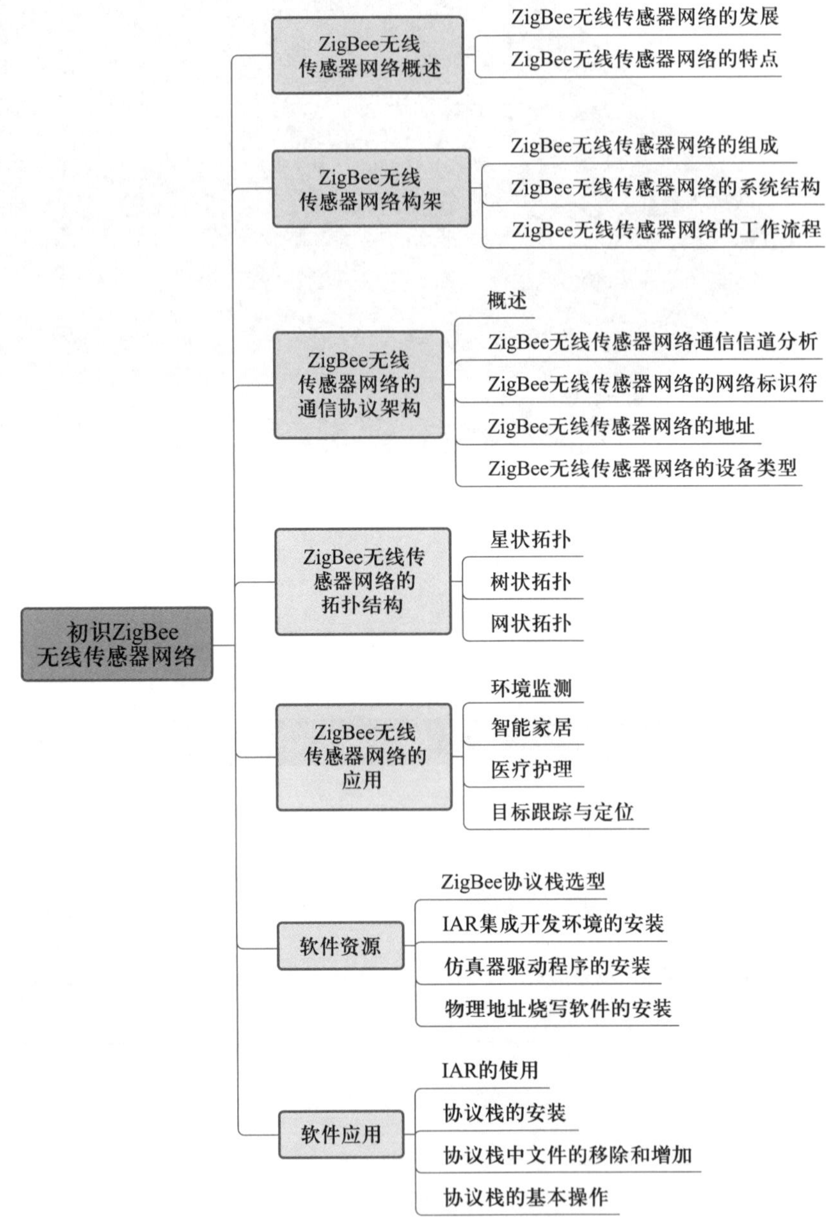
初识ZigBee无线传感器网络
ZigBee无线传感器网络概述
ZigBee无线传感器网络的发展
ZigBee无线传感器网络的特点
ZigBee无线传感器网络构架
ZigBee无线传感器网络的组成
ZigBee无线传感器网络的系统结构
ZigBee无线传感器网络的工作流程
ZigBee无线传感器网络的通信协议架构
概述
ZigBee无线传感器网络通信信道分析
ZigBee无线传感器网络的网络标识符
ZigBee无线传感器网络的地址
ZigBee无线传感器网络的设备类型
ZigBee无线传感器网络的拓扑结构
星状拓扑
树状拓扑
网状拓扑
ZigBee无线传感器网络的应用
环境监测
智能家居
医疗护理
目标跟踪与定位
软件资源
ZigBee协议栈选型
IAR集成开发环境的安装
仿真器驱动程序的安装
物理地址烧写软件的安装
软件应用
IAR的使用
协议栈的安装
协议栈中文件的移除和增加
协议栈的基本操作

1.1 ZigBee 无线传感器网络概述

1.1.1 ZigBee 无线传感器网络的发展

20 世纪 90 年代末，随着微电子技术、无线通信技术与计算机技术的快速发展，无线网络得到快速发展，相关的无线通信技术标准也同步迅速发展，典型技术标准有 Wi-Fi(wireless fidelity)、蓝牙(Bluetooth)、ZigBee、Z-Wave、2G/3G/4G/5G 和 NB-IoT、eMTC、LoRa、Sigfox 等低功耗广域网(low power wide area network，LPWAN)技术标准。不同的技术标准对应不同的应用领域。其中，Z-Wave、ZigBee、蓝牙和 Wi-Fi 主要用于短距离无线通信，而 2G/3G/4G/5G 无线蜂窝通信和各种 LPWAN 技术主要用于长距离无线通信，如图 1.1 所示。

微课
ZigBee 无线传感器网络概述

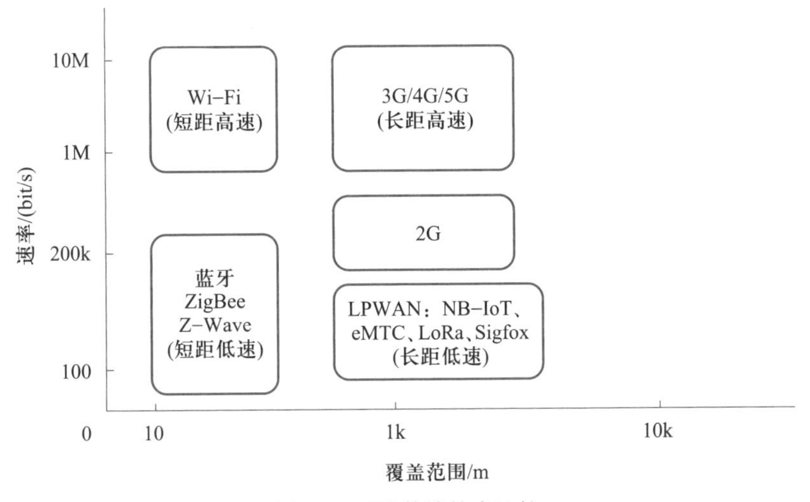

图 1.1 无线传输技术比较

通信技术标准的制定、宣贯、推广和应用，大大提升了物联网应用技术的发展。随着物联网应用技术的发展，无线传感器网络(wireless sensor network，WSN)也得到了相应的发展。无线传感器网络协议标准日渐规范，目前广泛应用和推广的是 ZigBee 协议体系。它主要用于自动控制和远程控制领域，可以嵌入各种设备。德州仪器公司已经推出了完全兼容该协议的片上系统(system on chip，SoC)CC ××××，同时也开发了相关的软件协议栈 Z-Stack。开发者可以利用上述硬件和软件资源，搭建自己的无线传感器网络。

如图 1.2 所示，ZigBee 无线传感器网络综合了传感器技术、RFID 技术、嵌入式计算技术、现代网络及无线通信技术、分布式信息处理技术等，能够通过各类集成化的微型传感器协作地进行实时监测，感知和采集各种环境或监测对象的信息。这些信息通过无线方式被发送，并以多跳自组网方式传送到用户终端，从而实现物理世界、信息世界和现实世界的联通。与传统的互联网不同，ZigBee 无线传感器网络实现了信息采集、信息处理和信息传输等功能，改变了人与物理世界交互的方式。

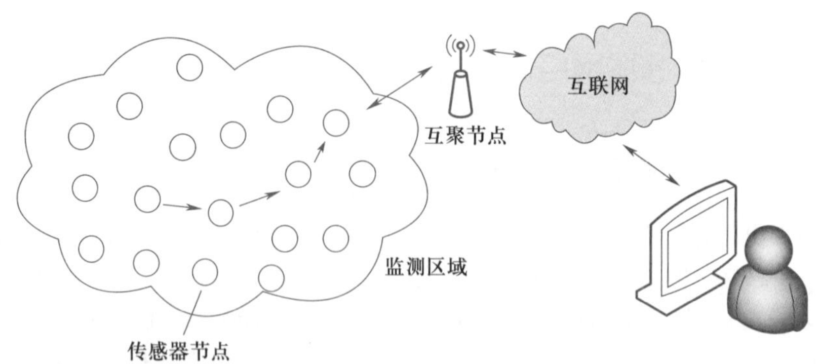

图 1.2 ZigBee 无线传感器网络示意图

目前，可提供 ZigBee 解决方案的公司主要有美国德州仪器（Texas Instruments，TI）、荷兰恩智浦半导体（NXP Semiconductors，NXP）、美国芯科实验室（Silicon Labs）等。表 1.1 列出了目前几大 ZigBee 芯片厂商的代表产品信息及协议栈名称。

表 1.1 几大 ZigBee 芯片厂商的代表产品信息及协议栈名称

公司	产品型号	类型	内核	协议栈
Slicon Labs	Em35x	SoC	Cortex-M3	EmberZNet
TI	CC2530	SoC	8051	Z-Stack
NXP	JN5189	SoC	Cortex-M4	Stack

美国《商业周刊》杂志在 1999 年将 ZigBee 无线传感器网络列为 21 世纪最有影响的 21 项技术之一。2003 年，《MIT 技术评论》杂志在对十大新兴技术的评价中，将传感器网络列为改变世界的十大技术之一。近年来，在美国国家科学基金会的推动下，美国多所著名大学，如哈佛大学、加州大学伯克利分校和弗吉尼亚大学等，展开了对 ZigBee 无线传感器网络更加深入广泛的研究。世界各国也纷纷加大了在 ZigBee 无线传感器网络方面的科研投入。

在我国，ZigBee 无线传感器网络也得到了高度重视并获得了迅速发展。清华大学的任丰原教授团队率先开展了对 ZigBee 无线传感器网络的研究，并发表了第一篇中文的 ZigBee 无线传感器网络综述文章，揭开了我国 ZigBee 无线传感器网络研究的序幕。中国科学院信息工程研究所的孙利民教授编纂了《无线传感器网络》一书，详细介绍了 ZigBee 无线传感器网络的研究现状，为国内众多研究者提供了宝贵的学习资料。2006 年国务院发布的《国家中长期科学和技术发展规划纲要（2006—2020 年）》为信息技术确定了三个前沿方向，其中有两项就与传感器网络有关，这就是智能感知和自组网技术。2009 年，全国信息技术标准化技术委员会传感器网络标准工作组成立，标志着传感器网络进入标准化阶段。ZigBee 无线传感器网络正随着科技的创新而不断发展，并逐渐渗透到人类生活的方方面面。

1.1.2 ZigBee 无线传感器网络的特点

与其他无线通信协议相比，ZigBee 无线传感器网络具有协议复杂度低、资源要求少等特点，具体如下。

1. 低功耗

低功耗是 ZigBee 的显著特点。由于工作周期较短、收发信息功耗低且采用休眠工作模式，ZigBee 可以确保 2 节 5 号电池支持长达 6 个月到 2 年的使用时间。由于不同应用具有不同的功耗，因此具体的使用时间还受应用场合的影响。

2. 低成本

协议简单且所需的存储空间小，这极大地降低了 ZigBee 的成本。每块芯片的价格为 14~35 元，而且 ZigBee 协议是免专利费的。

3. 时延短

ZigBee 无线传感器网络的通信时延和从休眠状态激活的时延都非常短。设备搜索时延为 30 ms，休眠激活时延为 15 ms，活动设备信道接入时延为 15 ms。这一方面节省了能量消耗，另一方面也使其更适用于对时延敏感的场合。例如，一些应用在工业上的传感器就需要以毫秒的速度获取信息；安装在厨房内的烟雾探测器也需要在尽量短的时间内获取信息并传输给网络控制者，从而阻止火灾的发生或蔓延。

4. 数据传输速率低

ZigBee 无线传感器网络的数据传输速率为 10~250 kbit/s，专注于低传输应用，数据传输可靠性高。其采用碰撞避免机制，同时为需要固定带宽的通信业务预留了专用时隙，避免了发送数据时的竞争和冲突。介质访问控制（medium access control，MAC）采用完全确认的数据传输机制，发送的数据包都必须等待接收方的确认信息。

5. 网络容量大

一个 ZigBee 设备可以与 254 个设备相连接，一个 ZigBee 网络可以容纳 65 536 个从设备和一个主设备，一个区域内可以同时存在 100 个 ZigBee 网络。ZigBee 网络可以采用星状、树状或网状网络结构。有节点加入或撤出时，ZigBee 网络具有自动修复功能。

6. 有效范围小

ZigBee 无线传感器网络的有效覆盖范围为 10~200 m，具体根据实际发射功率的大小和应用模式而定。

7. 工作频段灵活

ZigBee 无线传感器网络的工作频段为 2.4 GHz（全球）、868 MHz（欧洲）和 915 MHz（美国），均为免执照频段。

8. 兼容性好

ZigBee 无线传感器网络与现有的控制网络标准无缝集成；通过网络协调器（coordinator）自动建立网络，采用 CSMA/CA 方式进行信道访问；为了传递的可靠性，提供全握手协议。

9. 安全性高

ZigBee 提供了数据完整性检查和鉴权功能，加密算法采用 AES-128，同时各个应用可以灵活确定其安全属性。

10. 协议套件紧凑而简单

ZigBee 具体实现的要求很低。ZigBee 套件需要 8 位微处理器，如 80C51；全协议套件需要 32 KB 的 ROM；最小协议套件需要大约 4 KB 的 ROM。

表 1.2 所示为 ZigBee 技术与其他几种常见的短距离无线通信技术之间参数的比较。

表 1.2 ZigBee 技术与其他几种常见的短距离无线通信技术之间参数的比较

通信技术	蓝牙 802.15.1	Wi-Fi 802.11	ZigBee 802.15.4	Z-Wave
频段	2.4 GHz	2.4 GHz 5 GHz	868 MHz/915 MHz 2.4 GHz	868.42 MHz(欧洲) 908.42 MHz(USA)
传输速率	1~24 Mbit/s	11b:11 Mbit/s 11g:54 Mbit/s 11n:600 Mbit/s 11ac:1 Gbit/s	868 MHz:20 kbit/s 915 MHz:40 kbit/s 2.4 GHz:250 kbit/s	9.6 kbit/s 或 40 kbit/s
典型距离	1~100 m	50~100 m	2.4 GHz: 10~100 m	30 m(室内)~ 100 m(室外)
典型应用	鼠标、无线耳机、手机、计算机等邻近节点数据交换	无线局域网、家庭、室内场所高速上网	家庭自动化、楼宇自动化、远程控制	智能家居、监控和控制

1.2 ZigBee 无线传感器网络构架

1.2.1 ZigBee 无线传感器网络的组成

ZigBee 无线传感器网络由 PC、网关、路由节点和传感器节点四部分组成,如图 1.3 所示。用户可以很方便地实现传感器网络无线化、网络化、规模化的演示、教学、观测和再次开发。

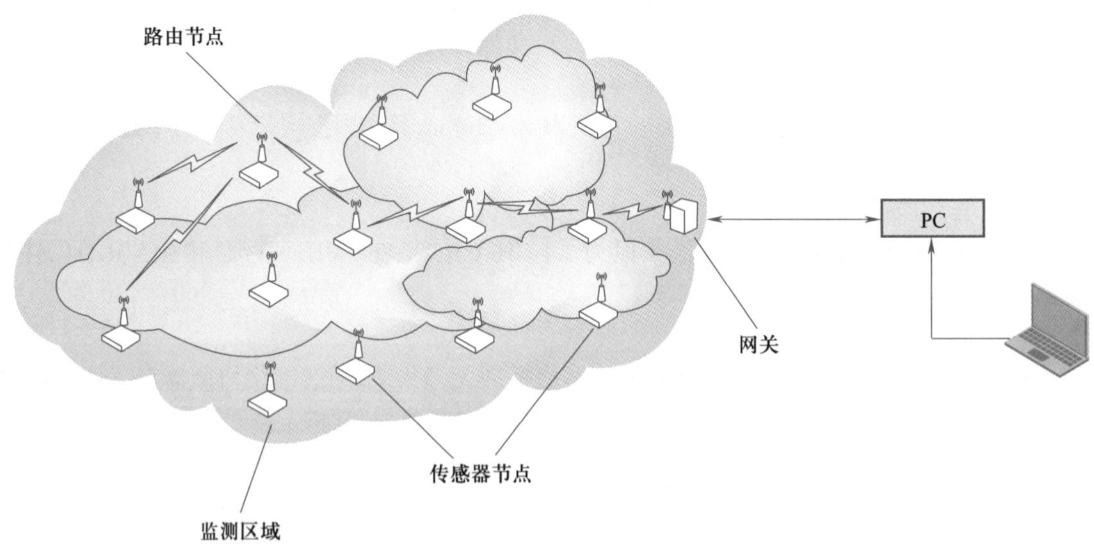

图 1.3 ZigBee 无线传感器网络组成示意图

1. PC

PC(数据管理中心)直接面向用户,负责从网络中获取所需要的信息,同时也可以对网络做出各种各样的指示、应用操作等。

2. 网关

网关被用于连接传感器网络、互联网等外部网络，各方面能力相对于传感器节点来说较强，可实现多种通信协议之间的转换。网关还可用于发布管理节点的监测任务，并把收集的数据转发到外部网络。网关可以是一个具有增强功能的传感器节点（如协调器），有足够的能量和更多的内存与计算机资源；也可以是没有监测功能，仅带有无线通信接口的特殊网关设备。

3. 路由节点

路由节点主要实现路径选择和数据转发。

4. 传感器节点

(1) 传感器节点的组成

传感器节点负责监测区域内数据的采集和处理。一般的传感器节点主要由能量供应模块、传感器模块、处理器模块、无线通信模块和嵌入式软件系统五部分组成，如图 1.4 所示。

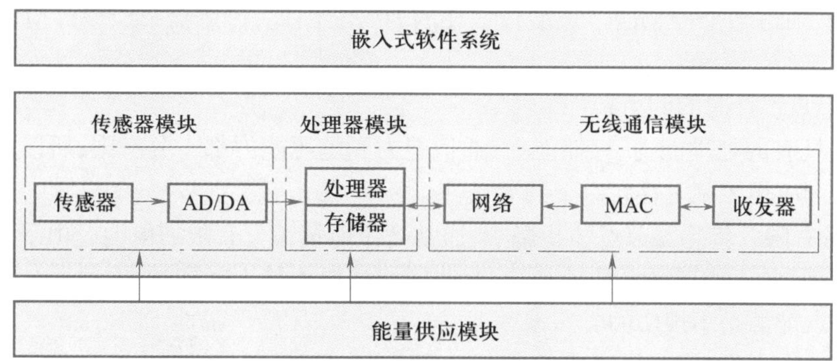

图 1.4　传感器节点组成示意图

传感器节点各组成部分的作用如下。

① 能量供应模块为传感器节点的其他模块提供运行所需要的能量，可以采取多种灵活的供电方式，通常采用微型电池。

② 传感器模块包括传感器和 AD/DA 模块。传感器负责监测区域内信息的采集，在不同的环境中，被监测物理信号的形式决定了传感器的类型。AD/DA 模块负责数据的转换。

③ 处理器模块包括处理器和存储器，负责控制整个传感器节点的操作，存储和处理节点本身采集的数据以及其他节点转发来的数据。处理器模块通常采用通用的嵌入式处理器。

④ 无线通信模块负责与其他节点进行无线通信、交换控制信息和收发采集数据。数据传输能量占传感器节点总能耗的绝大部分，所以通常采用短距离、低功耗的无线通信模块。

⑤ 嵌入式软件系统是 ZigBee 无线传感器网络的重要支撑，其软件协议栈由物理层（PHY 层）、介质访问控制层（MAC 层）、网络层（NWK 层）和应用层（APL 层）组成。

传感器节点的设计要符合低成本、低功耗、微型化的特点，这是因为 ZigBee 无线传感器网络的重要设计目标是将大量可长时间监测、处理和执行任务的传感器节点嵌入物理世界中。

(2) 传感器节点的设计

在 ZigBee 无线传感器网络中，传感器节点在不同的状态下具有不同的能量消耗，共有以下 6 种工作状态。

① 睡眠状态：传感器模块关闭，无线通信模块休眠，能量消耗最低。

② 感知状态：传感器模块开启，无线通信模块休眠，传感器节点感知事件发生。

③ 监听状态:传感器模块开启,无线通信模块空闲。

④ 接收状态:传感器模块开启,无线通信模块接收。

⑤ 发送状态:传感器模块开启,无线通信模块发送。

⑥ 长期睡眠状态:传感器节点能量处于阈值,不响应任何事件。

ZigBee 无线传感器网络的重要优势是摆脱了传统网络的连线限制和成本问题。但是,如果没有合适的无线电源,这一优势就无法体现出来,因此电源效率是传感器节点设计考虑的关键因素。因为,如果必须时常更换电池,那么相关的劳动力成本便会远远超过其相对于有线网络节省的成本,因此电池必须具有较长的寿命。此外,减小传感器节点的尺寸也是设计时必须考虑的因素。

传感器节点的能量是通过电池供应的。传感器节点能源有限,应考虑尽可能地延长整个传感器网络的生命周期。在设计传感器节点时,保证能量供应的持续性是一个重要的设计原则。传感器节点的能量消耗模块主要包括传感器模块、处理器模块和无线通信模块,而绝大部分的能量消耗集中在无线通信模块上,约占整个传感器节点能量消耗的 80%。因此,传感器节点设计应围绕无线通信模块的低功耗进行。

(3) 传感器节点设计时的约束条件

传感器节点具有的处理能力、存储能力、通信能力和电源能力都十分有限,所以传感器节点在实现各种网络协议和应用控制时存在以下约束条件。

① 电源能量有限。传感器节点体积微小,通常携带能量十分有限的电池。由于传感器节点个数多、成本低、分布区域广、部署区域环境复杂,有些区域甚至人员不能到达,因此通过更换电池的方式来补充传感器节点能源是不现实的。

无线通信模块存在发送、接收、空闲和休眠 4 种状态。无线通信模块在空闲状态下一直监听无线信道的使用情况,检查是否有数据发送给自己,而在休眠状态下则关闭该模块。无线通信模块在发送状态下的能量消耗最大;在空闲状态和接收状态下的能量消耗接近,比发送状态下的能量消耗少一些;在休眠状态下的能量消耗是最小的。所以,在设计 ZigBee 无线传感器网络系统时,如何让网络通信更有效率,减少不必要的转发和接收,在不需要通信时让无线通信模块尽快进入休眠状态,是设计时需要重点考虑的问题。

② 通信能力有限。随着通信距离的增加,无线通信的能量消耗急剧增加。因此,在满足通信连通度的前提下,应尽量减少单跳(即一跳)的通信距离。考虑传感器节点的能量限制和较大的网络覆盖区域,ZigBee 无线传感器网络采用多跳的传输机制。

③ 计算和存储能力有限。传感器节点通常是一个微型的嵌入式系统,它的处理能力、存储能力和通信能力相对较弱。每个传感器节点兼顾传统网络的终端和路由器双重功能。为了完成各种任务,传感器节点需要完成监测数据的采集和转换、数据管理和处理、应答网关的任务请求和节点控制等多种工作。如何利用有限的计算和存储资源完成诸多协同任务成为传感器节点设计的挑战。

1.2.2 ZigBee 无线传感器网络的系统结构

ZigBee 无线传感器网络根据不同的情况可以由一个网关(协调器)、一个或多个路由节点、一个或多个传感器节点(终端节点)组成,如图 1.5 所示。系统大小只受 PC 软件观测数量、路由深度和网络最大负载量限制。ZigBee 无线传感器网络在没有进行网络拓扑修改之前支持 5 级路由、31 101 个网络节点。

1.2.3 ZigBee 无线传感器网络的工作流程

ZigBee 无线传感器网络是基于 ZigBee 协议栈的无线网络，在网络设备安装、架设过程中自动完成。完成网络的架设后，用户便可以由 PC、ARM 终端、平板计算机或者手持设备发出命令，读取网络中任何设备上挂接的传感器的数据，并测试其电压。其工作流程如图 1.6 所示。

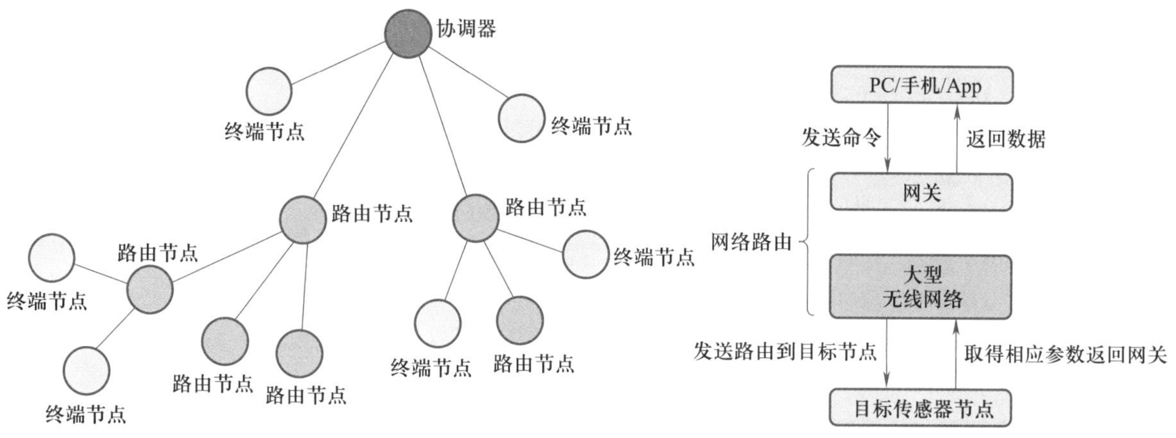

图 1.5　ZigBee 无线传感器网络系统结构示意图

图 1.6　ZigBee 无线传感器网络的工作流程

1.3 ZigBee 无线传感器网络的通信协议架构

微课
ZigBee 无线传感器网络的通信协议架构

1.3.1 概述

ZigBee 以 IEEE 802.15.4 协议为基础，使用全球免费频段进行通信，传输速率分别为 250 kbit/s、40 kbit/s 和 20 kbit/s。IEEE 802.15.4 工作组主要负责制定物理层和 MAC 层的协议，其余协议主要参照和采用现有标准，高层应用、测试和市场推广等方面的工作则由 ZigBee 联盟负责。ZigBee 网络协议架构分层如图 1.7 所示。

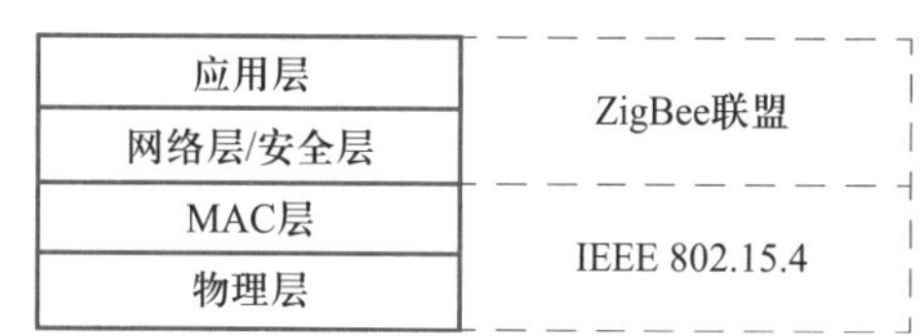

图 1.7　ZigBee 网络协议架构分层

ZigBee 是一个由最多可达 65 000 个无线数传模块组成的无线数传网络平台，十分类似于移动通信的 CDMA 网或 GSM 网，每一个 ZigBee 无线数传模块都类似于移动网络的一个基站，在整个网络范围内，它们之间可以相互通信，各网络节点间的距离可以从标准的 75 m 提高到扩展后的几百米，甚至几千米。另外，整个 ZigBee 无线传感器网络不仅可以无限扩展，而且还可以与现有的各种网络进行连接。

与移动通信的 CDMA 网或 GSM 网不同的是，ZigBee 无线传感器网络主要是为工业现场自动化控制数据传输而建立的，因而它必须具有操作简单、使用方便、工作可靠、价格低廉的特点。每个 ZigBee 网络节点不仅本身可以与监控对象进行连接，直接进行数据的采集和监控，还可以自动中转其他网络节点采集的数据；除此以外，它还可以在自己信号覆盖的范围内和多个不承担网络信息中转任务的孤立的子节点无线连接。

每个 ZigBee 网络节点可以支持 255 个传感器和受控设备，每一个传感器和受控设备都可以有 8

种不同的接口方式，可以采集和传输数字量和模拟量。

1.3.2 ZigBee 无线传感器网络通信信道分析

各个国家都有自己的无线电管理机构，如美国联邦通信委员会（Federal Communications Commission，FCC）、欧洲电信标准化协会（European Telecommunications Standards Institute，ETSI）等。我国的无线电管理机构是中国无线电管理委员会，其主要负责无线电频率的划分、分配与指派，卫星轨道位置的协调和管理，无线电监测、检测、干扰的查处，协调处理电磁干扰事宜和维护空中电波秩序等。我国无线电管理机构对频段的划分如表 1.3 所示。

IEEE 802.15.4 工作在工业、科学和医疗（industrial，scientific and medical，ISM）频段，即 2.4 GHz 频段和 868/915 MHz 频段。在 IEEE 802.15.4 中，总共分配了 27 个具有 3 种速率的信道。

- 在 2.4 GHz 频段，共有 16 个信道，信道通信速率为 250 kbit/s。
- 在 915 MHz 频段，共有 10 个信道，信道通信速率为 40 kbit/s。
- 在 896 MHz 频段，共有 1 个信道，信道通信速率为 20 kbit/s。

这些信道的中心频率按表 1.4 所示的定义（其中，k 为信道数）进行分配。

表 1.3 我国无线电管理机构对频段的划分

频段	符号	频率	波段	波长	传播特性	主要用途
甚低频	VLF	3~30 kHz	超长波	10~101 km	空间波	对潜通信
低频	LF	30~300 kHz	长波	1~10 km	地波	对潜通信
中频	MF	0.3~3 MHz	中波	100~1 000 m	地波与天波	通用业务、无线电广播
高频	HF	3~30 MHz	短波	10~100 m	天波与地波	远距离短波通信
甚高频	VHF	30~300 MHz	米波	1~10 m	空间波	空间飞行器通信
超高频	UHF	0.3~3 GHz	分米波	0.1~1 m	空间波	微波通信
特高频	SHF	3~30 GHz	厘米波	1~10 cm	空间波	卫星通信
极高频	EHF	30~300 GHz	毫米波	1~10 mm	空间波	波导通信

表 1.4 ISM 频段信道分布

信道编号	中心频率 /MHz	信道间隔	频率上限 /MHz	频率下限 /MHz
k=0	868.3	—	868.6	868.0
k=1，2，3，…，10	906+2（k–1）	2	928.0	902.0
k=11，12，13，…，26	2 401+5（k–11）	5	2 483.5	2 400.0

ISM 频段信道分布如图 1.8 所示。

一个 ZigBee 网络可以根据 ISM 频段、可用性、拥挤状况和数据传输速率在 27 个信道中选择一个工作信道。从能量和成本效率来看，不同的数据速率能为不同的应用提供较好的选择。例如，对于有些计算机外围设备与互动式玩具，可能需要 250 kbit/s 的速率；而对于其他许多应用，如各种传感器、智能标记和家用电器等，20 kbit/s 的低速率就能满足要求。不同的数据传输速率适用于不同的场合。例如，868/915 MHz 频段物理层的低速率换取了较好的灵敏度和较大的覆盖面积，从而减少了覆盖给定物理区域所需的节点数；2.4 GHz 频段物理层的较高速率适用于较高的数据吞吐量、低时延或低作业周期的场合。

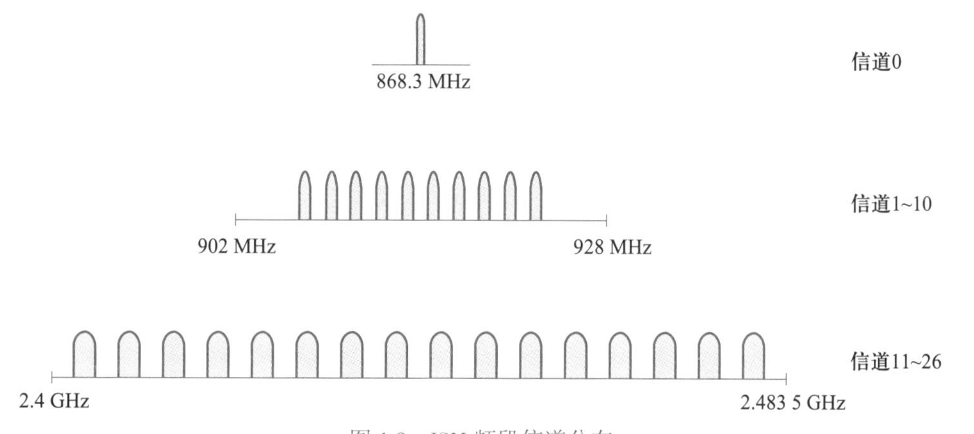

图 1.8 ISM 频段信道分布

2.4 GHz 频段日益受到重视，原因主要有：第一，它是一个全球的频段，开发的产品具有全球通用性；第二，它整体的频宽胜于其他 ISM 频段，这提高了整体数据传输速率，允许系统共存；第三，2.4 GHz 无线电和天线的体积相当小，产品体积更小。虽然每一种技术标准都进行了必要的设计来减小干扰的影响，但是为了能让各种设备正常运行，对它们之间的干扰、共存进行分析显然是非常重要的。

ZigBee 技术的抗干扰特性主要是抗同频干扰，即来自共用相同频段的其他技术的干扰。对于同频干扰的抵御能力是极为重要的，因为它直接影响到设备的性能。ZigBee 在 2.4 GHz 频段内具备强抗干扰能力，意味着其能够可靠地与 Wi-Fi、蓝牙和 Z-Wave 共存。

IEEE 802.15.4 标准中提供了很多机制来保证 ZigBee 具有在 2.4 GHz 频段和其他无线技术标准共存的能力。

IEEE 802.15.4 的物理层在碰撞避免机制(carrier sense multiple access with collision avoidance, CSMA/CA)中提供空闲信道评估(clear channel assessment, CCA)的能力。如果信道被其他设备占用，允许传输退出而不必考虑采用的通信协议。

ZigBee 无线传感器网络中的协调器首先要扫描所有的信道，然后确认并加入一个合适的 PAN(个域网)，而不是自己创建一个新 PAN，这样就减少了同频段 PAN 的数量，降低了潜在的干扰。如果干扰源出现在重叠的信道上，协调器上层的软件要应用信道算法选择一个新的信道。

当网络初始化或者响应中断时，ZigBee 设备会先扫描一系列被列入信道表参数中的信道，以便进行动态信道选择。在有 IEEE 802.11b 网络活跃的工作环境中建立一个 IEEE 802.15.4 网络，可以按照空闲信道来设置信道表参数，以便加强网络的共存性能。

1.3.3 ZigBee 无线传感器网络的网络标识符

ZigBee 协议使用一个 16 位的个域网络标识符(personal area network ID, PAN_ID)来标识一个网络，范围为 0x0000~0xFFFF。在使用 ZStack-CC2530-2.5.1a 版的协议中，可通过 Tools 目录下 f8wConfig.cfg 文件中的参数 -DZDAPP_CONFIG_PAN_ID 设置 PAN_ID。若 -DZDAPP_CONFIG_PAN_ID 值不为 0xFFFF，则设备建立或加入网络的 PAN_ID 由 -DZDAPP_CONFIG_PAN_ID 指定；若 -DZDAPP_CONFIG_PAN_ID 值为 0xFFFF，则设备就将建立或加入一个“最优”的网络。

PAN_ID 的出现一般是在确定信道以后，主要用于区分不同的 ZigBee 无线传感器网络。一个传感器网络中所有节点的 PAN_ID 唯一，即一个网络只有一个 PAN_ID。PAN_ID 是由 PAN 协调器生成的，为可选配置项，用来控制 ZigBee 路由节点和终端节点要加入哪个网络。f8wConfig.cfg 文件中的 -DZDAPP_CONFIG_PAN_ID 参数可以设置为 0x0000~0x3FFF 之间的一个值。协调器使用这个值，作为它要启动的网络的 PAN_ID。而对于路由节点和终端节点来说，只要加入一个已经用这个参数配置了 PAN_ID 的网络即可。如果要关闭这个功能，只需要将这个参数设置为 0xFFFF。要更进一步控制加入过程，则需要修改 ZDApp.c 文件中的 ZDO_NetworkDiscoveryConfirmCB 函数。如果 -DZDAPP_CONFIG_PAN_ID 被设置为 0xFFFF，那么协调器将根据自身的物理地址建立一个随机的 PAN_ID (0x0000~0x3FFF)。

1.3.4 ZigBee 无线传感器网络的地址

在 ZigBee 无线传感器网络中，节点有两个地址。一个是物理地址(64 位，也称为 IEEE 地址或扩展地址)，每个 CC2530 单片机的物理地址在出厂时就已经定义好(当然，在用户学习阶段可以通过编程软件 SmartRF Flash Programmer 修改设备的物理地址)。当一个 ZigBee 节点需要加入网络时，其物理地址不能与现有网络节点的物理地址冲突，并且不为 0xFFFF。另一个是网络地址(16 位)，是在设备加入网络时，按照一定的算法计算得到，并分配给加入网络的设备的地址。网络地址在某个网络中是唯一的，主要有两个功能：在网络中标识不同的设备，在网络数据传输时指定目标地址。

1.3.5 ZigBee 无线传感器网络的设备类型

ZigBee 规范定义了三种类型的设备，每种都有自己的功能要求。

ZigBee 协调器是启动和配置网络的一种设备。协调器可以保持间接寻址用的绑定表格，支持关联，同时还能设计信任中心和执行其他活动。协调器负责确保网络正常工作以及保持同网络其他设备的通信。一个 ZigBee 无线传感器网络只允许一个 ZigBee 协调器。

ZigBee 路由器是一种支持关联的设备，能够将消息转发到其他设备。ZigBee 网状或树状网络可以有多个 ZigBee 路由器。ZigBee 星状网络不支持 ZigBee 路由器。

ZigBee 终端设备可以执行其相关功能，并通过 ZigBee 无线传感器网络与其他设备通信，它的存储容量要求最小，可以实现 ZigBee 低功耗设计。

1.4 ZigBee 无线传感器网络的拓扑结构

ZigBee 支持包含有主从设备的星状、树状和网状等拓扑结构。虽然每一个 ZigBee 设备都有一个唯一的 64 位的物理地址，并可以用这个地址在 PAN 中通信，但在从设备和网络主协调器建立连接后，ZigBee 设备会被分配一个 16 位的网络地址，此后就可以使用这个地址在 PAN 中通信。64 位的物理地址是唯一的绝对地址，相当于计算机的 MAC 地址；而 16 位的网络地址是相对地址，相当于 IP 地址。

1.4.1 星状拓扑

星状拓扑是最简单的一种拓扑结构，包括一个协调器和一系列的终端节点，其结构如图 1.9 所示。每一个终端节点只能和协调器通信。如果需要在两个终端节点之间通信，必须通过协调器进行信息的转发。

星状拓扑的缺点是节点之间的数据路由只有唯一的一条路径，协调器可能成为整个网络的瓶颈。实现星状拓扑不需要使用 ZigBee 的网络层协议，因为 IEEE 802.15.4 的协议层就已经实现了星状拓扑，但是这需要开发者在应用层做更多的工作，包括自己处理信息的转发。

1.4.2 树状拓扑

树状拓扑包括一个协调器以及一系列的路由节点和终端节点。协调器连接一系列的路由节点和终端节点，作为其子节点的路由节点也可以再连接一系列的路由节点和终端节点，并可以重复多个层级。树状拓扑结构如图 1.10 所示。

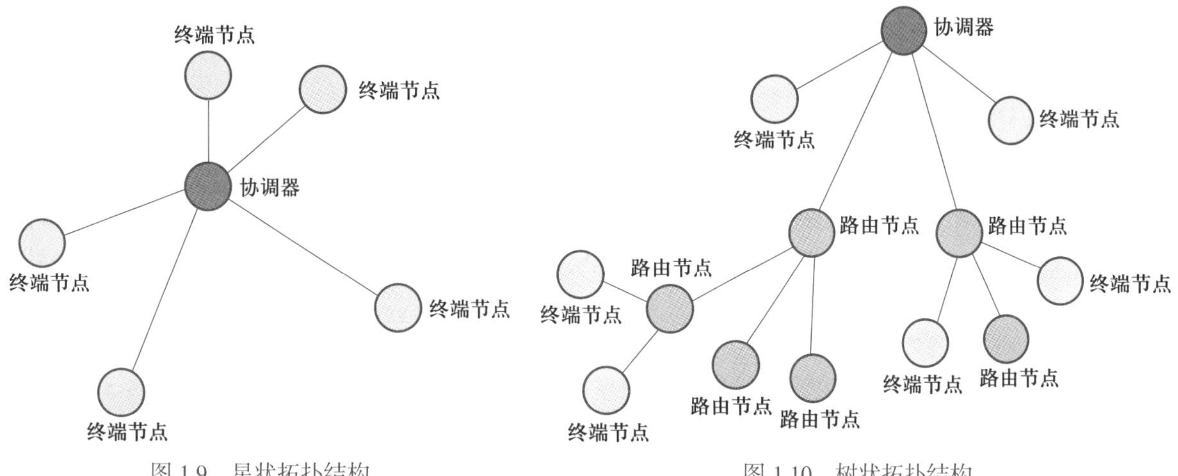

图 1.9 星状拓扑结构

图 1.10 树状拓扑结构

关于树状拓扑，需要注意以下几点。

① 协调器和路由节点可以包含自己的子节点。

② 终端节点不能有自己的子节点。

③ 有同一个父节点的节点称为兄弟节点。

④ 有同一个祖父节点的节点称为堂兄弟节点。

树状拓扑中的通信规则如下。

① 每一个节点都只能与其父节点和子节点通信。

② 如果需要从一个节点向另一个节点发送数据，那么信息将从源节点沿着树的路径向上传递到最近的父节点或祖先节点，然后再向下传递到目标节点。

树状拓扑的缺点是信息只有唯一的路由通道。另外，信息的路由是由协议栈层处理的，整个路由过程对于应用层是完全透明的。

1.4.3 网状拓扑

网状拓扑（Mesh 拓扑）包括一个协调器以及一系列的路由节点和终端节点。这种网络拓扑结构和树状拓扑相同，可参考上面所介绍的树状拓扑。但是，网状拓扑具有更加灵活的信息路由规则，在可能的情况下，路由节点之间可以直接通信。这种路由机制使信息的通信变得更有效率，而且意味着如果一条路由路径出现了问题，信息可以自动地沿着其他的路由路径传输。网状拓扑结构如图 1.11 所示。

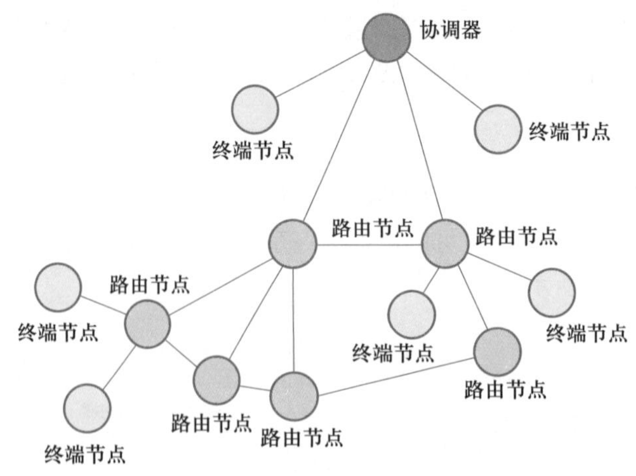

图 1.11 网状拓扑结构

通常在支持网状网络的实现上，网络层会提供相应的路由探索功能，这一特性使得网络层可以找到信息传输的最优化路径。需要注意的是，以上所提到的特性都由网络层来实现，应用层不需要进行任何参与。

网状拓扑的网络具有强大的功能，可以通过多跳的方式来通信。网状拓扑还可以组成极为复杂的网络，这种网络具备自组织和自愈功能。采用星状和树状拓扑结构的网络适合点对点、距离相对较近的应用，而采用网状拓扑结构的网络主要适用于广域网，它是网络协议中最复杂且成本最高的一种网络结构。

1.5 ZigBee 无线传感器网络的应用

ZigBee 无线传感器网络具有广阔的应用前景，能够应用于环境监测、智能家居、医疗护理、目标跟踪与定位等多个领域。

1.5.1 环境监测

环境监测是 ZigBee 无线传感器网络最基本的应用之一。由于人力资源有限，无法时刻关注环境变化，在这种情况下，可以将大量廉价的传感器节点部署于感兴趣的环境中，实时收集相关数据信息，感知环境变化。常见的环境监测场景有水污染监测、空气质量监测、精细农业操作与动物生活习性监测等。由于环境监测系统对信息传输的时延要求不高，因此系统面临的主要问题是如何在保证应用需求的情况下调度节点，使网络寿命最大化。

1.5.2 智能家居

随着社会的发展，人们对生活的智能化、自动化要求越来越高。通过在家电中嵌入传感器节点，可以将家中所有的设备连接在一起组成传感器网络，从而为人们提供更加舒适方便的智能家居环境。如何实现多设备互连是智能家居应用面临的主要设计问题。

1.5.3 医疗护理

将传感器节点安装在老年人或者病人的身体上，实时汇报他们的身体状态信息，医生便可以远程了解病人的实时身体状况，并采取相应的医疗措施。ZigBee 无线传感器网络能够有效地解决医疗资源匮乏的问题，降低医疗成本，在老龄化日益严重的今天将发挥越来越重要的作用。设计适合采集身体状况数据的节点与建立有效的医疗系统是医疗护理应用面临的主要问题。

1.5.4 目标跟踪与定位

目标跟踪是指当目标在部署区域移动时，不断有传感器节点检测到目标，估计目标位置并实时汇报给基站。目标跟踪同样是 ZigBee 无线传感器网络众多应用的研究基础，尤其在安全防卫领域发挥着重大作用。例如战场入侵者拦截，当入侵者进入部署区域后，ZigBee 无线传感器网络能够检测到入侵者，并将目标位置汇报给基站。然而，目标是不断移动的，因此网络需要跟踪目标，不断提供目标的实时位置信息，指引己方人员对入侵者进行拦截。

在传感器网络中，节点的感知范围有限，只有目标附近的节点能够感知目标，远离目标的节点无法提供有效的信息。因此，通过唤醒目标附近的节点，休眠远离目标的节点可以降低节点能耗，延长网络寿命。同时，由于节点资源有限，单个节点无法准确估计目标位置，从而要求多节点协作共同跟踪目标。如何在有效调度节点跟踪目标的同时实时汇报目标位置给基站，是目标跟踪与定位应用面临的主要问题。

1.6 软件资源

1.6.1 ZigBee 协议栈选型

常见的 ZigBee 协议栈分为非开源的协议栈、半开源的协议栈和开源的协议栈三种。

1. 非开源的协议栈

常见的非开源协议栈的解决方案包括 Freescale 解决方案和 Microchip 解决方案。

Freescale 解决方案提供的最简单的 ZigBee 协议栈是 SMAC 协议栈，它面向简单的点对点应用，不涉及网络的概念。Freescale 解决方案提供的最复杂的 ZigBee 协议栈是 BeeStack 协议栈，不公开具体的代码，只提供一些封装的函数供调用。

Microchip 解决方案提供的 ZigBee 协议栈为 ZigBee PRO 和 ZigBee RF4CE，均是完整的协议栈，但收费较高。

2. 半开源的协议栈

TI 公司开发的是一个半开源的 ZigBee 协议栈——Z-Stack。它支持 ZigBee 和 ZigBee PRO，并向后兼容 ZigBee 2006 和 ZigBee 2004。Z-Stack 内嵌 OSAL 操作系统，使用标准的 C 语言代码和 IAR 开发平台，比较容易学习，是一款适合工业级应用的免费协议栈。TI 协议栈内核如表 1.5 所示。可见，基于 ZStack Core 2.6.x 内核，出现了应用细分的现象，比如针对智能家居的 Z-Stack HomeAutomation 1.2.2a、针对智能照明的 Z-Stack Lighting 1.0.2、针对能源照明的 Z-Stack Energy 1.0.1 等，而 Z-Stack Mesh 1.0.0 是一个不针对特定领域而是私有协议的应用(由用户自行实现应用)。基于 ZStack Core 2.7.1 内核的协议栈 Z-Stack 3.0.1 是 ZigBee 联盟提出的 Z-Stack 3.0 概念的落地，整合了多个领域。

3. 开源的协议栈

Freakz 是一个彻底开源的 ZigBee 协议栈，配合 Contiki 操作系统使用。Contiki 的代码全部由 C 语言编写，对于初学者来说比较容易上手。Freakz 适合学习，对于工业级应用，还是 Z-Stack 比较适用。

表 1.5 TI 协议栈内核

Z-Stack 版本号	基于的内核
ZStack-CC2530-2.3.0-1.4.0	ZStack Core 2.3.0
ZStack-CC2530-2.4.0-1.4.0	ZStack Core 2.4.0
ZStack-CC2530-2.5.1a	ZStack Core 2.5.1a
Z-Stack HomeAutomation 1.2.2a Z-Stack Lighting 1.0.2 Z-Stack Energy 1.0.1 Z-Stack Mesh 1.0.0 ⋮	ZStack Core 2.6.x
Z-Stack 3.0.1	ZStack Core 2.7.1

根据应用需求，本书选用 TI 公司提供的 ZigBee 协议栈 Z-Stack 和 IAR 平台作为软件工具进行二次开发。

知识链接

开源即指右击某个函数，在弹出的快捷菜单中选择“Go to definition of …”命令，能够跳转到源函数定义，查看源程序。

1.6.2 IAR 集成开发环境的安装

对于单片机的开发环境，软件方面涉及对编程语言、编辑编译和调试环境的选择问题。根据应用对象的特点选择合适的工具和编程语言，是解决问题的首要任务。

单片机的编程环境一般有两种：汇编语言和 C 语言。无论是采用 C 语言，还是汇编语言，都各有利弊。虽然对汇编语言的娴熟使用需要一定的时间，而且调试起来困难很大，但其程序执行效率高是不争的事实。C 语言虽易学易用，但对于一些底层和重复性的操作，采用 C 语言实现起来效率偏低。所以在开发过程中，推荐采用 C 语言和汇编语言相结合的编程方式，以充分发挥这两者的优势。例如，通常用汇编语言编写底层的、对硬件的操作，而将与硬件无关或相关性较小的部分用 C 语言实现。当然，要充分发挥这两者的性能优势，需要对 C 编译器有一定的了解，并注重平时的积累。

1. ZigBee 开发环境简介

本书选用 IAR Embedded Workbench 作为 ZigBee 的开发环境。IAR Embedded Workbench 是一套完整的集成开发工具集合，包括从代码编辑器、工程建立到 C/C++ 编译器、连接器和调试器在内的各类开发工具。它和各种仿真器、调试器紧密结合，使用户在开发和调试的过程中，仅仅使用一种开发环境界面，就可以完成多种微控制器的开发工作。目前，IAR Embedded Workbench 已经支持 35 种以上的 8 位 /16 位 /32 位的微处理器结构。

IAR Embedded Workbench 集成的编译器具有如下主要产品特征：① 高效的 PROMable 代码；② 完全兼容标准 C 语言；③ 内建对应芯片程序速度和大小的优化器；④ 目标特性扩充；⑤ 版本控制和扩展工具支持良好；⑥ 便捷的中断处理和模拟；⑦ 瓶颈性能分析；⑧ 高效的浮点支持；⑨ 内存模式选择；⑩ 工程中相对路径支持。

2. ZigBee 开发环境的安装

IAR Embedded Workbench 的安装方法与在 Windows 操作系统中安装其他软件类似，双击安装文件 EW8051-EV-Web-8101.exe，出现图 1.12 所示的界面。

单击 Next 按钮至下一步，分别输入姓名、公司以及认证序列号，如图 1.13 所示。

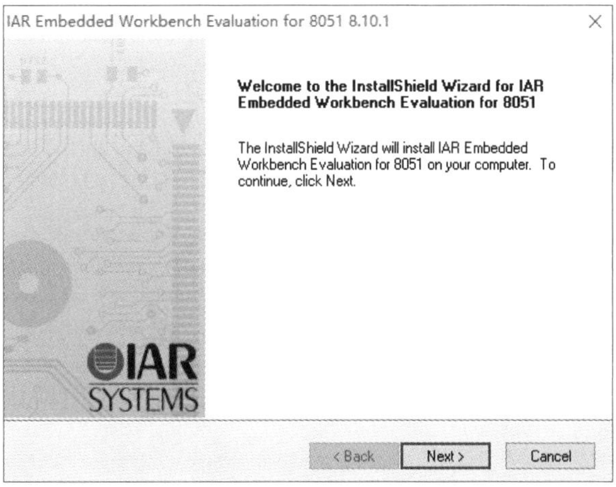

图 1.12　IAR 软件安装起始界面

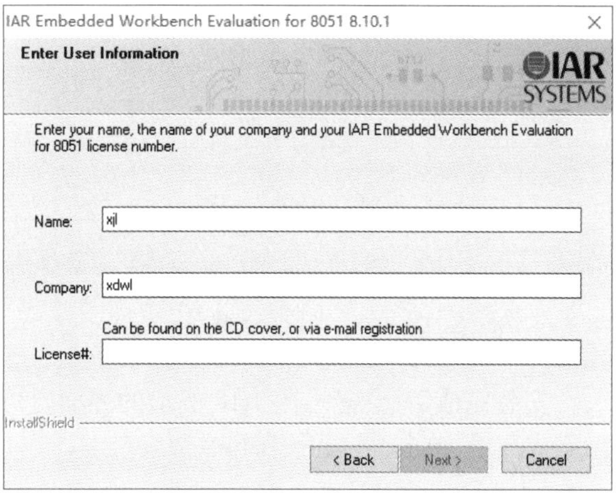

图 1.13　输入用户信息

输入完成后，单击 Next 按钮至下一步，输入由本计算机的机器码和认证序列号生成的认证密钥，如图 1.14 所示。

输入完成后，单击 Next 按钮至下一步。如图 1.15 所示，可以选择完全安装或自定义安装，这里选择完全安装。

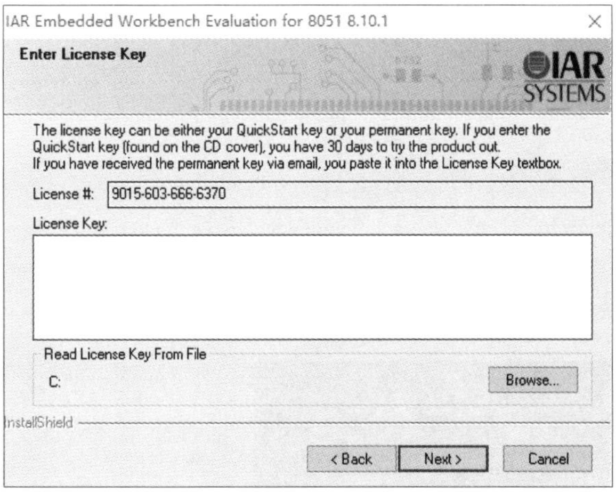

图 1.14　输入认证密钥

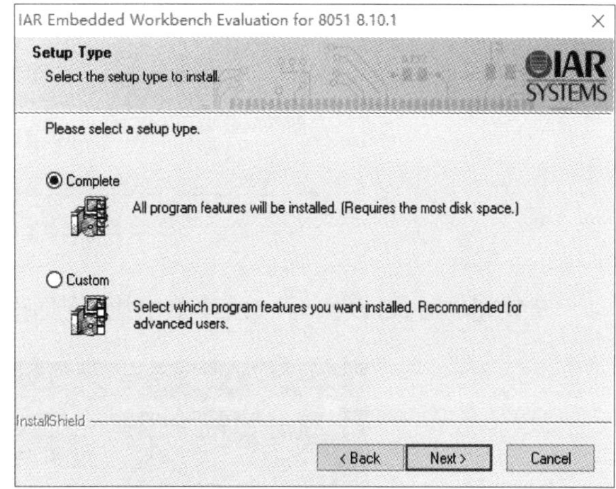

图 1.15　选择安装类型

单击 Next 按钮至下一步，如图 1.16 所示，准备开始安装程序，如果需要修改安装设置，可单击 Back 按钮返回修改。

单击 Install 按钮正式开始安装，安装过程中可以看到安装进度，如图 1.17 所示。整个安装过程需要几分钟的时间，请耐心等待。

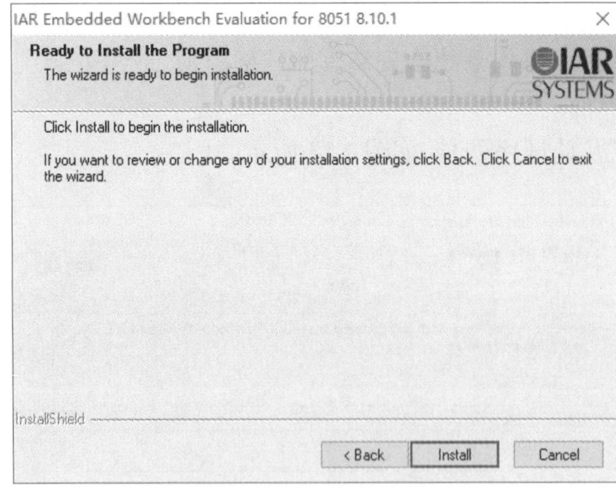

图 1.16 准备安装程序

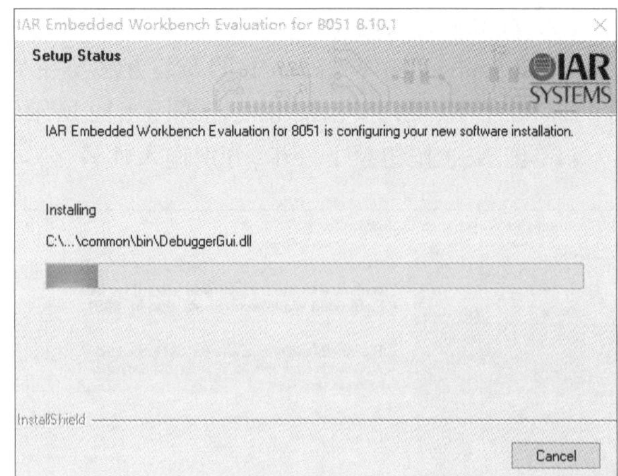

图 1.17 安装进度

安装完成后，会显示图 1.18 所示的界面。可以选择查看 IAR 的介绍以及是否立即运行 IAR 开发集成环境，单击 Finish 按钮可完成安装。

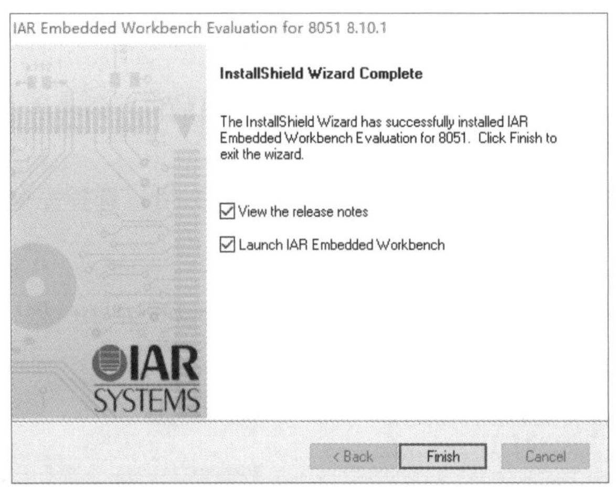

图 1.18 安装完成

安装完成后，可以从“开始”菜单中找到刚刚安装的 IAR 软件，如图 1.19 所示。

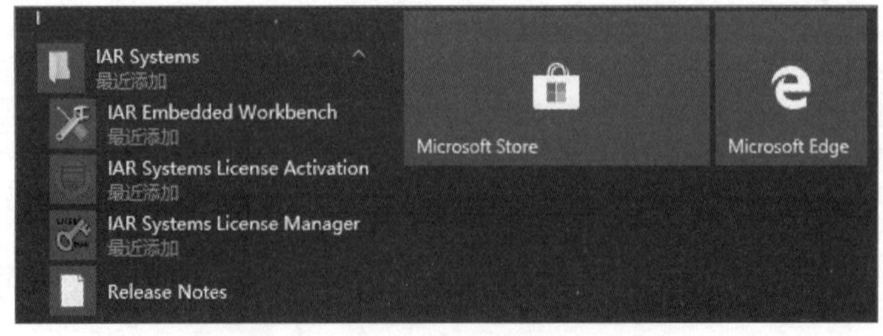

图 1.19 “开始”菜单中的 IAR 软件

1.6.3 仿真器驱动程序的安装

1. 自动安装仿真器驱动程序

成功安装 IAR 软件后，由于 IAR 安装软件中含有仿真器的驱动，所以连接仿真器与 PC 后可以自动安装仿真器的驱动程序，具体操作如下。

将仿真器通过附带的 USB 电缆连接到 PC，在 Windows 10 操作系统下，打开设备管理器，在“其他设备”节点下找到 CC Debugger 并右击，在弹出的快捷菜单中选择“属性”命令，在打开的“CC Debugger 属性”对话框中单击“更新驱动程序”按钮，如图 1.20 所示。

系统弹出驱动程序更新向导，选择“自动搜索更新的驱动程序软件”选项，如图 1.21 所示。

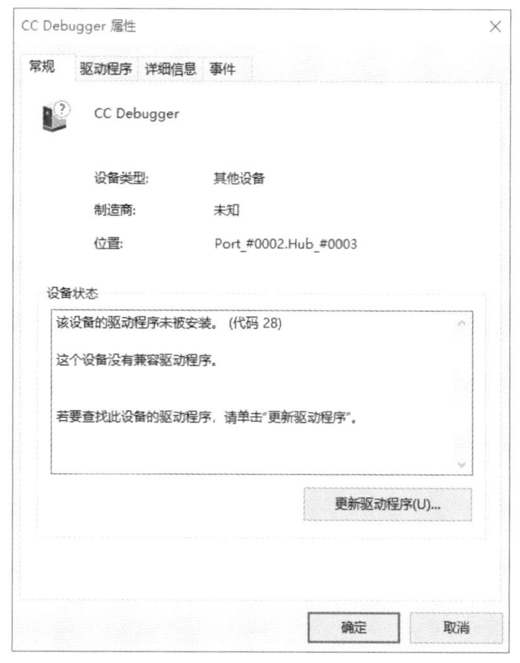

图 1.20 “CC Debugger 属性”对话框

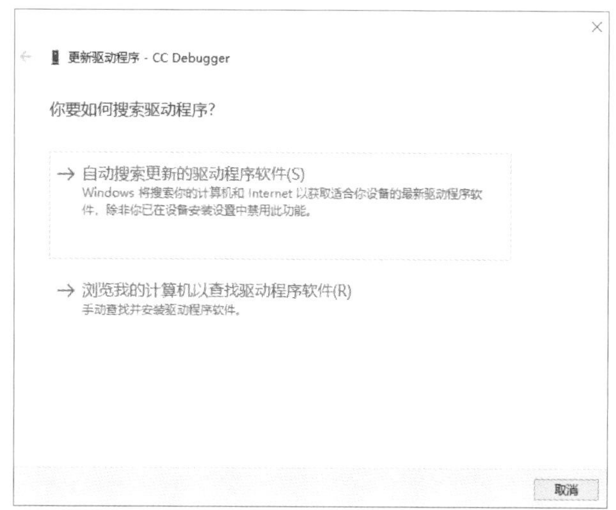

图 1.21 选择自动搜索驱动程序

向导会自动联机搜索驱动程序，如图 1.22 所示，找到后会自动安装。

安装完驱动程序后向导会进入图 1.23 所示界面，提示驱动程序已安装完成，单击“关闭”按钮退出向导。

2. 手动安装仿真器驱动程序

如果向导未能自动搜索到驱动程序，可以在 IAR 的安装文件中搜索。在向导中选择“浏览我的计算机以查找驱动程序软件”选项，如图 1.24 所示。

进入“浏览计算机上的驱动程序”界面，如图 1.25 所示。

单击“浏览”按钮，弹出“浏览文件夹”对话框，在安装路径中找到“C:\Program Files(x86)\IAR Systems\Embedded Workbench 6.0 Evaluation\8051\drivers\Texas Instruments\win_64bit_x64”文件夹，单击“确定”按钮，如图 1.26 所示。按系统提示操作直至完成安装，如图 1.27 所示。

安装完成后，重新拔插仿真器，如能在设备管理器中的 Cebal controlled devices 节点下看到 CC Debugger，即说明仿真器驱动程序安装成功，如图 1.28 所示。

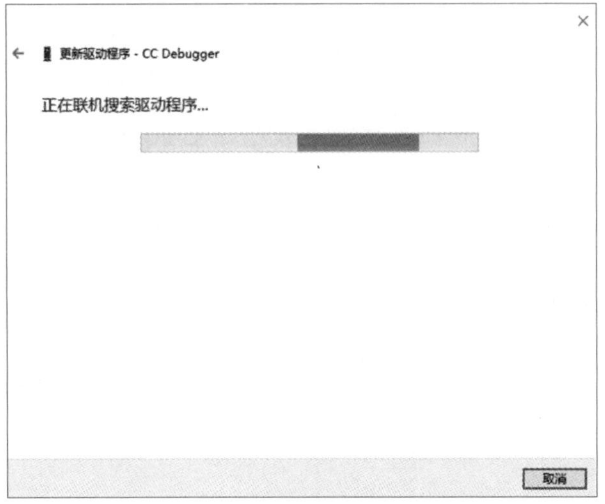

图 1.22 自动联机搜索驱动程序

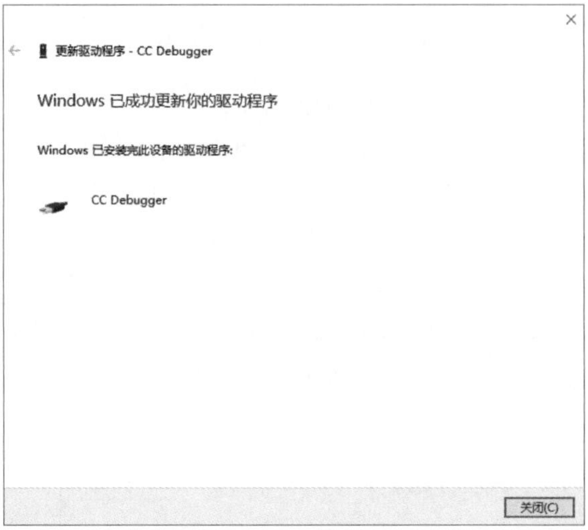

更新驱动程序 - CC Debugger

Windows 已成功更新你的驱动程序

Windows 已安装完此设备的驱动程序:

CC Debugger

关闭(C)

图 1.23 驱动程序安装完成

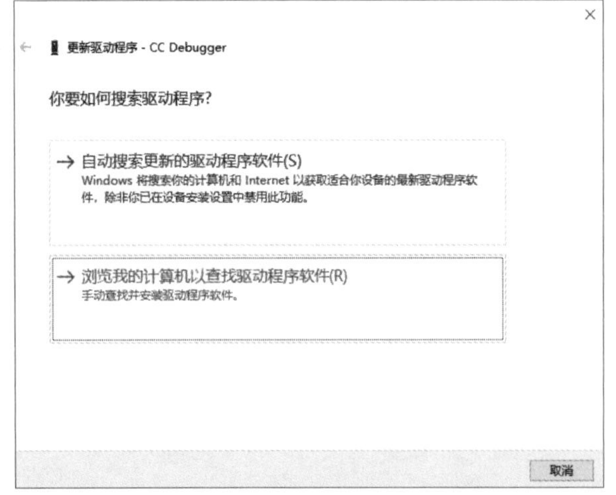

图 1.24 选择手动安装驱动程序

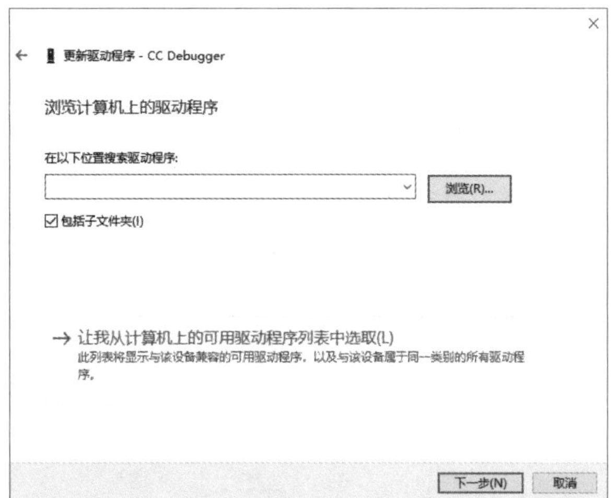

图 1.25 “浏览计算机上的驱动程序”界面

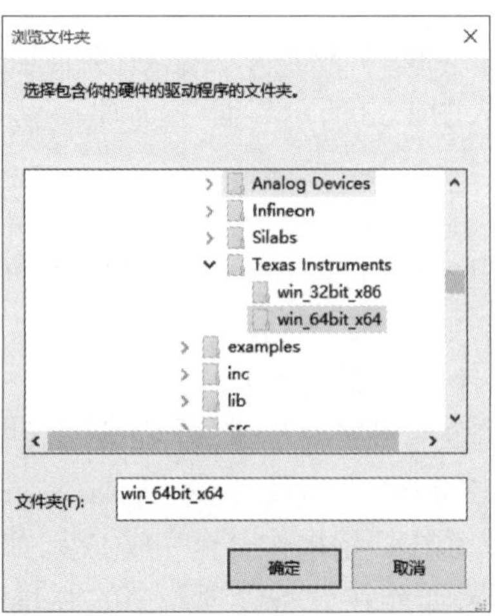

图 1.26 “浏览文件夹”对话框

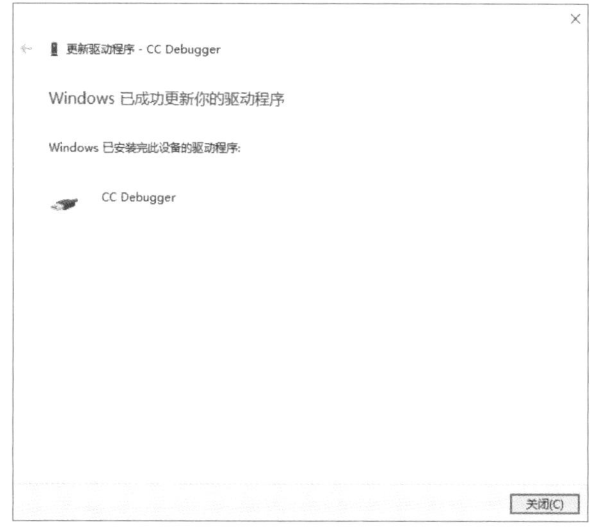

图 1.27 完成安装

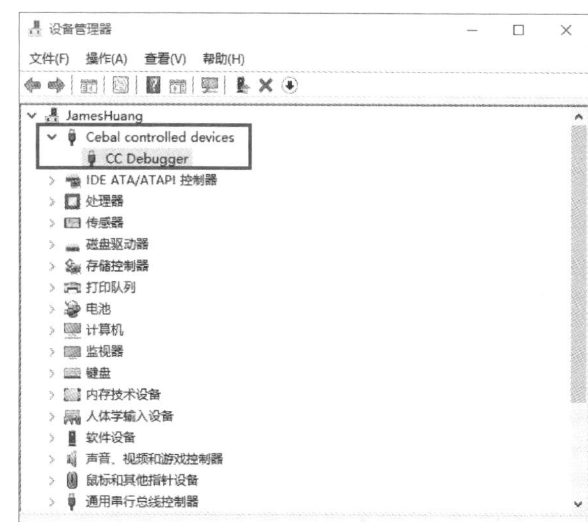

图 1.28 仿真器驱动程序安装成功

注意:在 Windows 10 操作系统中只能使用 ZStack-CC2530-2.5.1a 版本的协议栈。

1.6.4 物理地址烧写软件的安装

双击物理地址烧写软件安装程序 Setup_SmartRF_Flash_Programmer-1.12.8.exe,进入图 1.29 所示的安装界面。

单击 Next 按钮至下一步,选择安装路径(保持默认即可),如图 1.30 所示。

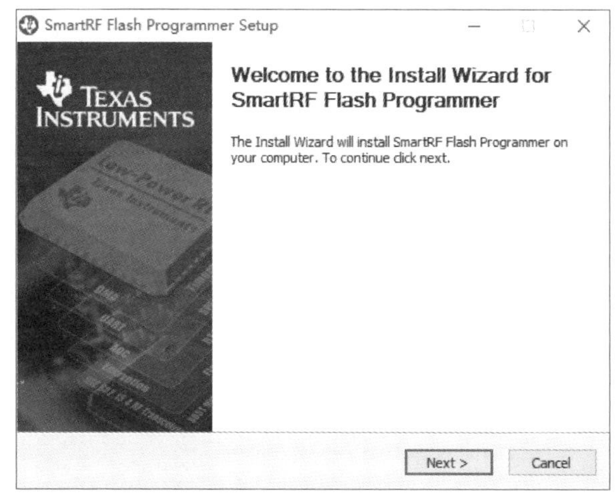

图 1.29 物理地址烧写软件安装界面

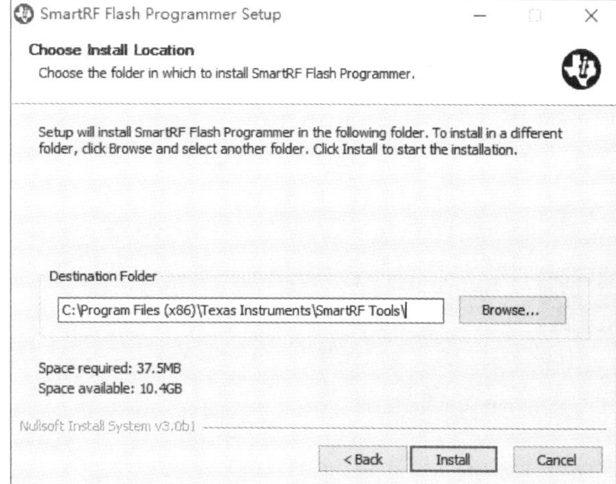

图 1.30 选择安装路径

单击 Install 按钮,进入图 1.31 所示界面。

单击 I Agree 按钮,再单击 Install 按钮,开始安装,如图 1.32 所示。

安装完成后,单击 Next 按钮进入图 1.33 所示界面。

单击 Finish 按钮,退出安装。在"开始"菜单中可以看到安装完成的物理地址烧写软件,如图 1.34 所示。

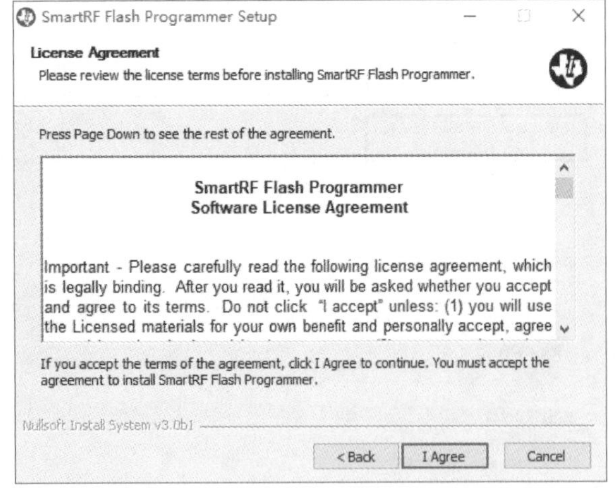

图 1.31 阅读许可协议

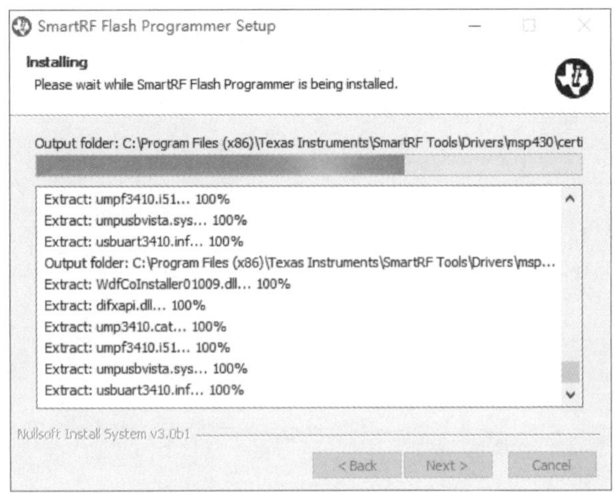

图 1.32 正在安装

图 1.33 安装完成

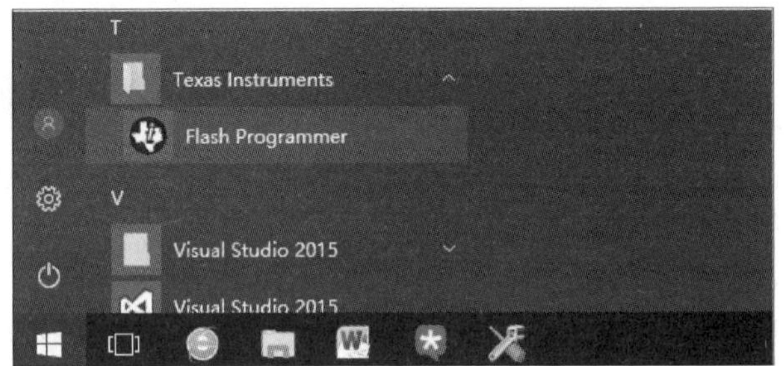

图 1.34 “开始”菜单中的物理地址烧写软件

1.7 软件应用

1.7.1 IAR 的使用

1. 新建一个工程

打开 IAR Embedded Workbench IDE 软件，选择 Project → Create New Project 命令，如图 1.35 所示。

弹出 Create New Project 对话框，选择 Empty project 默认配置，如图 1.36 所示。

单击 OK 按钮，弹出“另存为”对话框，选择将新建工程保存在之前已在桌面上建立的名为“project”的文件夹中，并将工程也取名为“project”，设置“保存类型”为 Project Files (*.ewp)，如图 1.37 所示，单击“保存”按钮。

选择 File → Save Workspace 命令，保存工作空间，如图 1.38 所示。

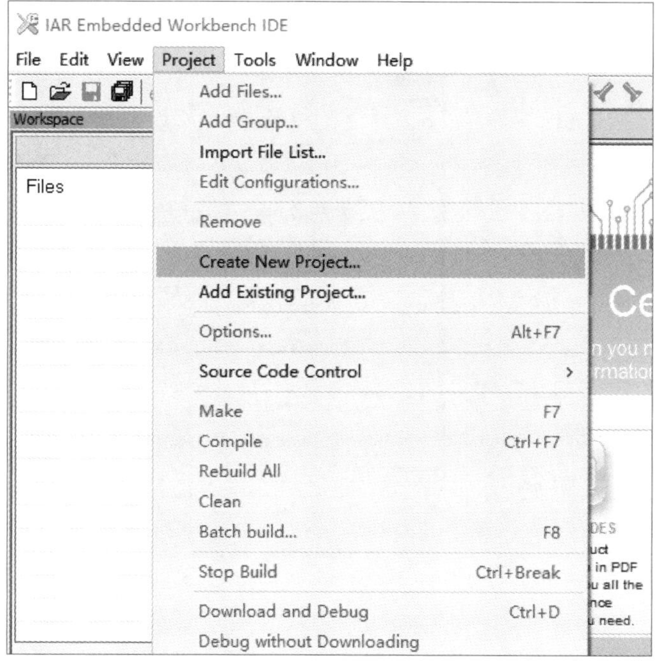

图 1.35 新建一个工程

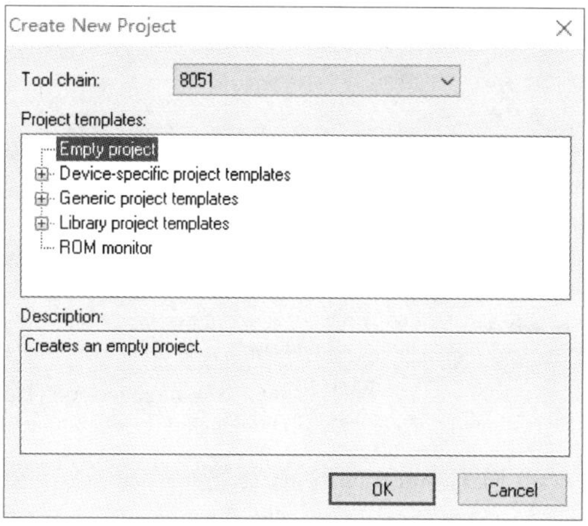

图 1.36 选择默认配置

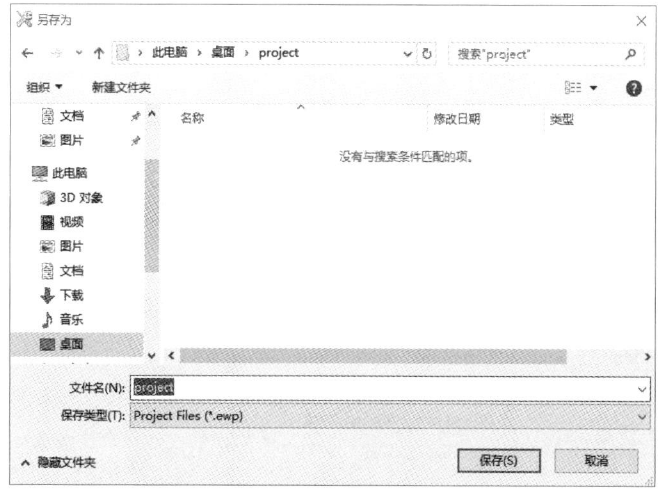

图 1.37 “另存为”对话框

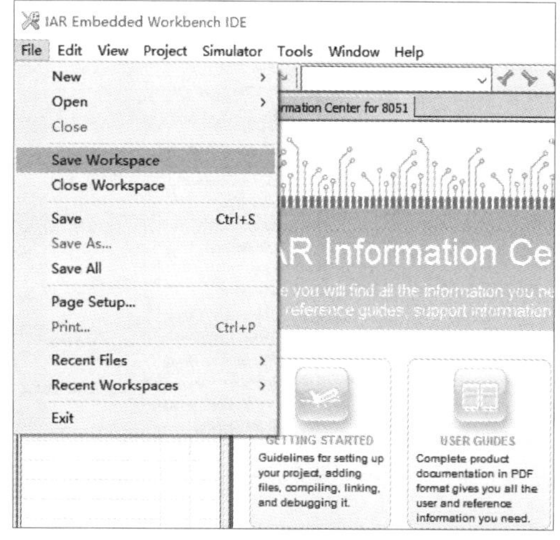

图 1.38 保存工作空间

此时会弹出 Save Workspace As 对话框，如图 1.39 所示。输入文件名“project”，设置“保存类型”为 Workspace Files(*.eww)，单击“保存”按钮退出。这样，就建立了 IAR 的一个工程文件。

2. 参数设置

接下来，对这个工程加入一些特有的配置。选择 Project → Options 命令，如图 1.40 所示。

弹出工程选项对话框，其中需要设置很多必要的参数，下面针对 CC2530 来配置这些参数。

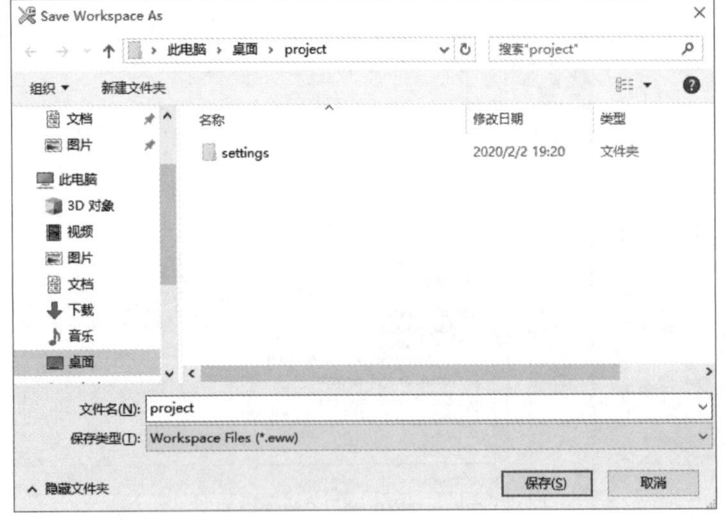

图 1.39　Save Workspace As 对话框

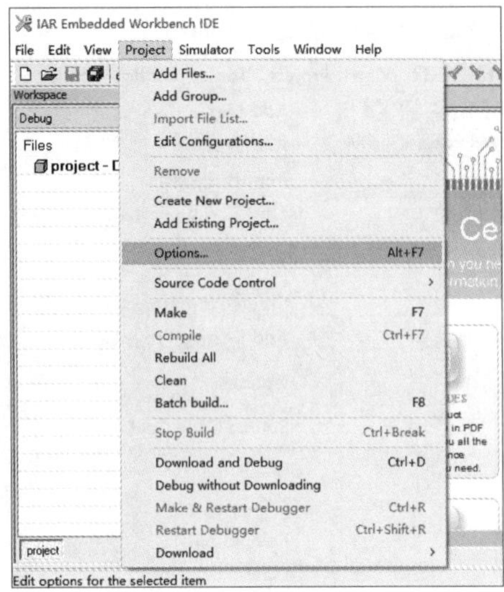

图 1.40　设置工程选项

(1) General Options 设置

单击对话框左侧的 General Options 选项，在右侧的 Target 选项卡中，将 Device 设置为 CC2530F256，具体操作如图 1.41~ 图 1.43 所示（由于 ZigBeePRO 协议栈是以 CC2530 为基准的，所以这里将 Device 设置为 CC2530 系列，CC2531 与 CC2530 区别很小）。

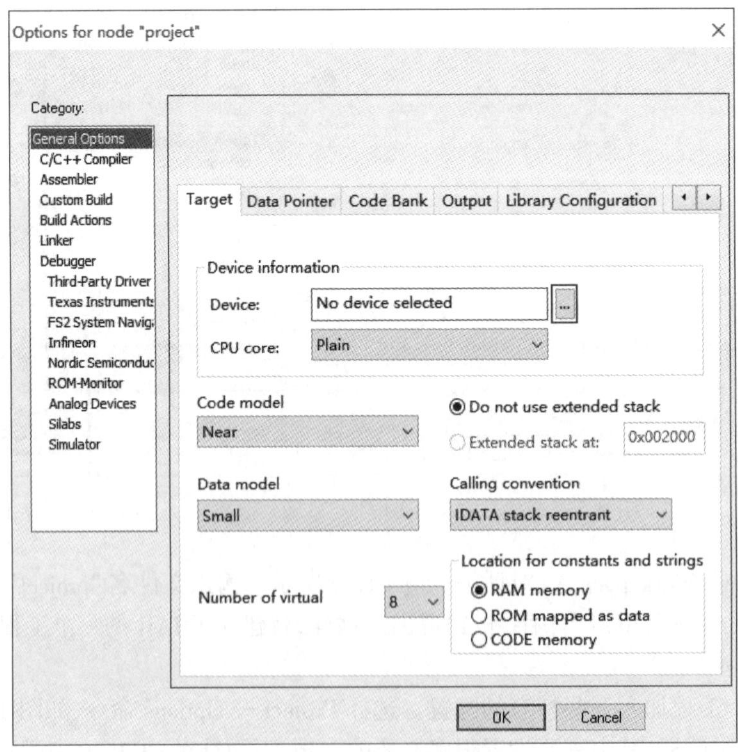

图 1.41　单击“浏览”按钮

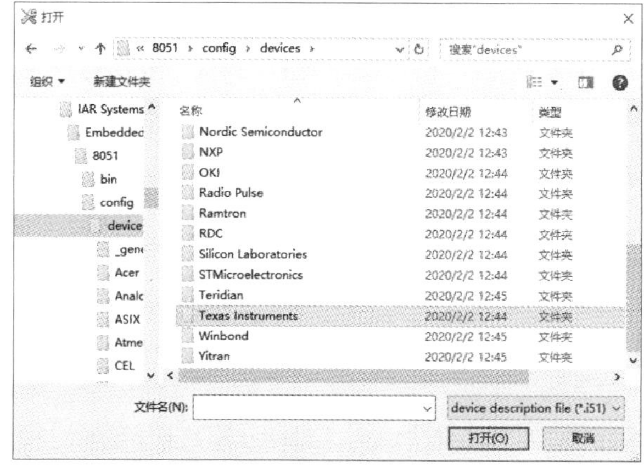

图 1.42 找到 Texas Instruments 文件夹

图 1.43 选择需要的芯片

然后将 Data model 设置为 Large，将 Calling convention 设置为 XDATA stack reentrant，如图 1.44 所示。

(2) C/C++ Compiler 设置

单击对话框左侧的 C/C++ Compiler 选项，在右侧的 Preprocessor 选项卡中，Ignore standard include directories 表示是否忽略在工程中包含文件的路径，保持默认不勾选即可，如图 1.45 所示。

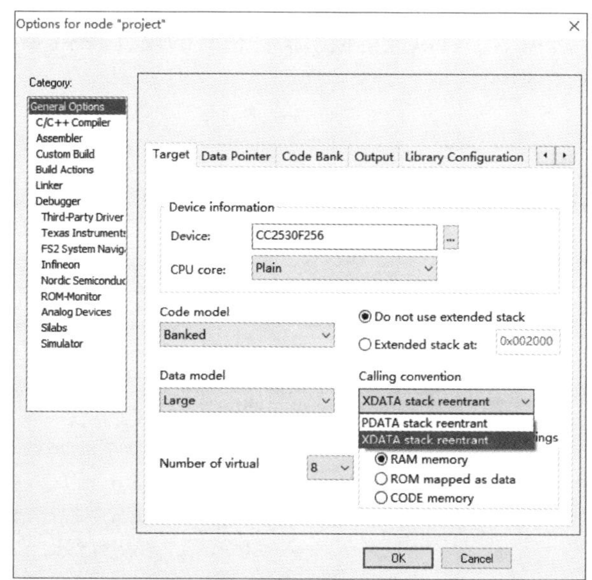

图 1.44 设置 Calling convention

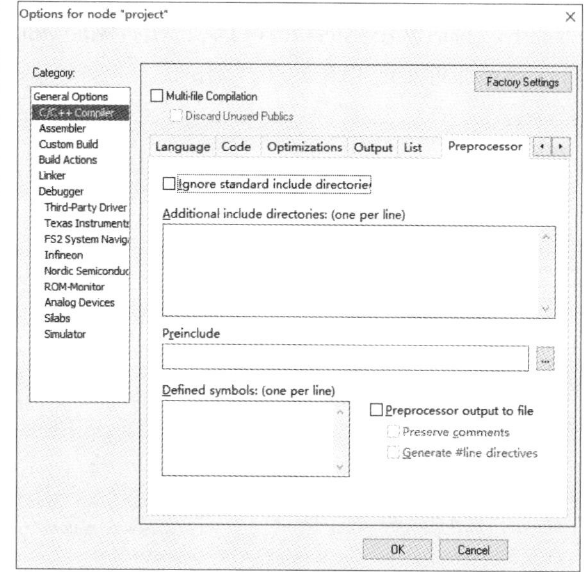

图 1.45 C/C++ Compiler 设置

Additional include directories 文本框用于定义包含文件的路径，有两个很重要的变量。

一是"$TOOLKIT_DIR$"。这个变量表示包含文件的路径在 IAR 安装路径的 8051 文件夹下。也就是说，如果 IAR 安装在 C 盘中，那么它就表示"C:\Program Files (x86)\IAR Systems\Embedded Workbench 6.0 Evaluation\8051"这个路径。

二是"$PROJ_DIR$"。这个变量表示包含文件的路径在工程文件夹中，也就是在和 .eww 文件及 .ewp 文件相同的文件夹下。在刚才建立的 project 项目中，如果使用了这个变量，那么它就表示"C:\Documents and Settings\Administrator\桌面\project”这个路径。

和这两个变量配合使用的还有两个很重要的符号，那就是“\..”和“\文件夹名”。“\..”表示返回上一级文件夹；“\文件夹名”表示进入名为“文件夹名”的文件夹。

接下来具体看两个例子。

$TOOLKIT_DIR$\inc\：表示包含文件的路径为“C:\Program Files(x86)\IAR Systems\Embedded Workbench 6.0 Evaluation\8051\inc”。

$PROJ_DIR$\..\Source：表示包含文件的路径指向工程目录的上一级目录中的 Source 文件夹。例如，假设工程放在“D:\project\IAR”中，那么“$PROJ_DIR$\..\”就将路径指向“D:\project”，再执行“\Source”，就表示将路径指向“D:\project\Source”。

继续回到本节新建的工程，为其设置一些必要的路径，如图 1.46 所示。“$TOOLKIT_DIR$\inc\”中存放了 CC2530 的 h 文件，“$TOOLKIT_DIR$\inc\clib\”中有很多常用的 h 文件。这两个路径一般是必须要添加的。“$PROJ_DIR$\include”指向一个包含在工程中的 include 文件夹，这个文件夹需要自己在工程文件中创建，一般自定义的头文件可以放在这个文件夹中，编程时只要在 main 函数中用 #include 声明即可。

Defined symbols 用于定义表示数字常量的宏，其功能和 #define 相似，这里不再赘述，在后面的应用中会根据具体情况给出使用方法。

(3) Linker 设置

单击对话框左侧的 Linker 选项，在右侧的 Output 选项卡中可以进行输出文件格式的设置。图 1.47 所示设置即可实现 IAR 的在线调试。

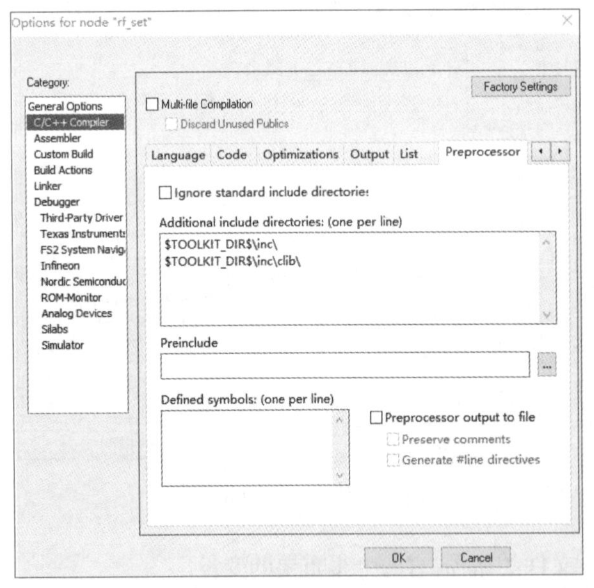

图 1.46 设置工程路径

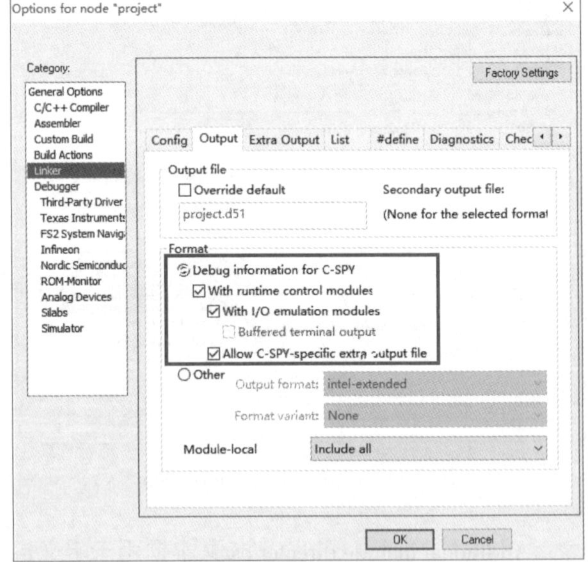

图 1.47 Output 选项卡

切换到 Config 选项卡，在 Linker configuration file 选项组中选择 lnk51ew_CC2530F256_banked.xcl 文件，如图 1.48 所示。

(4) Debugger 设置

单击对话框左侧的 Debugger 选项，在右侧的 Setup 选项卡中，将 Driver 选项设置为 Texas Instruments，如图 1.49 所示。

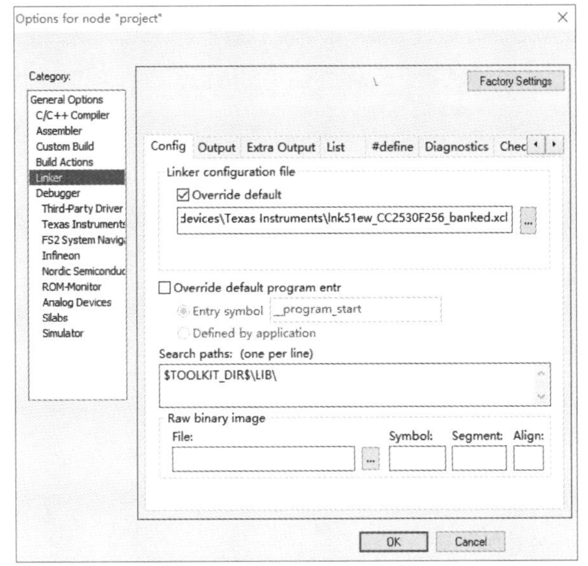

图 1.48 设置 Linker configuration file

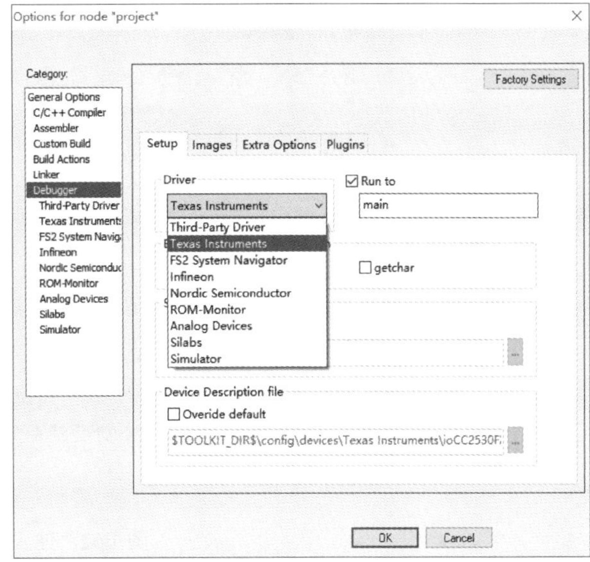

图 1.49 Debugger 设置

至此，对于整个项目的基本设置就完成了，下面开始第一个项目的开发。

3. 第一个项目

新建一个 c 文件，并保存，如图 1.50 和图 1.51 所示。

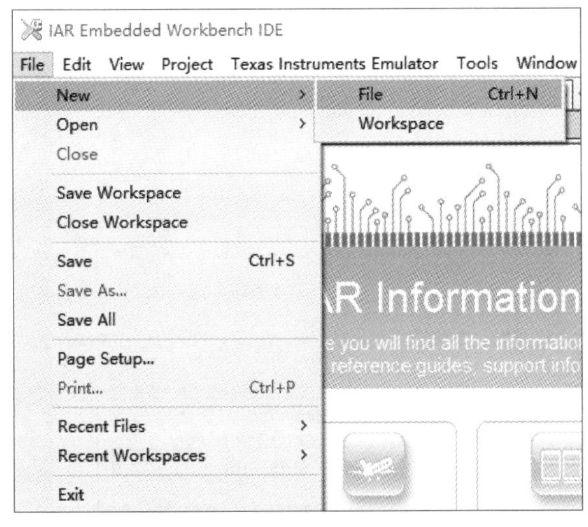

图 1.50 新建一个文件

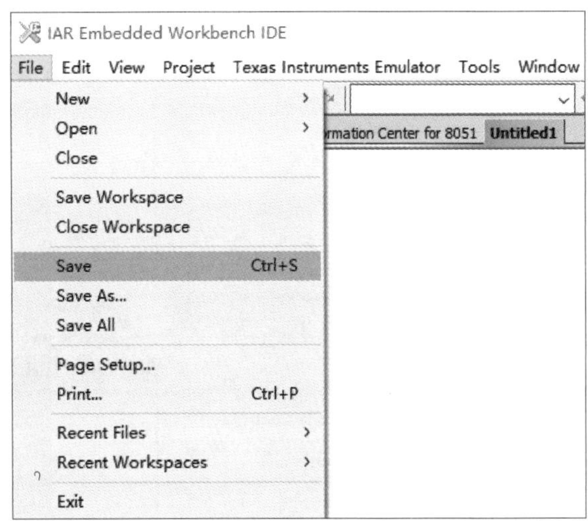

图 1.51 保存文件

在弹出的“另存为”对话框中，输入文件名后单击“保存”按钮，如果是 c 文件务必添加“.c”文件扩展名，否则会以文本文件保存，如图 1.52 所示。

右击所建的工程 project，在弹出的快捷菜单中选择 Add → Add Group 命令，创建一个文件组，如图 1.53 所示。

弹出 Add Group 对话框，输入文件组名，如图 1.54 所示。

图 1.52 输入文件名并保存

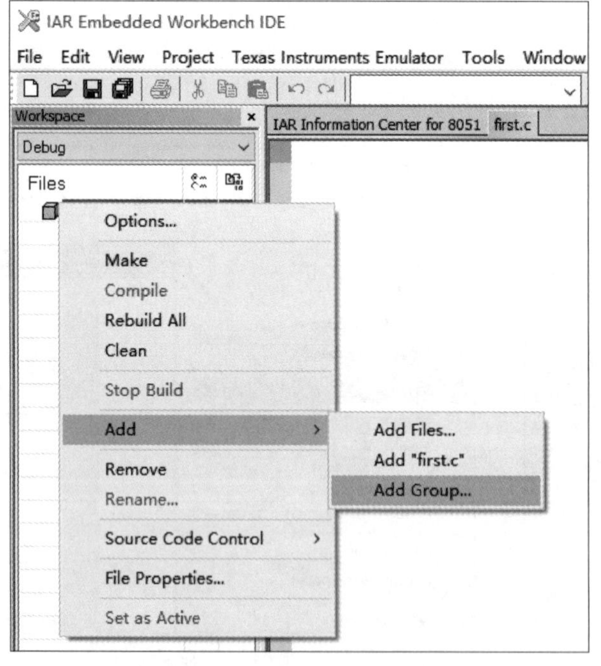

图 1.53 创建一个文件组

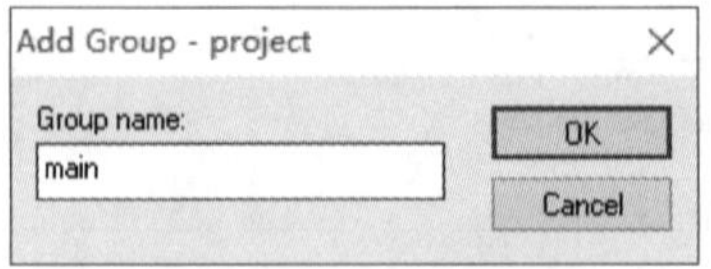

图 1.54 输入文件组名

右击刚创建的文件组 main，在弹出的快捷菜单中选择 Add → Add Files 命令，加入 first.c 文件，如图 1.55~ 图 1.57 所示。

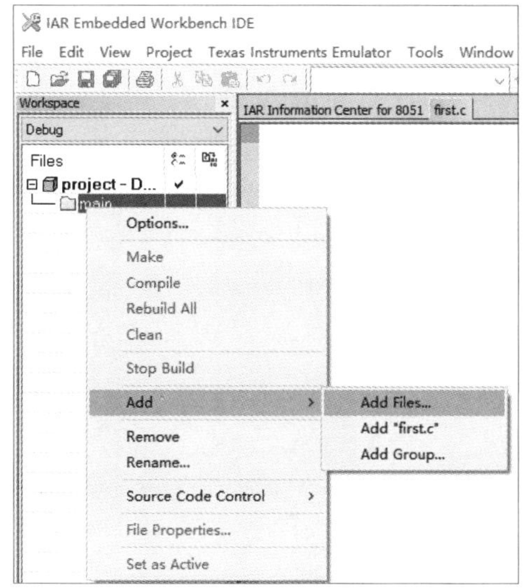

图 1.55 加入文件

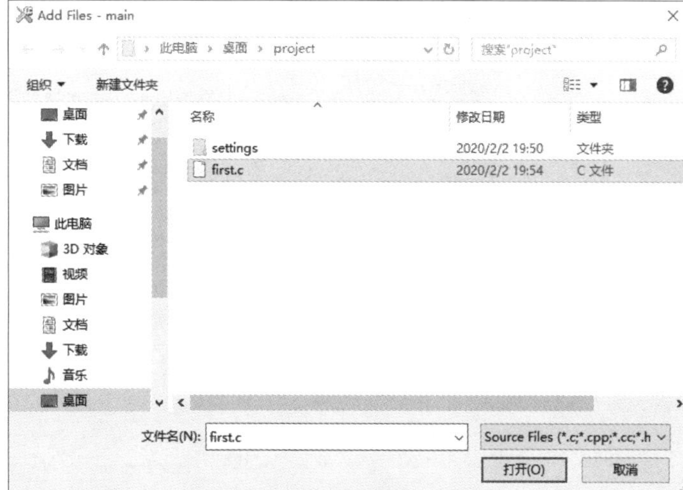

图 1.56 选择新建的 c 文件

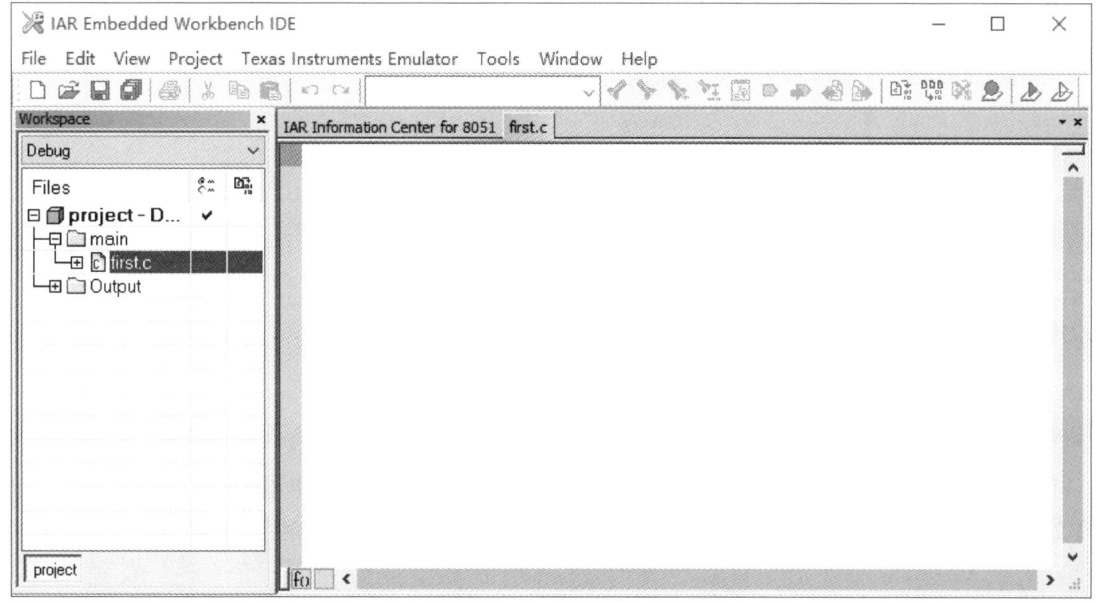

图 1.57 打开文件

接下来，在 first.c 中输入第一段代码，如图 1.58 所示。这段代码的意思是将 P1 口设置为输出，将 P1 口置 0。在模块和开发板中 P1 口上有小灯，执行这段代码时，小灯会点亮。

在实际使用中，如果 IAR 的工程路径中有中文路径，则有可能在调试时，设置的断点无法生效。所以，为了方便在线调试，可将建立的工程复制到磁盘根目录中，然后选择 Project → Make 命令，如图 1.59 所示。

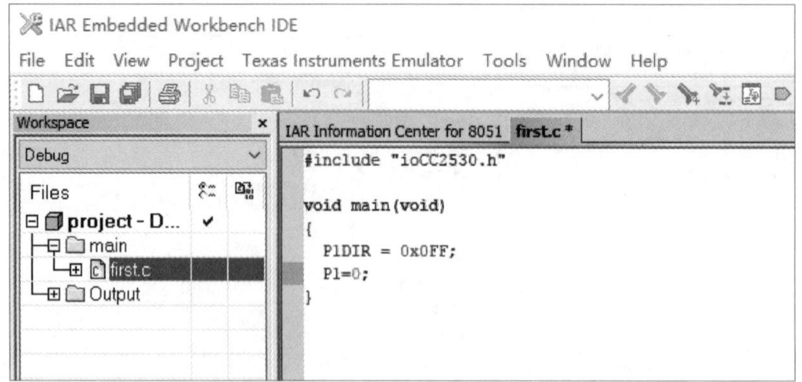

图 1.58 输入代码

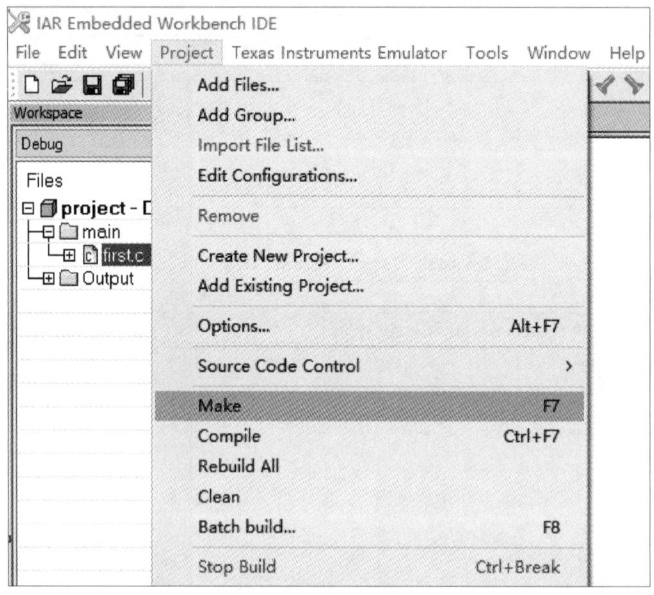

图 1.59 编译

可以通过 Make 命令编译，也可以通过 Rebuild All 命令全部编译（使用 Make 命令只会编译修改过的文件）。编译后只要没有错误即可，警告一般可以忽略。有关错误和警告的提示信息如图 1.60 所示。

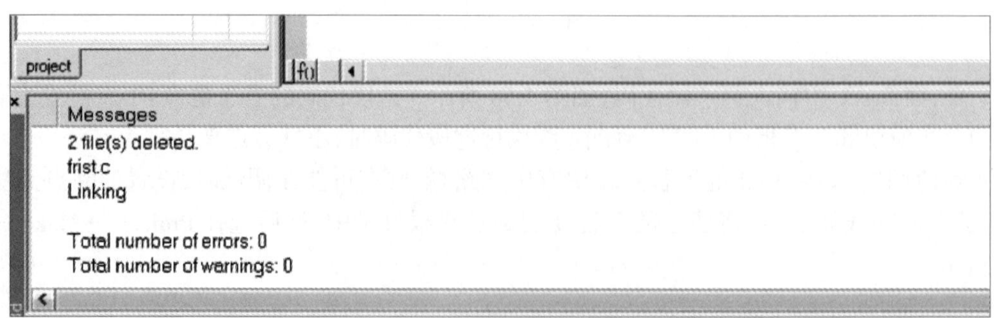

图 1.60 提示信息

编译没有错误后，选择 Project → Download and Debug 命令，下载程序。下载程序完成后，软件进入在线仿真模式，如图 1.61 所示。

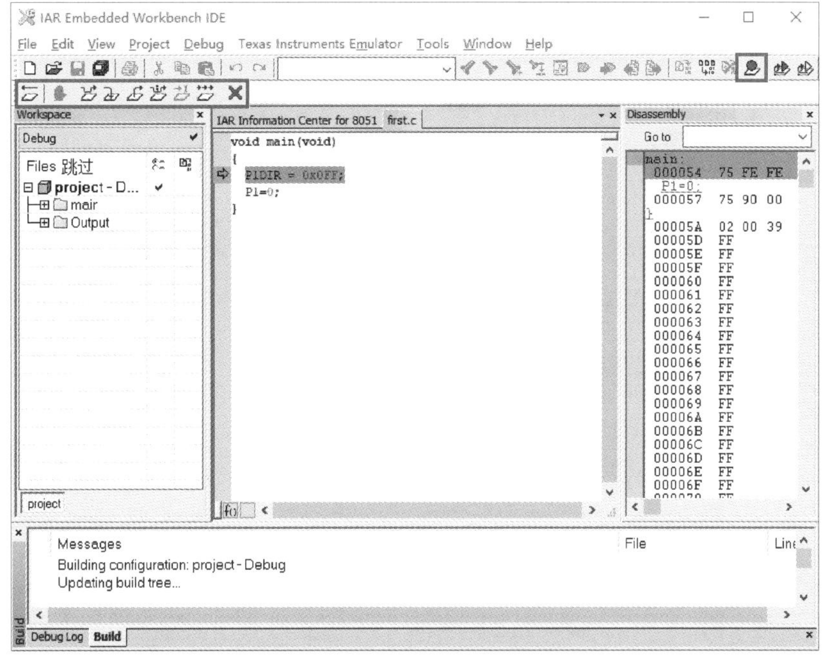

图 1.61 在线仿真模式

图 1.61 中跟仿真相关的各按钮的功能如下。

- ：复位(Reset)。
- ：停止运行(Break)。
- ：单步执行，会跳过函数体(Step Over)。
- ：跳入函数体(Step Into)。
- ：跳出函数体(Step Out)。
- ：每次执行一个语句(Next Statement)。
- ：运行到光标位置(Run to Cursor)。
- ：全速运行(Go)，快捷键为 F5 键。
- ：结束调试(Stop Debugging)。

在在线仿真模式中，可以对文件设置断点，设置方法是选择需要设置断点的行，单击按钮。设置后，所选的代码行会变为红色，表示断点设置完成，如图 1.62 所示。

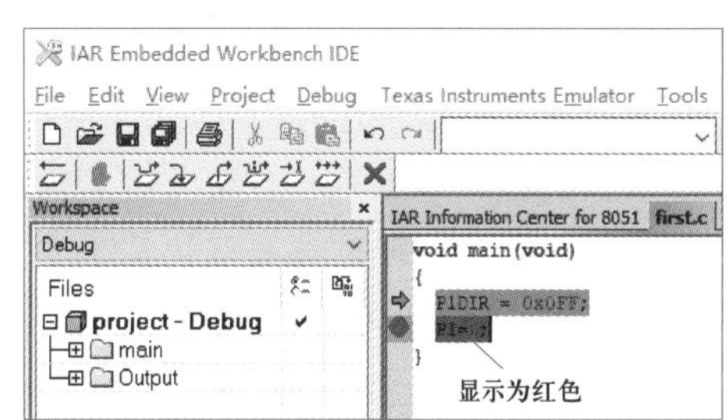

图 1.62 设置断点

单击按钮执行全速运行，当执行到断点处会停止运行，如图 1.63 所示。

用鼠标选中代码中的“P1DIR”，右击，在弹出的快捷菜单中选择 Add to Watch 或者 Quick Watch 命令，如图 1.64 所示。

此步骤的作用是查看该寄存器中的值，如果选中的是一个变量，就可以查看变量的值。具体数值显示在 Watch 窗格中，如图 1.65 所示。

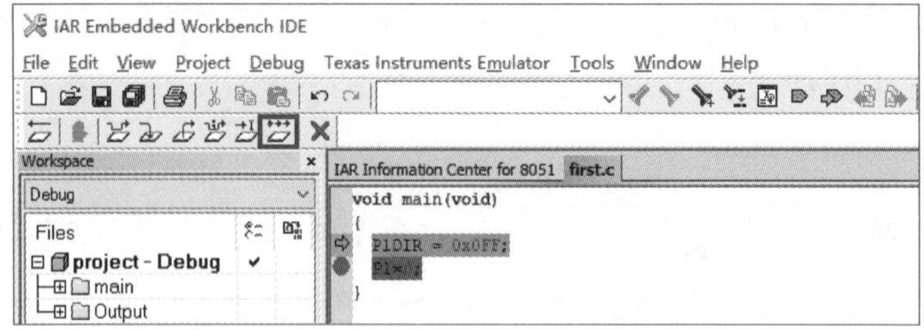

图 1.63 执行全速运行

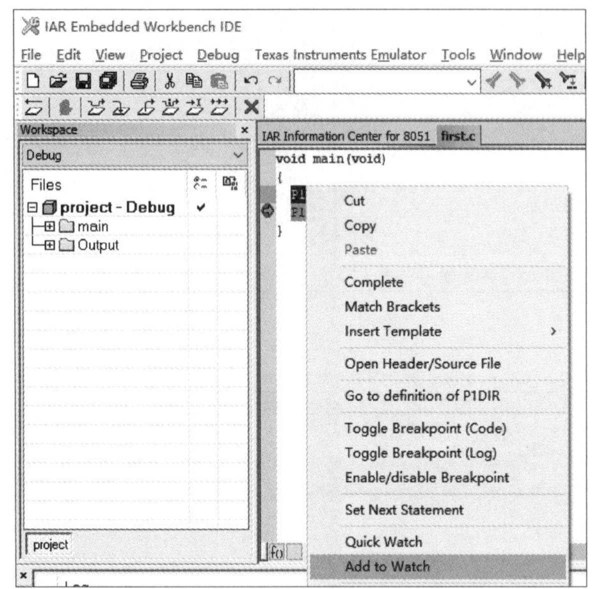

图 1.64 选择 Add to Watch 命令

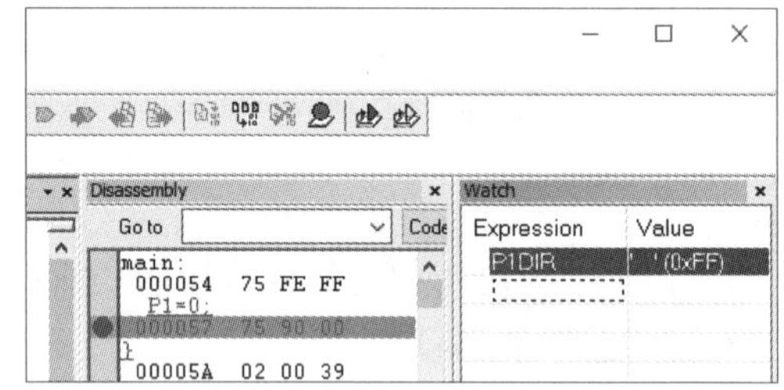

图 1.65 查看寄存器值

知识链接

一个模块中包含两个文件，一个是 h 文件（又称头文件），另一个是 c 文件。

h 文件是接口描述文件，其内部一般不包含任何实质性的函数代码，主要对外提供接口函数或接口变量。h 文件的构成原则是：外界不该知道的信息就不应该出现在 h 文件里，而供外界调用的模块内部接口函数或接口变量所必需的信息就一定要出现在 h 文件里。

c 文件的主要功能是对 h 文件中声明的外部函数进行具体实现，对具体实现方式没有特殊规定，只要能实现函数功能即可。

4. IAR 中标记行号和字体

微课

Z-Stack 协议栈安装

IAR 中可以设置字体大小、关键字的颜色及显示行号。选择 Tools → Options 命令，弹出 IDE Options 对话框，在 Editor 选项卡中，勾选 Show line numbers 便可以显示行号，如图 1.66 所示。

在 Editor → Colors and Fonts 选项卡中，可以设置字体及颜色，如图 1.67 所示。

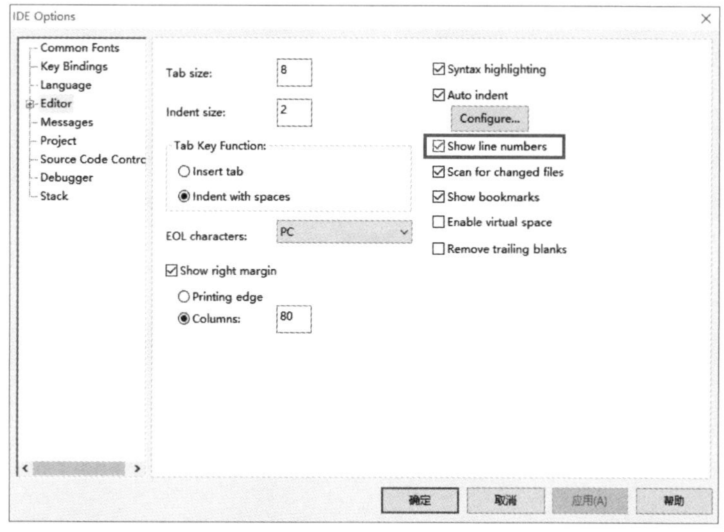

图 1.66 设置显示行号

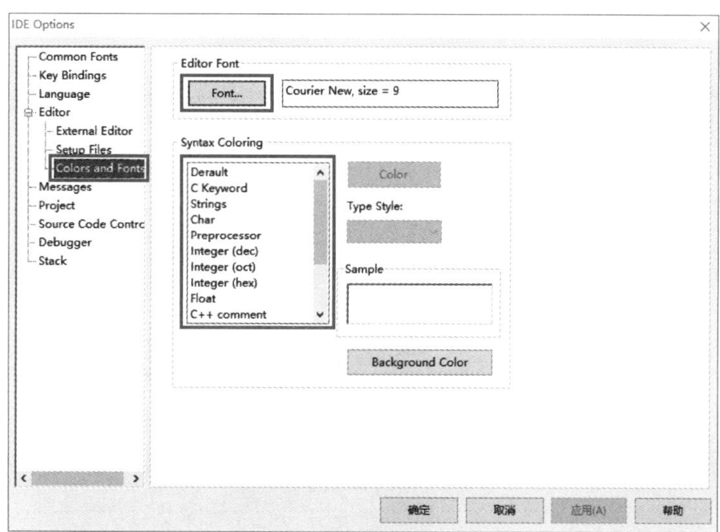

图 1.67 设置字体及颜色

1.7.2 协议栈的安装

为了从整体上认识 Z-Stack 架构，下面选用 TI 公司推出的 ZigBee 2007 协议栈进行剖析。从 TI 官方网站下载 ZStack-CC2530-2.5.1a.exe 文件，进行协议栈的安装，默认安装到 C 盘根目录下，即"C:\Texas Instruments\ZStack-CC2530-2.5.1a\Projects\zstack\Samples"。TI 公司提供了 GenericApp.eww、SampleApp.eww 和 SimpleApp.eww 三种例程，它们的功能各不相同。

协议栈 GenericApp 主要实现设备互相绑定后传送信息(hello world)；SampleApp 主要实现设备发送和接收 LED 灯信息；SimpleApp 主要实现根据采集的温度值控制灯的开关。

这里以 SampleApp.eww 为例进行讲解。在路径“C:\Texas Instruments\ZStack-CC2530-2.5.1a\Projects\zstack\Samples\SampleApp\CC2530DB”下找到 SampleApp 工程路径，如图 1.68 所示。

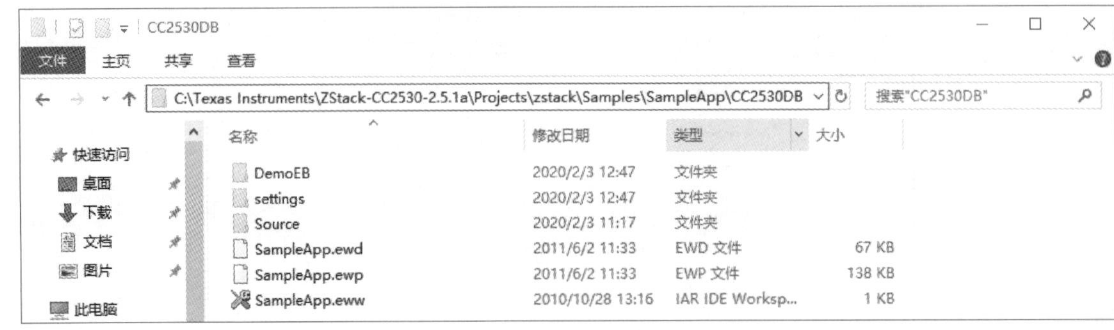

图 1.68 SampleApp 工程路径

知识链接

协议栈 Z-Stack-CC2530-2.3.0-1.4.0.exe 和协议栈 ZStack-CC2530-2.5.1a 虽然都针对 CC2530 开发，但功能稍有差别。采用哪个协议栈开发的软件必须在哪个协议栈下使用。

打开 SampleApp 工程文件，如图 1.69 所示。其文件布局中有许多文件夹，如 App、HAL、MAC 等，这些文件夹对应着 ZigBee 协议中不同的层。

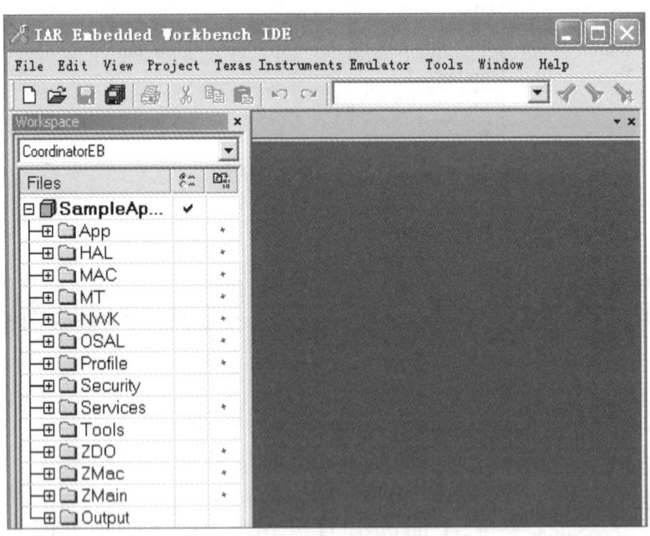

图 1.69 SampleApp 工程文件示意

1. App 文件夹

使用 ZigBee 协议栈进行应用程序的开发时一般只需要修改 App 文件夹下的文件。用户编写的应用程序源代码一般放在 App 文件夹下，如图 1.70 所示。

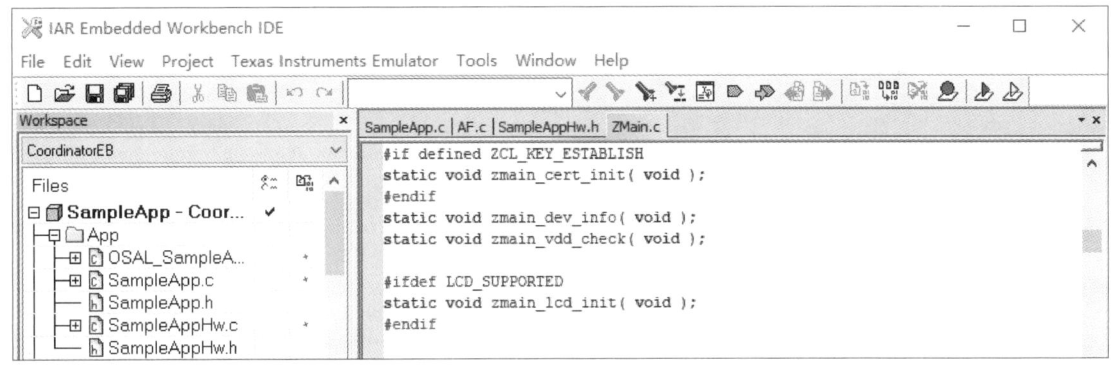

图 1.70 App 文件夹

2. HAL 文件夹

HAL 文件夹(见图 1.71)中,Common 目录下的文件是公用文件,基本上与硬件无关,其中 hal_assert.c 是测试文件,用于调试;hal_drivers.c 是驱动文件,抽象出与硬件无关的驱动函数,包含与硬件相关的配置和驱动及操作函数。Include 目录下主要包含各个硬件模块的头文件。Target 目录下的文件是跟硬件平台相关的,有 CC2530DB 和 CC2530EB 两个平台。DB 和 EB 表示 TI 公司开发板的型号。这里用的是 CC2530EB 平台,如图 1.72 所示。

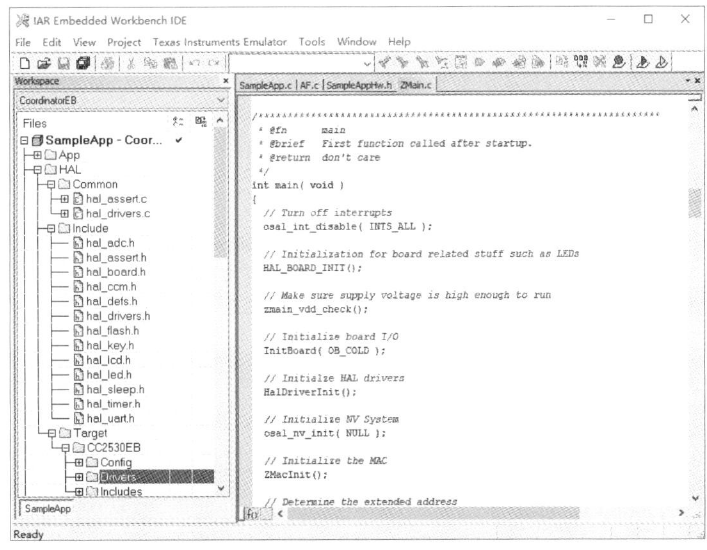

图 1.71 HAL 文件夹

3. MAC 文件夹

MAC 文件夹(见图 1.73)中,High Level 和 Low Level 两个目录分别表示 MAC 层的高层和底层,Include 目录下包含 MAC 层的参数配置文件及 LIB 库函数接口文件,这里 MAC 层的协议是不开源的,以库的形式给出。

Low Level 目录下又包括 Common 与 System 目录,其中 System 目录中包含对硬件的操作文件,如图 1.74 所示。

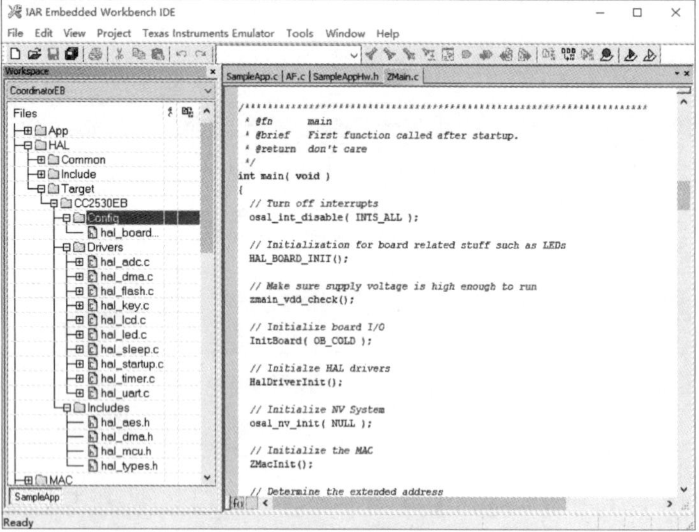

图 1.72 Target 目录

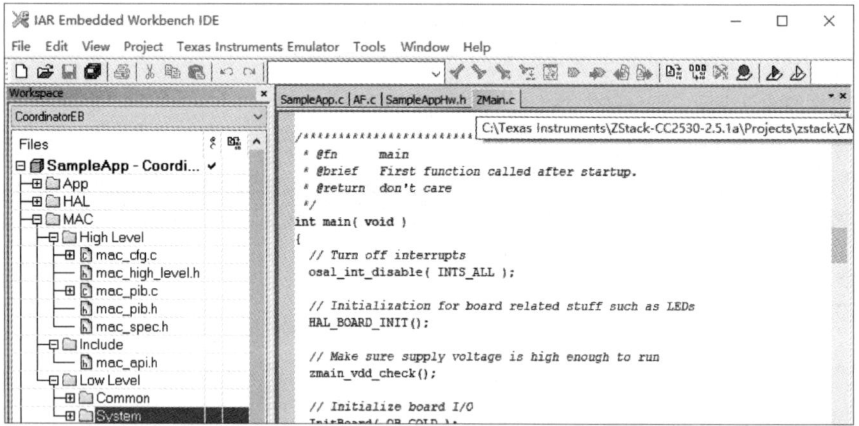

图 1.73 MAC 文件夹

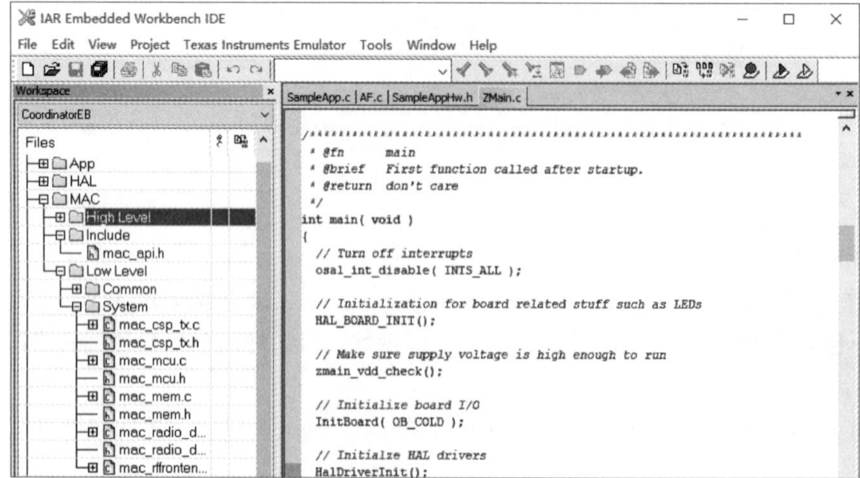

图 1.74 Low Level 目录

4. MT 文件夹

MT 文件夹下的文件主要用于调试，即通过串口调试各层，与各层进行直接交互，如图 1.75 所示。

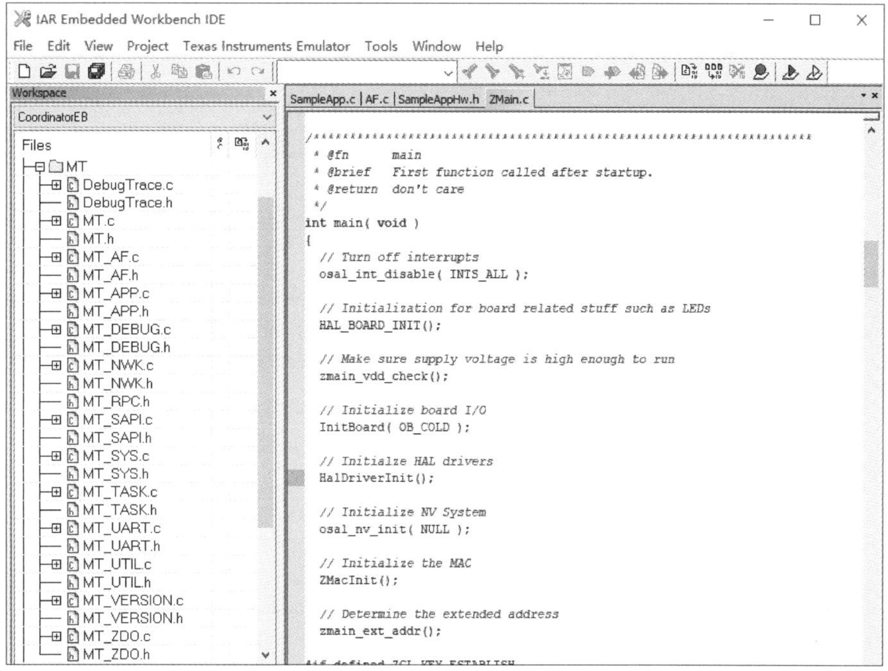

图 1.75 MT 文件夹

5. NWK 文件夹

NWK 文件夹下包含网络层配置参数文件、网络层库的函数接口文件，以及 APS 层库的函数接口文件，如图 1.76 所示。

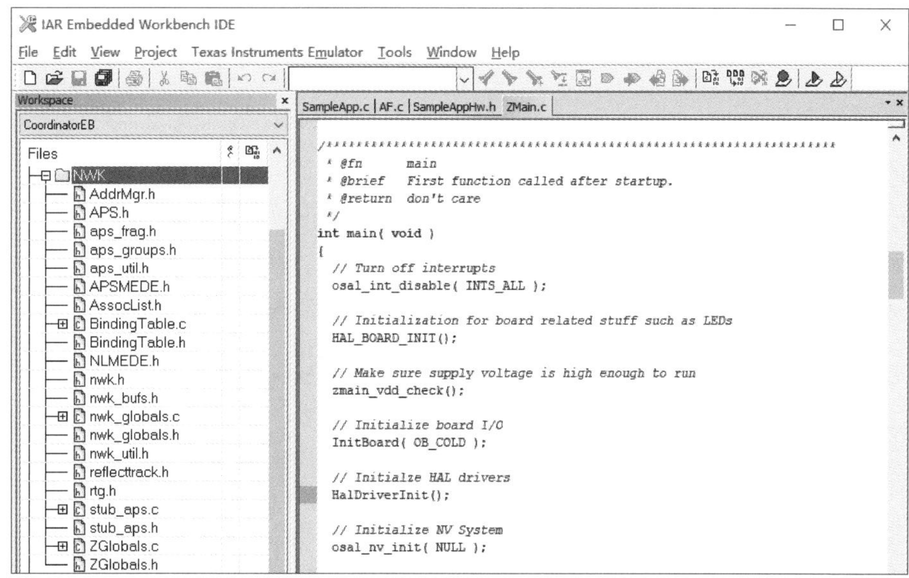

图 1.76 NWK 文件夹

6. OSAL 文件夹

OSAL 指操作系统抽象层，主要实现 Z-Stack 协议栈的操作系统对硬件的管理和封装，如图 1.77 所示。

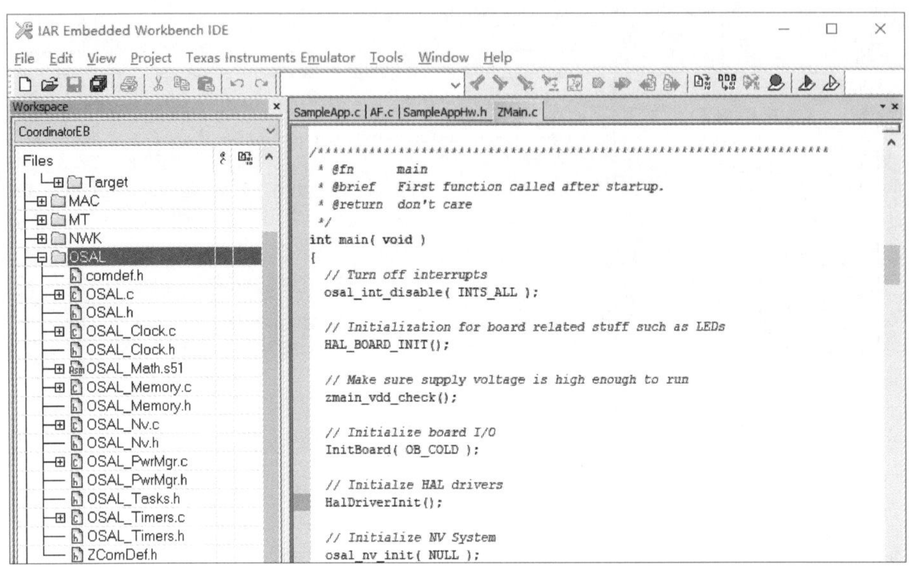

图 1.77　OSAL 文件夹

7. Profile 文件夹

Profile 文件夹下包含 AF(应用框架)层处理函数接口文件，如开发常用到的数据收、发及终端管理等函数，如图 1.78 所示。

8. Security 文件夹

Security 文件夹下包含安全层处理函数接口文件，如图 1.79 所示。

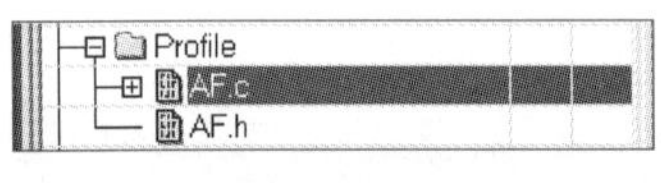

图 1.78　Profile 文件夹

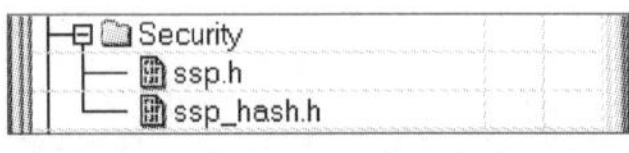

图 1.79　Security 文件夹

9. Services 文件夹

Services 文件夹下包含地址模式的定义及地址处理函数文件，如图 1.80 所示。

10. Tools 文件夹

Tools 文件夹下包括空间划分及 Z-Stack 相关配置信息，具体文件如图 1.81 所示。

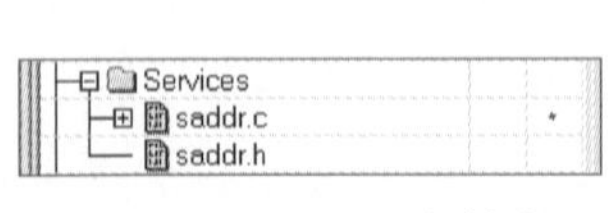

图 1.80　Services 文件夹

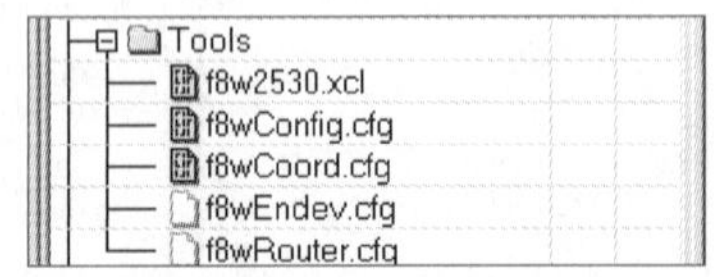

图 1.81　Tools 文件夹

注意：灰色表示文件在当前工作空间中不参加编译。其设置方法是选择相应的文件，右击，在弹出的快捷菜单中选择 Options 命令，出现图 1.82 所示的对话框，勾选 Exclude from build 复选框。

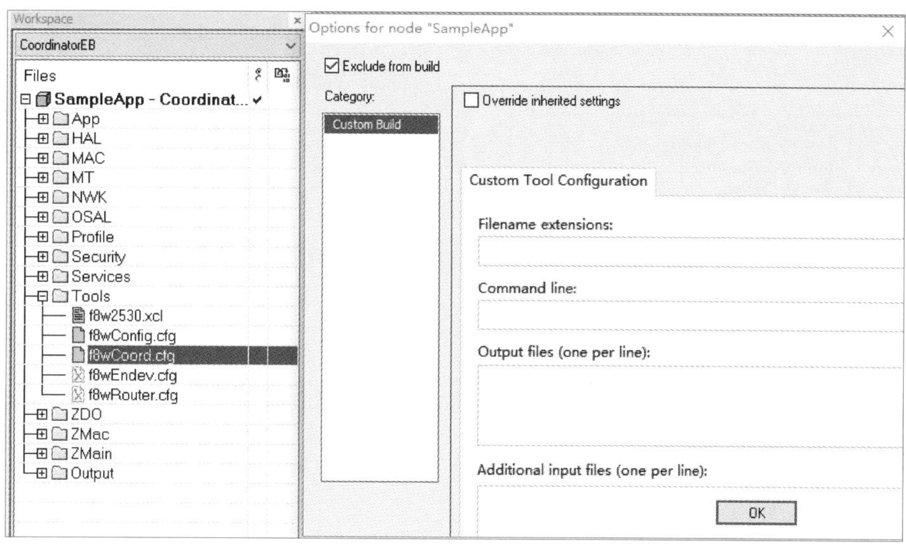

图 1.82 设置不参加编译

11. ZDO 文件夹

ZDO(ZigBee 设备对象)是一种公共的功能集,方便用户用自定义的对象调用 APS 层和 NWK 层的服务,具体文件如图 1.83 所示。

12. ZMac 文件夹

ZMac 文件夹中提供 Z-Stack 中关于 MAC 操作的接口函数,其中 zmac.c 是 Z-Stack MAC 导出层接口文件,zmac_cb.c 是 Z-Stack MAC 需要调用的网络层函数,如图 1.84 所示。

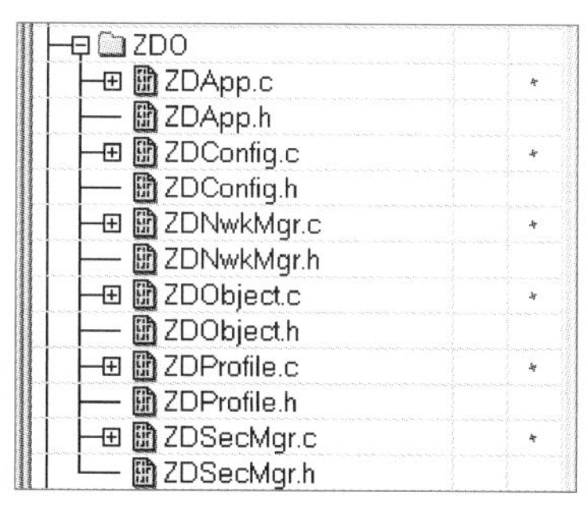

图 1.83 ZDO 文件夹

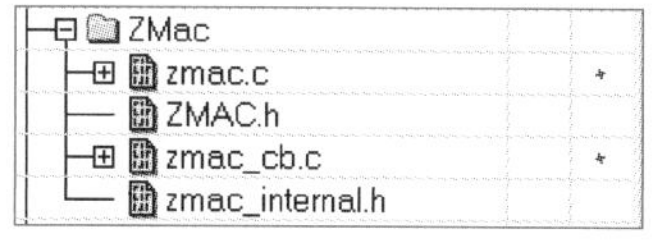

图 1.84 ZMac 文件夹

13. ZMain 文件夹

ZMain 文件夹下,ZMain.c 文件中包含了整个项目的入口函数 main(),OnBoard.c 文件中包含了对硬件开发平台各类外设进行控制的接口函数,如图 1.85 所示。

14. Output 文件夹

Output 文件夹是 IDE 自动生成的。协议栈提供 EndDeviceEB(终端设备)、CoordinatorEB(协调器设备)和 RouterEB(路由设备)等设备工作空间,如图 1.86 所示。

使用 IAR 打开工程文件 SampleApp.eww 后,即可查看到整个协议栈的文件夹分布。该协议栈可以实现复杂的网络连接,在协调器中实现对路由表和绑定表的非易失性存储,因此网络具有一定的记忆功能。

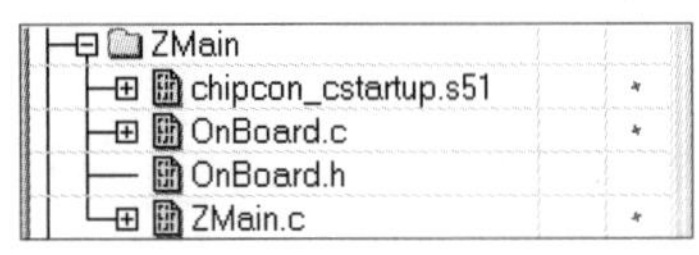

图 1.85 ZMain 文件夹

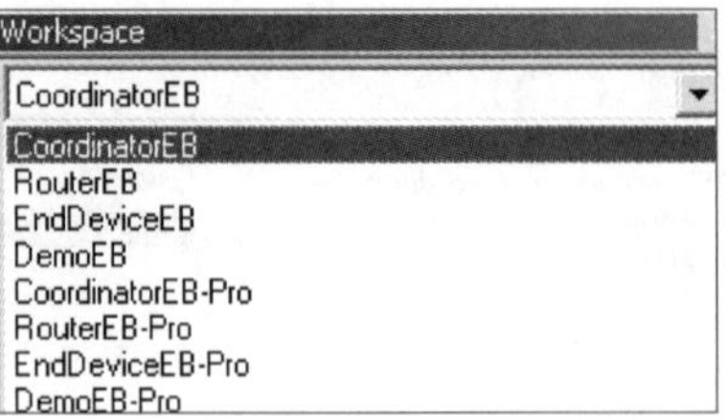

图 1.86 不同设备工作空间

知识链接

在协议栈布局窗口中，若文件名后出现“*”标记表示该文件没有保存，保存文件后便不会出现该标记。

1.7.3 协议栈中文件的移除和增加

ZigBee 协议栈实现了 ZigBee 协议，该协议栈为用户提供了 API 函数接口，在开发过程中用户不必去关心 ZigBee 协议是怎么实现的，而只需关心程序的数据从哪里来又到哪里去。

下面以 SampleApp. eww 为例讲解在 App 文件夹下如何移除和增加文件。

右击 SampleApp. c，在弹出的快捷菜单中选择 Remove 命令移除该文件，如图 1.87 所示，然后以同样的方法移除 SampleApp. h、SampleAppHw. c、SampleAppHw. h 文件。

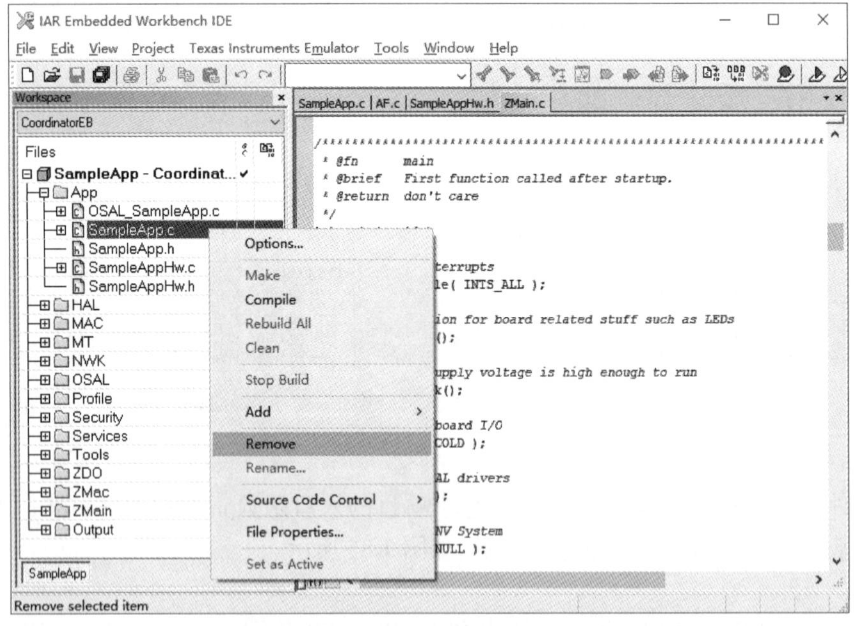

图 1.87 移除文件

选择 File → New → File 命令，将文件保存为 Coordinator. c，然后以同样的方法建立 Coordinator. h 文件。

接下来要将 Coordinator. c 和 Coordinator. h 添加到工程中。方法是右击 App，在弹出的快捷菜单中选择 Add → Add Files 命令。添加完成后，SampleApp 工程文件布局如图 1.88 所示。

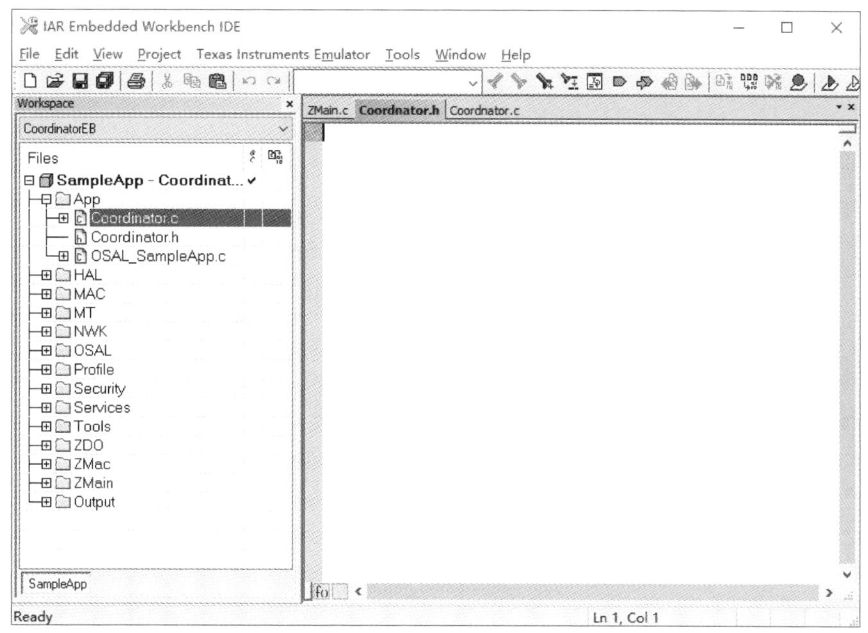

图 1.88 添加完文件后的 SampleApp 工程文件布局

1.7.4 协议栈的基本操作

1. 查看函数或宏定义

Z-Stack 是 TI 公司提供的半开放的 ZigBee 协议栈，对于开发使用者来说一般只要关心 App 文件夹下的文件即可，用户自己编写的驱动等文件也是要放到这个文件夹下。关于 App 文件夹下的主执行文件，需要关注的就是 SampleApp.c 文件、Enddevice.c 文件及 ZMain.c 文件。ZMain.c 文件主要用于初始化，而 SampleApp.c 文件或 Enddevice.c 文件中包含了用户要做的事情。

打开 OSAL-SampleApp.c 文件，找到 SampleApp_ProcessEvent 定义的宏，它规定了 SampleApp 事件。需要查找一个函数或宏定义的出处时，可以先选择要查找的内容，右击，会弹出图 1.89 所示的快捷菜单，选择 Go to definition of …命令就可以直接找到其定义之处了。

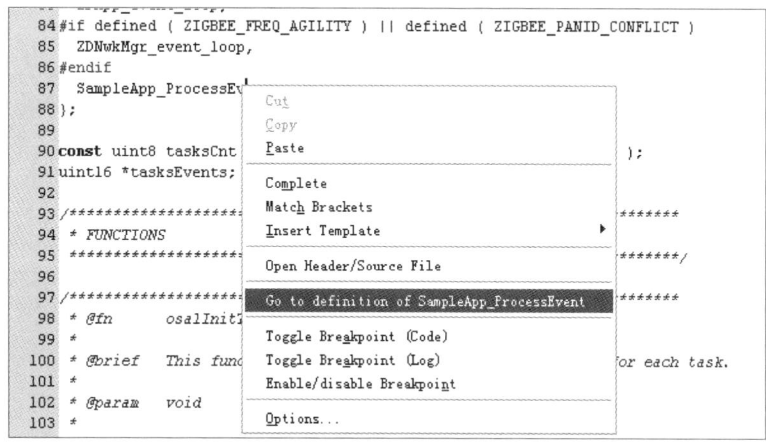

图 1.89 查看函数或宏定义的出处

函数定义代码具体如下：

```
/*********************************************************************
*@fn      SampleApp_ProcessEvent
*
*@brief   Generic Application Task event processor. This function
*         is called to process all events for the task. Events
*         include timers,messages and any other user defined events.
*
*@param task_id  -The OSAL assigned task ID.
*@param events-events to process.  This is a bit map and can
*              contain more than one event.
*
*@return  none
*/
uint16 SampleApp_ProcessEvent(uint8 task_id,uint16 events)
{
  afIncomingMSGPacket_t *MSGpkt;
  (void) task_id;  //Intentionally unreferenced parameter

  if(events & SYS_EVENT_MSG)
  {
   MSGpkt=(afIncomingMSGPacket_t *)osal_msg_receive
    (SampleApp_TaskID);
 while(MSGpkt)
 {
  switch(MSGpkt->hdr.event)
  {
   //Received when a key is pressed
   case KEY_CHANGE:
    SampleApp_HandleKeys(((keyChange_t  *) MSGpkt)->state,((keyChange_t *)
    MSGpkt)->keys);
    break;

   //Received when a messages is received(OTA) for this endpoint
   case AF_INCOMING_MSG_CMD:
    SampleApp_MessageMSGCB(MSGpkt);
    break;
```

```
    //Received whenever the device changes state in the network
    case ZDO_STATE_CHANGE:
     SampleApp_NwkState = (devStates_t)(MSGpkt->hdr.status);
     if((SampleApp_NwkState == DEV_ZB_COORD)
       ||(SampleApp_NwkState == DEV_ROUTER)
       ||(SampleApp_NwkState == DEV_END_DEVICE))
     {
       //Start sending the periodic message in a regular interval
      osal_start_timerEx(SampleApp_TaskID,
                         SAMPLEAPP_SEND_PERIODIC_MSG_EVT,
                         SAMPLEAPP_SEND_PERIODIC_MSG_TIMEOUT);
      }
      else
      {
        //Device is no longer in the network
      }
      break;

   default:
    break;
 }
```

2. 信道选择和修改网络 ID 号

展开工程目录下面的 Tools 文件夹，如图 1.90 所示。

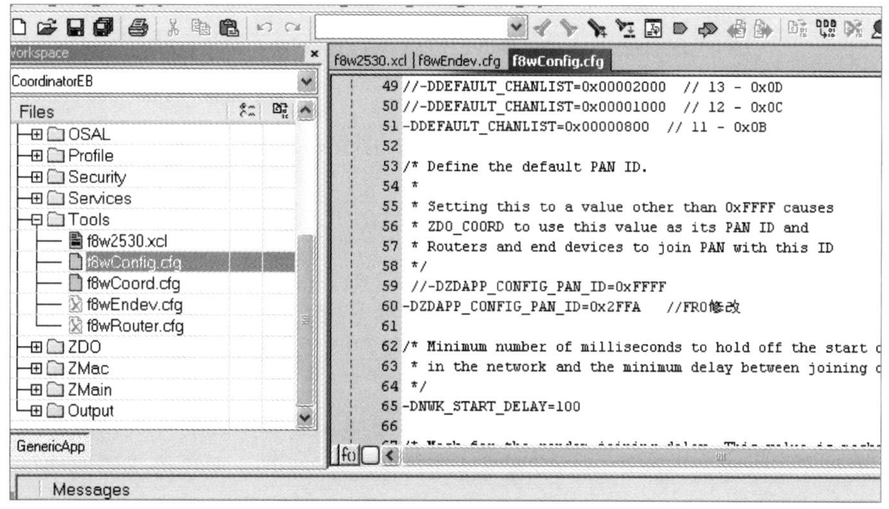

图 1.90 展开 Tools 文件夹

① f8w2530.xcl:该文件中包含了 CC2530 单片机的链接控制指令,包括堆栈的大小、内存分配等,一般情况下不需要修改。

② f8wConfig.cfg:该文件中包含了信道选择、网络 ID(PAN_ID)等有关的链接命令。例如,此处信道默认为 -DDEFAULT_CHANLIST=0x00000800,网络 ID 默认为 -DZDAPP_CONFIG_PAN_ID=0x2FFA。需要建立不同的网络信道及网络 ID 时就可以在这里修改。

③ f8wCoord.cfg:该文件用于配置无线网络中协调器的设备类型及 CPU 运行频率。例如,下面的代码就定义了该设备具有协调器和路由器的功能:

```
/*Coordinator Settings*/
-DZDO_COORDINATOR   //定义协调器
-DRTR_NWK           //定义路由器
```

注意:协调器是建立网络的设备,在网络建立好以后,协调器在上位机与终端节点之间其实也起到路由的作用。

④ f8wEndev.cfg:该文件用于配置无线网络中终端节点的 CPU 运行频率及 MAC 设定。

⑤ f8wRouter.cfg:该文件用于配置无线网络中路由设备的 CPU 运行频率、MAC 设定、路由设定等。

3. 设置 ZigBee 网络的拓扑结构

在 ZigBee 协议栈 NWK 文件夹下的 nwk_globals.h 文件中,找到 NWK_MODE 的设置模式,将 NWK_MODE_MESH 改成 NWK_MODE_STAR,如图 1.91 所示。

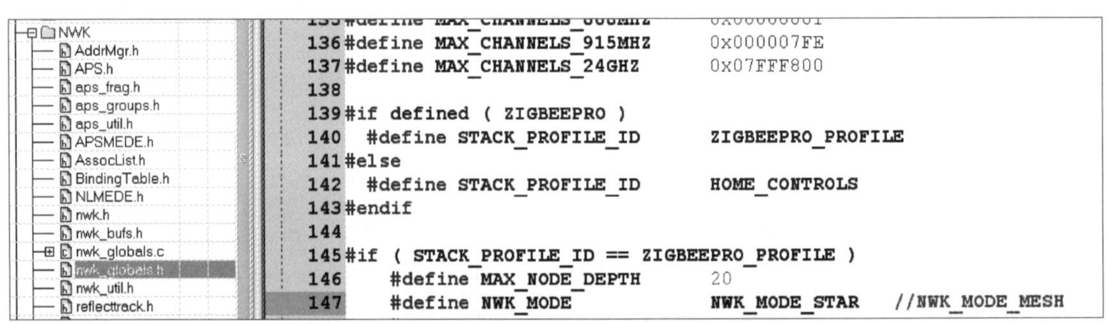

图 1.91 设置网络拓扑结构

NWK_MODE_MESH 代表网状网,NWK_MODE_STAR 代表星状网,NWK_MODE_TREE 代表树状网,这里将网络设置为最简单、最稳定的星状网。

项目小结

① ZigBee 无线传感器网络是大量的传感器节点以自组织或者多跳的方式构成的无线网络。

② 传感器负责在传感器网络中感知和采集数据,它处于 ZigBee 无线传感器网络的感知层,是识别物体、采集信息的设备。

③ ZigBee 无线传感器网络由 PC、网关、路由节点和传感器节点四部分组成。

④ ZigBee 无线传感器网络的软件协议栈由物理层(PHY 层)、介质访问控制层(MAC 层)、网络层

(NWK 层)和应用层(APL 层)组成。

主要概念

ZigBee 无线传感器网络、ZigBee、传感器节点、IEEE 802.15.4

实训任务

任务一　基于 BasicRF 按键无线开关 LED 灯

任务目标

① 熟悉 IAR Embedded Workbench IDE 开发环境的使用。

② 熟悉 ZigBee 射频板的硬件设备以及相应的封装函数。

③ 培养学生协作与交流的意识与能力,让学生进一步认识 BasicRF 无线传感器网络构架。

任务内容与要求

① 熟悉 ZigBee 射频板的硬件设备以及相应的封装函数。

② 熟悉基于 IEEE 802.15.4 协议的 BasicRF 网络部署,能够实现点对点传输功能。

任务考核

任务一考核表见表 1.6。

表 1.6　任务一考核表

考核要素	评价标准	分值	评分			
			自评(10%)	小组(10%)	教师(80%)	小计(100%)
ZigBee 射频板的硬件设备以及相应的封装函数	熟悉 ZigBee 射频板的硬件设备以及相应的封装函数,实现通过按键无线开关 LED 灯的功能	40				
BasicRF 网络部署	掌握发送模块和接收模块地址修改的方法,以及主控模块和被控模块程序修改的方法	30				
分析总结		30				
合计						
评语(主要是建议)						

任务参考

一、实验设备

任务一所用实验设备见表 1.7。

表 1.7 任务一所用实验设备

实验设备	数量	备注
ZigBee Debugger 仿真器	1	下载和调试程序
CC2530 节点	2	调试程序
USB 线	2	连接 PC、网关板、调试器
RS-232 串口连接线	1	调试程序
SmartRF Flash Programmer 软件	1	烧写物理地址软件
电源	5	供电
CC2530 BasicRF. rar	1	BasicRF 源代码

二、实验基础

需要注意，本次实验需脱离 Z-Stack 协议栈，而实现简单的点对点传输通信。本次实验不区分协调器、路由器、终端设备，只是将设备简单地视为“开关”（Switch）与“灯”（Light）。

1. IEEE 802.15.4 与 ZigBee 的关系

ZigBee 是建立在 IEEE 802.15.4 标准之上的，它确定了可以在不同制造商之间共享的应用纲要。IEEE 802.15.4 是 IEEE（Institute of Electrical and Electronics Engineers，电气与电子工程师协会）确定的低速率、无线个域网标准。

微课

BasicRF 协议栈简介

2. BasicRF

BasicRF 是由 TI 公司提供的，它包含了 IEEE 802.15.4 标准的数据包的收发。这个协议只是用来演示无线设备是如何进行数据传输的，不包含完整功能，但是它采用了与 IEEE 802.15.4 MAC 兼容的数据包结构及 ACK 包结构，其功能限制如下。

① 不提供多跳、设备扫描及 Beacon（信标）。

② 不提供不同种的网络设备，如协调器、路由器等。所有节点同级，只实现点对点传输。

③ 传输时会等待信道空闲，但不按 IEEE 802.15.4 CSMA-CA 要求进行两次 CCA 检测。

④ 不重传数据。

（1）BasicRF 文件夹结构

BasicRF 文件夹结构如图 1.92 所示。各文件夹说明如下。

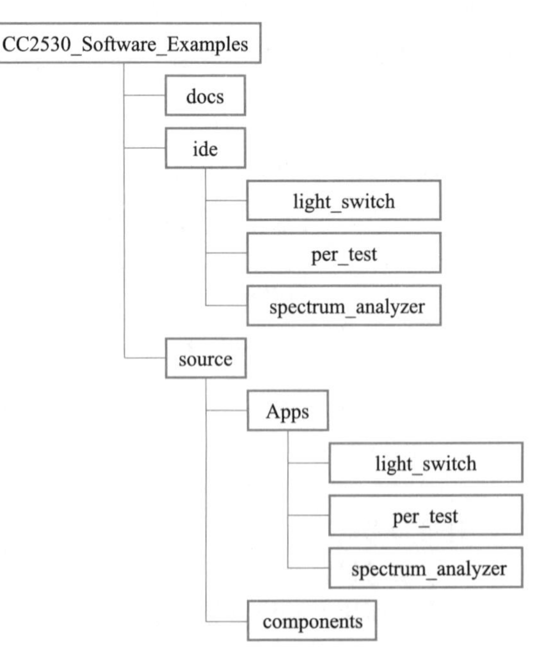

图 1.92 BasicRF 文件夹结构

① docs 文件夹：该文件夹中仅有一个名为 CC2530_Software_Examples 的 PDF 文档，文档的主要内容是介绍 BasicRF 的特点、结构及使用方法。如果读者有 TI 的开发板，通过阅读这个文档就可以做 BasicRF 的实验了，BasicRF 中包含三个实验例程：无线点灯、传输质量检测、谱分析应用。

② ide 文件夹：该文件夹中含有三个子文件夹及一个 cc2530_sw_examples. eww 工程，这个工程是

上面提及的三个实验例程工程的集合。在 IAR 环境中打开 cc2530_sw_examples. eww 工程，在工作空间中可以看到以下文件夹。

● ide\Settings 文件夹：每个基础实验的文件夹中都会有此文件夹，主要用于保存用户自己的 IAR 环境中的设置。

● ide\srf05_CC2530 文件夹：含有三个工程，即 light_switch. eww、per_test. eww 和 spectrum_analyzer. eww。如果用户不习惯将几个工程集合在一起看，也可以在这里直接打开想要用的实验例程工程。

③ source 文件夹：该文件夹中含有 Apps 文件夹和 components 文件夹。

◆ source\Apps 文件夹：存放 BasicRF 三个实验的应用实现的源代码。

◆ source\components 文件夹：包含 BasicRF 的应用程序使用不同组件的源代码。

(2) BasicRF 软件框架

BasicRF 软件框架如图 1.93 所示。其中各层的说明如下。

① 硬件层：对应物理实体，放在底层，是实现数据传输的基础。

② 硬件抽象层：对应 hal_rf. c，提供了一种接口来访问 TIMER、GPIO、UART、ADC 等，这些接口都通过相应的函数进行实现。

③ BasicRF 层：对应 basic_rf. c，为双向无线传输提供一种简单的协议。

④ 应用层：对应 light_switch. c，是用户应用层，相当于使用 BasicRF 层和 HAL 的接口，通过应用层就可以使用封装好的 BasicRF 层和 HAL 函数了。

(3) 本实验文件夹结构

本实验采用北京新大陆时代教育科技有限公司重新封装的点对点协议，其文件夹结构如图 1.94 所示。

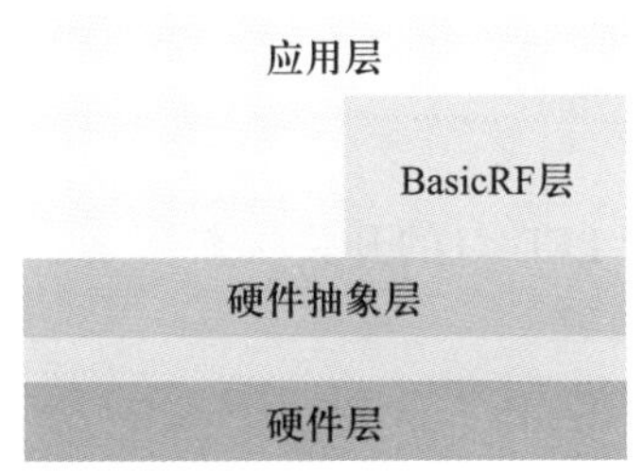

图 1.93　BasicRF 软件框架

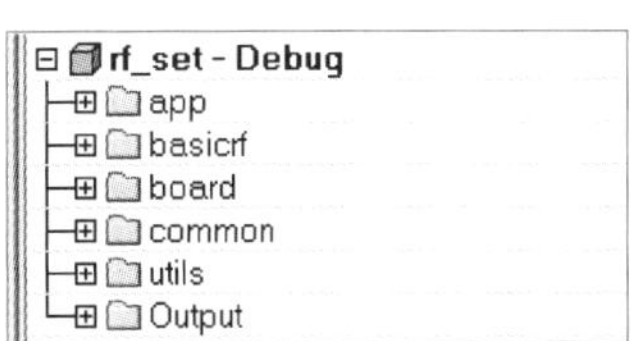

图 1.94　本实验文件夹结构

rf_set-Debug 文件夹：其下有 app 文件夹、basicrf 文件夹、board 文件夹、common 文件夹、utils 文件夹、Output 文件夹。

① rf_set-Debug\app 文件夹：存放用户应用程序的源代码。

② rf_set-Debug\basicrf 文件夹：存放 basic_rf. c（基本无线函数库）、basic_rf. h（基本无线函数库定义）等源代码和头文件，如图 1.95 所示。

③ rf_set-Debug\board 文件夹：存放 hal_board. c（ZigBee 模块上的资源初始化函数）、hal_board. h（ZigBee 模块上的资源初始化函数库定义）、hal_led. c（ZigBee 模块上关于 LED 灯的函数）、hal_led. h（ZigBee 模块上关于 LED 灯的函数库定义）等源代码和头文件，如图 1.96 所示。

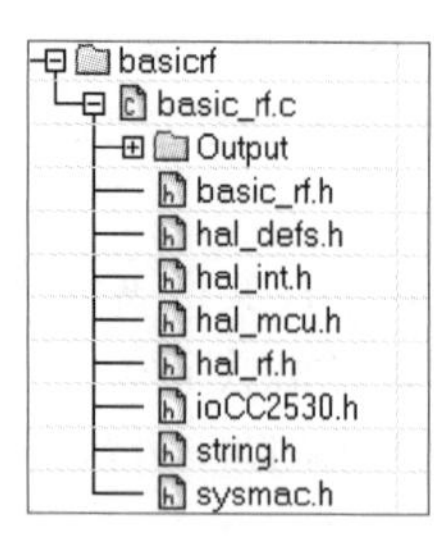

图 1.95 basicrf 文件夹

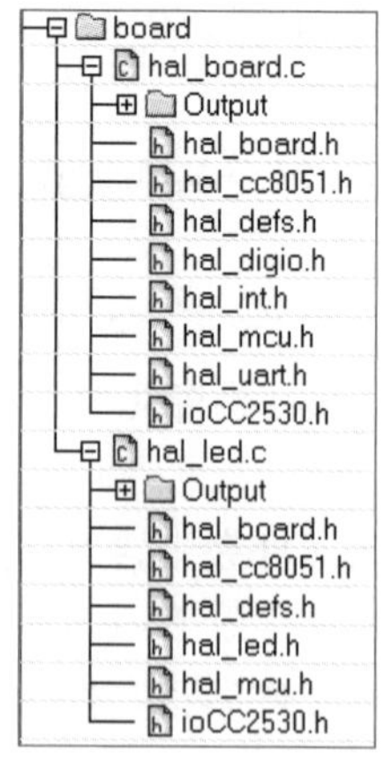

图 1.96 board 文件夹

④ rf_set-Debug\common 文件夹:存放公用文件,如图 1.97 所示。

⑤ rf_set-Debug\utils 文件夹:存放工具函数库及其定义,如图 1.98 所示。

⑥ rf_set-Debug\Output 文件夹:工程文件的输出文件夹,由系统自动生成,如图 1.99 所示。

图 1.97 common 文件夹　　图 1.98 utils 文件夹　　图 1.99 Output 文件夹

3. 无线点灯的工作过程

整个过程的原理如下。

- 控制端:如果检测到有按钮按下,就发送数据。
- 受控端:如果检测到有数据传入,就接收数据,改变 LED 灯的开关状态。

无线点灯的工作过程可分为启动、发送、接收三步。

(1) 启动

首先在 basic_rf.h 文件中创建一个名为 basicRfCfg_t 的结构体,该结构体定义如下:

```
typedefstruct{
        uint16 myAddr;            //16 位的短地址(就是节点的地址)
        uint16 panId;             // 节点的 PAN_ID
        uint8 channel;            // 通信信道(必须为 11~26)
        uint8 ackRequest;         // 目标确认就置 true
        #ifdef SECURITY_CCM       // 是否加密,预定义里取消了加密
          uint8 *securityKey;
          uint8 *securityNonce;
          #endif
}basicRfCfg_t;
```

要想在两个设备之间建立通信，就要使用该结构体创建变量，并对其进行初始化，指定节点的地址、节点的网络标识（PAN_ID）、通信信道等参数。

初始化结构体中的成员，然后调用 basicRfInit()函数进行协议的初始化。该函数可以在 basic_rf.c 中找到。

```
uint8 basicRfInit(basicRfCfg_t *pRfConfig)
```

函数功能：对 basicRf 的数据结构初始化，设置模块的通信信道、短地址和 PAN_ID。

(2) 发送

创建一个缓冲区，把要发送的数据放入缓冲区中。待发送数据的最大允许长度为 103 字节。调用 basicRfSendPacket()函数发送，并查看其返回值。该函数可以在 basic_rf.c 中找到。

```
uint8 basicRfSendPacket(uint16 destAddr,uint8 *pPayload,uint8 length)
```

basicRfSendPacket()函数的各参数说明如下。

- destAddr：目标短地址。
- pPayload：指向发送缓冲区的指针。
- length：发送数据长度。

函数功能：给目标短地址发送指定长度的数据，发送成功返回 Success，失败则返回 Failed。

(3) 接收

通过 basicRfPacketIsReady()函数检查模块是否已经可以接收下一个数据。该函数可以在 basic_rf.c 中找到。

```
uint8 basicRfPacketIsReady(void)
```

函数功能：检查模块是否已经准备好接收下一个数据，准备好返回 True。

调用 basicRfReceive()函数，把收到的数据复制到缓冲区中。该函数可以在 basic_rf.c 中找到。

```
uint8 basicRfReceive(uint8 *pRxData,uint8 len,int16 *pRssi)
```

BasicRfReceive()函数的各参数说明如下。

- pRxData：指向存放接收数据缓冲区的指针。
- len：收到的数据长度。
- pRssi：信号强度。

函数功能：接收来自 BasicRF 发送的数据包，并为所接收的数据和 RSSI 值配缓冲区。

基于 BasicRF 按键无线开关 LED 灯

三、实验步骤

1. 具体操作

① 创建 BasicRF 文件夹，并保存在“C:\Texas Instruments\BasicRF”文件路径下。

② 在 BasicRF 文件夹下创建 Project 与 CC2530_lib 文件夹，如图 1.100 所示。其中 Project 文件夹用来存放工程信息，CC2530_lib 文件夹用来存放本次实验的源代码。

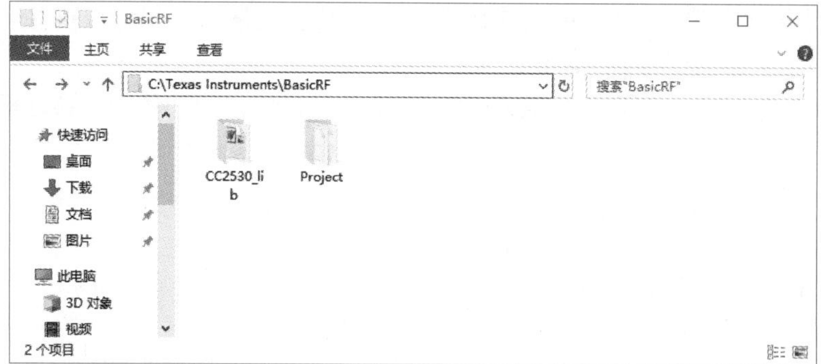

图 1.100 本实验相关文件夹

③ 将原始工程 rf_set-Debug 文件夹中的内容复制到第②步创建的 CC2530_lib 文件夹下，如图 1.101 所示。

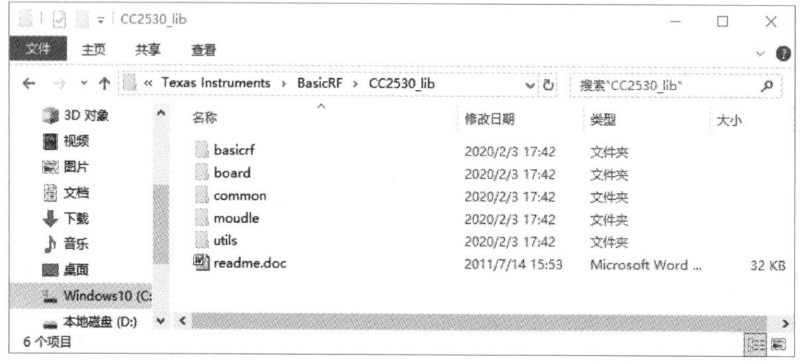

图 1.101 复制源文件

④ 使用 IAR Embedded Workbench IDE 软件创建新工程 rf_set，并将其保存于第②步创建的 Project 目录下，如图 1.102 所示。

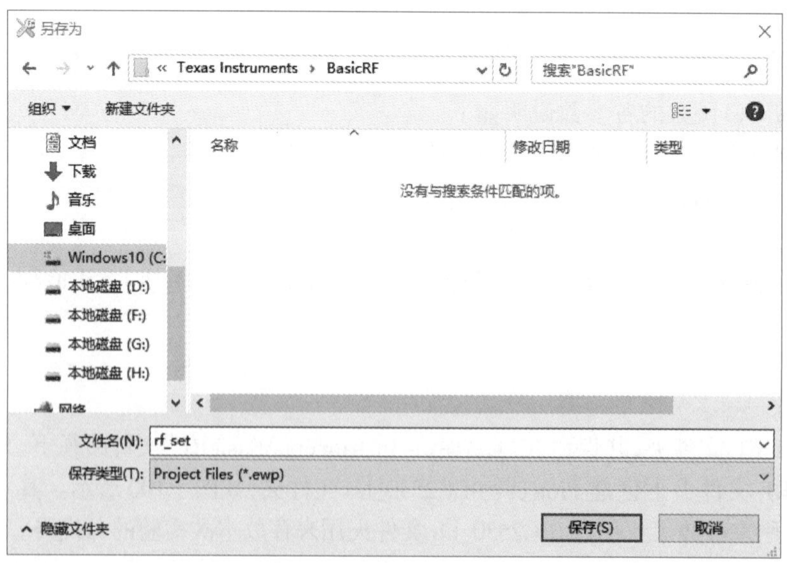

图 1.102 创建并保存工程

⑤ 选择创建的工程 rf_set，右击，在弹出的快捷菜单中选择 Add → Add Group 命令，分别建立 app、basicrf、board、common、utils 文件组，并在每个文件组下添加第③步复制的相应源文件，完成后各文件组下的内容如图 1.103 所示。

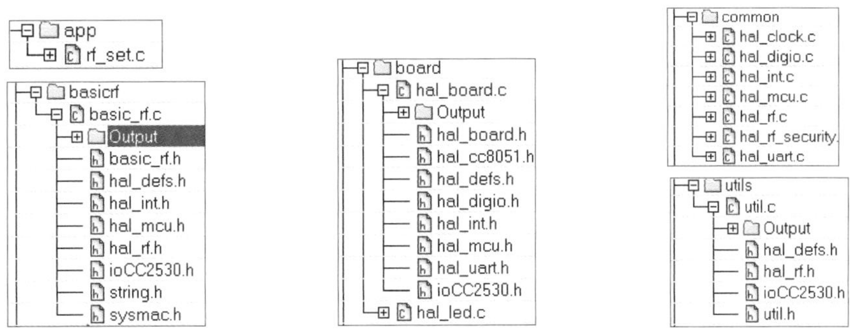

图 1.103　rf_set 工程各文件组下的内容

⑥ 配置工程参数。选择 rf_set 工程，右击，在弹出的快捷菜单中选择 Options 命令。

⑦ 出现工程选项对话框，在左侧的列表框中单击 General Options 选项，在右侧的 Target 选项卡中，将 Device 设置为 Texas Instruments 文件夹下的 CC2530F256，如图 1.104 所示。其路径为“C:\Program Files(x86)\IAR Systems\Embedded Workbench 6.0 Evaluation\8051\config\devices\Texas Instruments”。

⑧ 切换到 Stack/Heap 选项卡，将 Stack sizes 选项组中的 XDATA 设置为 0x300，如图 1.105 所示。

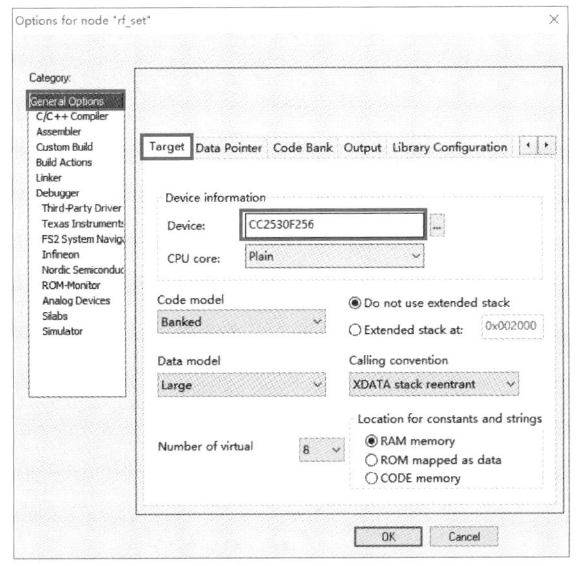

图 1.104　选择需要的芯片

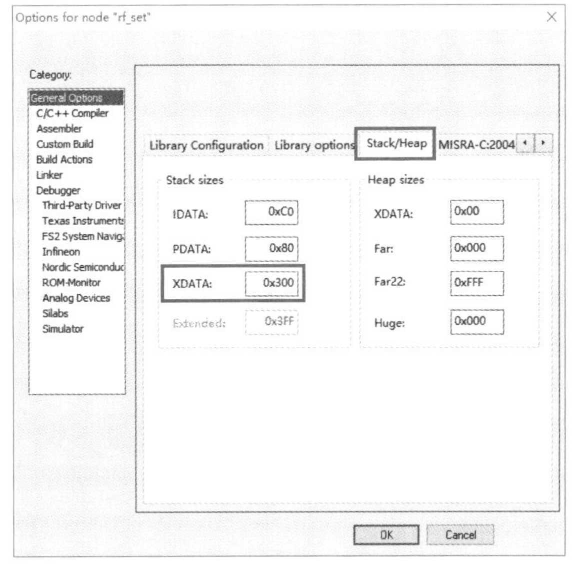

图 1.105　配置 XDATA 的大小

⑨ 单击左侧的 C/C++ Compiler 选项，在右侧切换到 Preprocessor 选项卡，在 Additional include directories 列表框中输入编译时各文件所在的路径，如图 1.106 所示。

⑩ 单击左侧的 Linker 选项，在右侧的 Config 选项卡中，勾选 Override default 复选框，如图 1.107 所示。文件路径为“C:\Program Files(x86)\IAR Systems\Embedded Workbench 6.0 Evaluation\8051\config\devices\Texas Instruments\lnk51ew_CC2530F256_banked.xcl”。

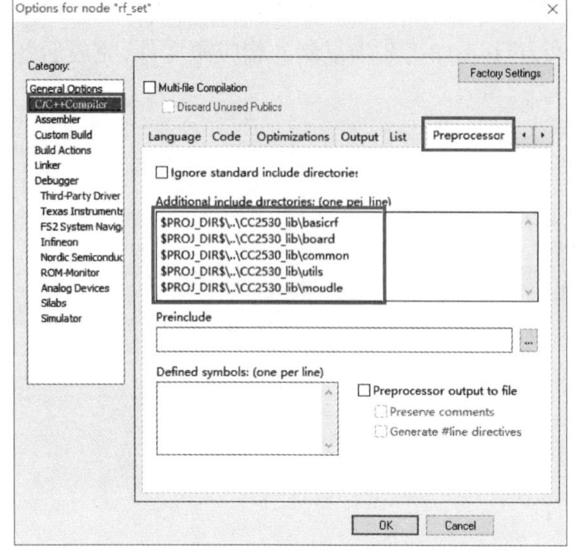

图 1.106　输入编译时各文件所在的路径

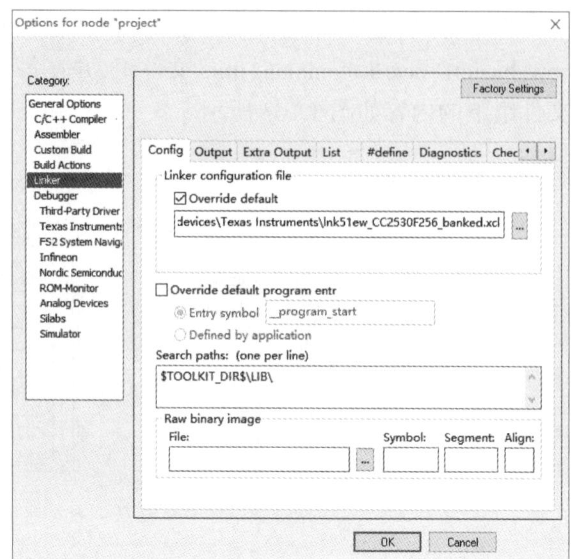

图 1.107　配置链接中的芯片

⑪ 切换到 Output 选项卡，勾选 Override default 复选框，并修改生成文件为 BasicRF. hex，如图 1.108 所示。

注意：若需要生成 SmartRF Flash Programmer 能够下载的文件，则选中 Other 单选按钮。

⑫ 切换到 Extra Output 选项卡，设置相应选项，如图 1.109 所示。

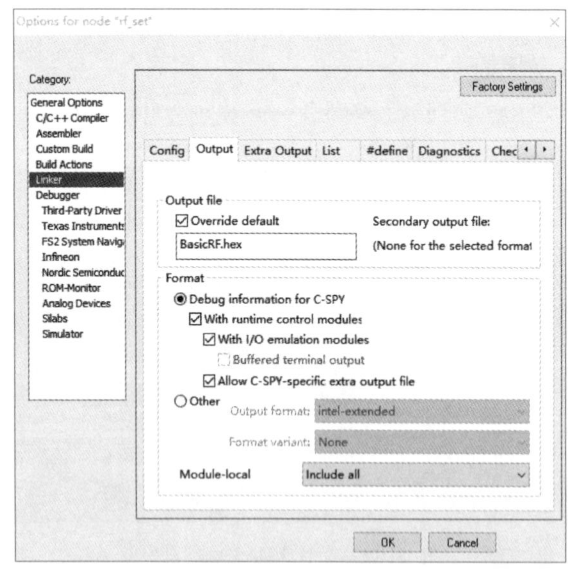

图 1.108　配置编译生成文件

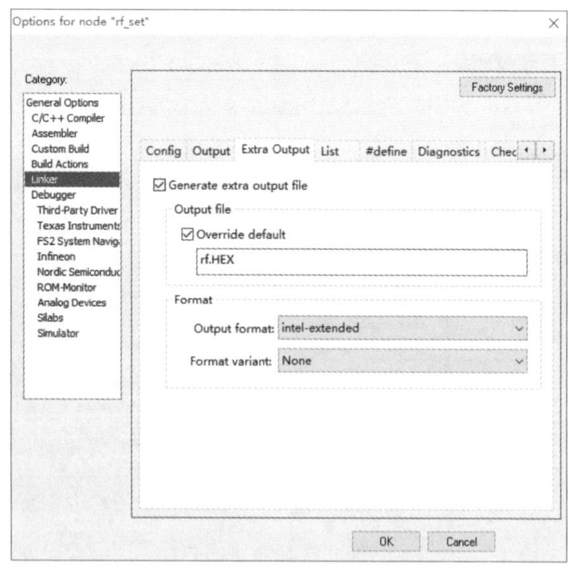

图 1.109　配置额外输出文件

⑬ 切换到 List 选项卡，设置相应选项，如图 1.110 所示。

⑭ 单击左侧的 Debugger 选项，在右侧的 Setup 选项卡中，在 Driver 下拉列表中选择 Texas Instruments。勾选 Overide default 复选框，如图 1.111 所示。文件路径目录为“C:\Program Files(x86)\IAR Systems\Embedded Workbench 6.0 Evaluation\8051\config\devices\Texas Instruments\ioCC2530F256. ddf”。

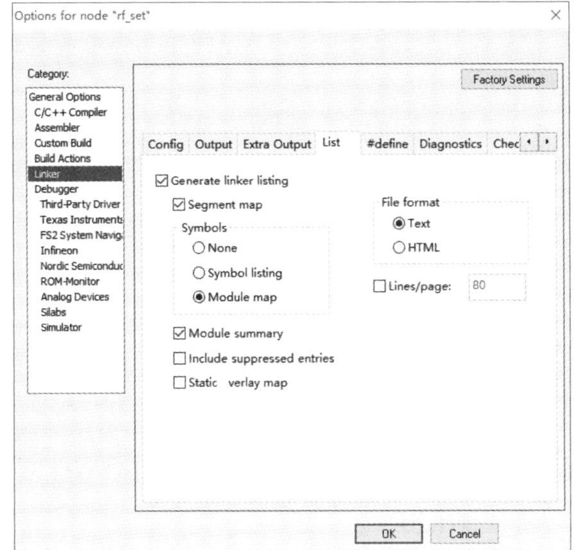

图 1.110 配置链接规则

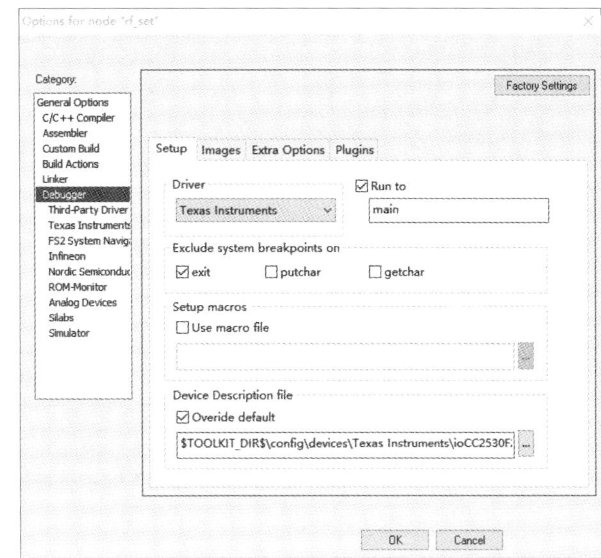

图 1.111 配置调试选项

2. 代码修改

① 在 rf_set.c 文件中找到如下内容，对发送模块和接收模块的地址进行宏定义：

```
#define DECVIERECVICE 1                              //定义当前模块
#if  (DECVIERECVICE==0)
#define MY_ADDR               0xAC3A                 //本机模块地址
#define SEND_ADDR             0x1015                 //发送地址
#elif  (DECVIERECVICE==1)
#define MY_ADDR               0x1015                 //本机模块地址
#define SEND_ADDR             0xAC3A                 //发送地址
#endif
```

② 添加按键扫描函数，具体如下：

```
#define SW P1_2
uint8  scan_key()
{
   if(SW==0)
   {
      if(SW==0)
      {
        while(!SW);//按键松开
        return 1;
      }
    }
```

```
  else
  {
    return 0;
  }
}
```

③ 修改主函数,具体如下:

```
void main(void)
{
  uint16 len=0;
  uint8 i=0;
  halBoardInit();         //模块相关资源的初始化
  ConfigRf_Init();        //无线收发参数的配置初始化
  while(1)
  {
    #if  (DECVIERECVICE==0)
    {
      if(scan_key())
      {
      basicRfSendPacket(SEND_ADDR,"ZIGBEE TEST\r\n",13);
      halLedToggle(3);
      }
    }
#elif  (DECVIERECVICE==1)
  {
    if(basicRfPacketIsReady())
    {
     len = basicRfReceive(pRxData,MAX_RECV_BUF_LEN,NULL);
     i=~i;
    }
  }
  if(i)
  {
    halLedSet(2);
  }
  else
  {
    halLedClear(2);
  }
```

```
#endif
  }
}
```

④ 找到如下内容,对发送模块和接收模块的地址进行宏定义修改:

```
#define DECVIERECVICE 1  //分别修改宏定义为"0"和"1",定义为当前模块
```

其中,0 为发送模块的地址,1 为接收模块的地址,分别进行烧写。

3. 实验运行效果

完成烧写后上电,按下发送模块的 P1_2 按键,可以看到接收模块的 LED1 被点亮。

注意:在做以上实验时最好一组一组逐个打开 ZigBee 设备,不然自己的 LED 会被别人的开关所控制。

任务二　基于 BasicRF 无线控制实现 LED 跑马功能

基于 BasicRF 无线控制实现 LED 跑马功能

任务目标

① 通过 ZigBee 组网,掌握 BasicRF 无线传感器网络构架。

② 熟悉无线发送和接收函数。

③ 掌握发送和接收地址、PAN_ID、RF_CHANNEL 等参数的修改。

任务内容与要求

① 熟悉 ZigBee 射频板的硬件设备以及相应的封装函数。

② 熟悉 BasicRF 通信方法,能够基于 BasicRF 无线控制实现 LED 跑马功能。

任务考核

任务二考核表见表 1.8。

表 1.8　任务二考核表

考核要素	评价标准	分值	评分			
			自评(10%)	小组(10%)	教师(80%)	小计(100%)
ZigBee 射频板的硬件设备以及相应的封装函数	熟悉 ZigBee 射频板的硬件设备以及相应的封装函数,实现无线控制 LED 跑马的功能	40				
基于 BasicRF 无线控制实现 LED 跑马功能	能够实现基于 BasicRF 无线控制 LED 跑马的功能	30				
分析总结		30				
合计						
评语(主要是建议)						

任务参考

一、实验设备

任务二所用实验设备见表 1.9。

表 1.9 任务二所用实验设备

实验设备	数量	备注
ZigBee Debugger 仿真器	1	下载和调试程序
CC2530 节点	2	调试程序
USB 线	2	连接 PC、网关板、调试器
RS-232 串口连接线	1	调试程序
SmartRF Flash Programmer 软件	1	烧写物理地址软件
电源	5	供电
CC2530 BasicRF. rar	1	BasicRF 源代码

二、实验步骤

1. 代码修改

① 在 rf_set. c 文件中找到如下内容，对发送模块和接收模块的地址进行宏定义：

```
#define DECVIERECVICE 1
#if  (DECVIERECVICE==0)
#define MY_ADDR                0xAC3A       // 本机模块地址
#define SEND_ADDR              0x1015       // 发送地址
#elif  (DECVIERECVICE==1)
#define MY_ADDR                0x1015       // 本机模块地址
#define SEND_ADDR              0xAC3A       // 发送地址
#endif
```

② 添加按键扫描函数，具体如下：

```
#define SW P1_2
uint8  scan_key()
{
  if(SW==0)
  {
    if(SW==0)
    {
      while(!SW);// 按键松开
      return 1;
    }
  }
  else
  {
    return 0;
  }
}
```

③ 修改主函数,具体如下:

```
void main(void)
{
    uint16 len=0;
    uint8 i=0;
    halBoardInit();   //模块相关资源的初始化
    ConfigRf_Init(); //无线收发参数的配置初始化
    LedFlag=0;
    while(1)
    {
       if(basicRfPacketIsReady())  //判断有无收到 ZigBee 信号
       {
         len=basicRfReceive(pRxData,MAX_RECV_BUF_LEN,NULL);
                                               //接收数据
         LedFlag=!LedFlag;
       }
       if(LedFlag)
       {
         if(i<4)
           i++;
         else
           i=1;
       switch(i)
       {
         case 1:
          halLedClear(3);
          halLedClear(2);
          halLedSet(1);
          halLedClear(4);
          break;
         case 2:
          halLedClear(4);
          halLedClear(1);
          halLedClear(3);
          halLedSet(2);
          break;
        case 3:
          halLedClear(1);
```

```
            halLedClear(2);
            halLedSet(3);
            halLedClear(4);
            break;
          case 4:
            halLedClear(2);
            halLedSet(4);
            halLedClear(3);
            halLedClear(1);
            break;
          default:
            break;
        }
        halMcuWaitMs(500);
      }
    }
  }
```

④ 找到如下内容,对发送模块和接收模块的地址进行宏定义修改:

```
#define DECVIERECVICE 1  //分别修改宏定义为"0"和"1",定义为当前模块
```

其中,0 为发送模块的地址,1 为接收模块的地址,分别进行烧写。

2. 实验运行效果

完成烧写后上电,逐次按下发射模块的 P1_2 按键,可以看到接收模块的 LED 实现了跑马功能。

课后练习

一、填空题

(1) ZigBee 无线传感器网络是由大量的传感器节点以________或者________的方式构成的无线网络。

(2) ZigBee 无线传感器网络由________、________、________和________四部分组成。

(3) 嵌入式软件系统是 ZigBee 无线传感器网络的重要支撑,其软件协议栈由________、________、________和________组成。

二、简答题

(1) 简述 ZigBee 无线传感器网络的定义。

(2) 简述 ZigBee 无线传感器网络与物联网的关系。

(3) 简述 ZigBee 无线传感器网络的特点。

(4) ZigBee 无线传感器网络与 IEEE 802.15.4 的主要区别是什么?

(5) 在 ZigBee 无线传感器网络中为什么使用 16 位地址而不使用 64 位地址?

项目二
ZigBee 无线传感器网络入门

项目目标

知识目标	技能目标	素质目标
(1) 掌握 ZigBee 无线传感器模块的芯片选型 (2) 掌握 ZigBee 无线传感器模块的硬件资源	(1) 掌握 BasicRF 组网实现数据采集的方法 (2) 熟悉使用 CC2530 建立无线串口通信的方法	通过导入案例“传感器故障引发空难事件”,培养严谨的科学态度 导入案例

思维导图

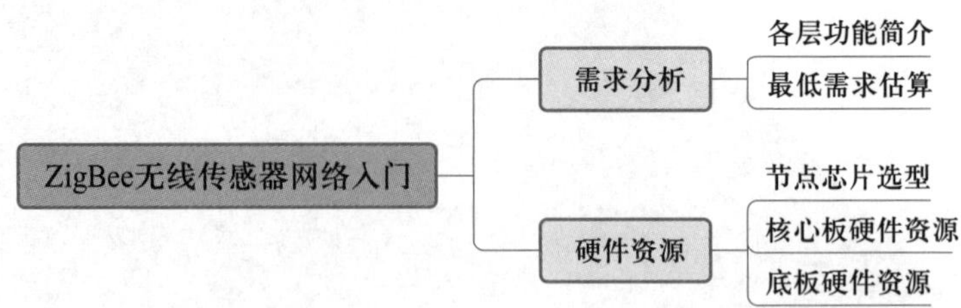
ZigBee无线传感器网络入门
需求分析
各层功能简介
最低需求估算
硬件资源
节点芯片选型
核心板硬件资源
底板硬件资源

随着微电子、微机电系统（micro-electro-mechanical system，MEMS）、SoC、纳米材料、无线通信、信号处理、计算机网络等技术的进步以及互联网的迅速发展，传感器信息获取技术从独立的单一化模式向集成化、微型化，进而向智能化、网络化方向发展，成为信息获取最重要和最基本的技术之一。

ZigBee 无线传感器网络是由传感器、数据处理单元和通信模块的微小节点随机分布，并通过自组织方式构成的网络，借助节点中内置的形式多样的传感器测量周边环境中热、红外、声呐、雷达、射频和地震波等信号，从而探测温度、湿度、噪声、光强度、压力、气体成分及浓度、土壤成分，以及移动物体大小、速度和方向等众多人们感兴趣的物质现象。在通信方式上，ZigBee 无线传感器网络可以采用包括有线、无线、红外、超声波、光等在内的任意一种或多种方式。

2.1 需求分析

2.1.1 各层功能简介

根据物联网的服务类型和节点等情况，物联网的体系结构主要由物理层（PHY 层）、介质访问控制层（MAC 层）、网络 / 安全层（NWK 层）和应用层（APL 层）组成。

1. 物理层

物理层定义了无线信息和 MAC 层之间的接口，提供物理层数据服务和物理层管理服务，主要是在驱动程序的基础上实现数据传输和管理。物理层数据服务负责从无线信道上收发数据；物理层管理服务包括信道能量监测（energy detection，ED）、链接质量指示（link quality indicator，LQI）、载波检测（carrier sense，CS）和空闲信道评估（clear channel assessment，CCA）等，负责维护一个由物理层相关数据组成的数据库。

2. 介质访问控制层

介质访问控制层提供了 MAC 层数据服务和 MAC 层管理服务。前者保证 MAC 层协议数据单元在物理层数据服务中的正确收发，而后者从事 MAC 层的管理活动，并维护一个信息数据库。

3. 网络 / 安全层

网络 / 安全层负责设备加入和退出网络，申请安全结构、路由管理，在设备之间发现和维护路由，发现邻设备、存储邻设备信息等。

4. 应用层

应用层包括应用支持子层（application support layer，APS）和 ZigBee 设备对象（ZigBee device object，ZDO）。其中，APS 负责维持绑定表，在绑定的设备之间传送消息；而 ZDO 定义设备在网络中的角色，发起和响应绑定请求，在网络设备之间建立安全机制。

2.1.2 最低需求估算

数据在通信设备之间传输时，其传输过程均是由上层协议到底层协议，再由底层协议到上层协议。相比于常见的无线通信标准，ZigBee 协议套件紧凑而简单，并且其实现的要求很低。以下是 ZigBee 协议套件的最低需求估算。

① 硬件需要 8 位处理器，如 80C51。

② 软件需要 32 KB 的 ROM，最小需要 4 KB 的 ROM。

③ 网络主节点需要更多的 RAM,以容纳网络内所有节点的设备信息、数据包转发表、设备关联表以及与安全有关的密钥存储等。

根据需求分析和估算,本书采用广州粤嵌通信科技股份有限公司推出的用于 ZigBee 无线传感器网络研究演示平台的实验节点 GEC WSN ZigBee。GEC WSN ZigBee 节点主要包含具备无线收发功能的微处理器、传感器和标准通信接口,其中微处理器采用的是 TI 公司的 CC2530,外围元件包含一颗 32 MHz 晶振、一颗 32.768 kHz 晶振及其他一些阻容元件。

微课 ZigBee 无线传感器网络硬件资源

2.2 硬件资源

ZigBee 是一种短距离的无线通信技术,其应用系统由硬件和软件组成,项目一已经介绍了 ZigBee 的软件资源,本项目主要介绍 ZigBee 芯片。

2.2.1 节点芯片选型

单片机按照 CPU 处理数据的位宽可分为 4 位、8 位、16 位和 32 位单片机。其中,8 位单片机由于内部构造简单、体型小、成本低等优势,应用最为广泛;4 位单片机主要应用于工业控制领域,随着工艺的发展,由于性能较低,逐步退出市场;16 位和 32 位单片机虽然性能比 8 位单片机强得多,但由于成本和应用场合的限制,尤其是近年来 ARM 嵌入式技术的发展,导致它们的应用不如 8 位单片机那么广泛,主要应用于视频采集、图形处理等方面。

目前,世界各大电子电气公司基本上都有自己的单片机系列产品。如三星公司的 KS86 和 KS88 系列 8 位单片机、NXP(飞利浦)公司的 P89C51 系列 8 位单片机、Microchip(Atmel)公司的 AT89 系列 8 位单片机等。目前,在物联网领域应用较为广泛的有 TI 公司的 MSP430 系列,Microchip 公司的 AVR 系列、51 系列、PIC 系列等。除了单片机含有的外设和数量存在一定的差异外,处理器核的差异是体现这些单片机性能差异的主要原因。本项目采用 TI 公司的 8 位单片机 CC2530 作为核心芯片进行阐述。

进行 ZigBee 无线传感器网络的二次开发所需的硬件资源主要包括核心板硬件资源和底板硬件资源两部分。

2.2.2 核心板硬件资源

1. CC2530 简介

CC2530 是用于 IEEE 802.15.4 ZigBee 和 RF4CE 应用的一个真正的 SoC 解决方案。它能够以非常低的总材料成本建立强大的网络节点。CC2530 结合了领先的 RF 收发器的优良性能、业界标准的增强型 8051 CPU、系统内可编程闪存(Flash)及 8KB RAM 和许多其他强大的功能。CC2530 有 4 种不同的闪存版本,即 CC2530F32/64/128/256,分别具有 32/64/128/256 KB 的闪存。CC2530 具有不同的运行模式,尤其适应超低功耗要求的系统,运行模式之间的转换时间短,进一步确保了低能源消耗。

CC2530F256 结合了 TI 公司的 ZigBee 协议栈(Z-Stack),提供了 ZigBee 解决方案。CC2530F64 结合了 TI 公司的 RemoTI,更好地提供了完整的 ZigBee RF4CE 远程控制解决方案。

图 2.1 所示为 CC2530 内部框图,图中模块大致可以分为三类:CPU 和内存相关模块,外设、时钟和电源管理相关模块,以及无线电相关模块。下面详细介绍 CC2530 中的各类模块,部分模块未在图 2.1 中示出。

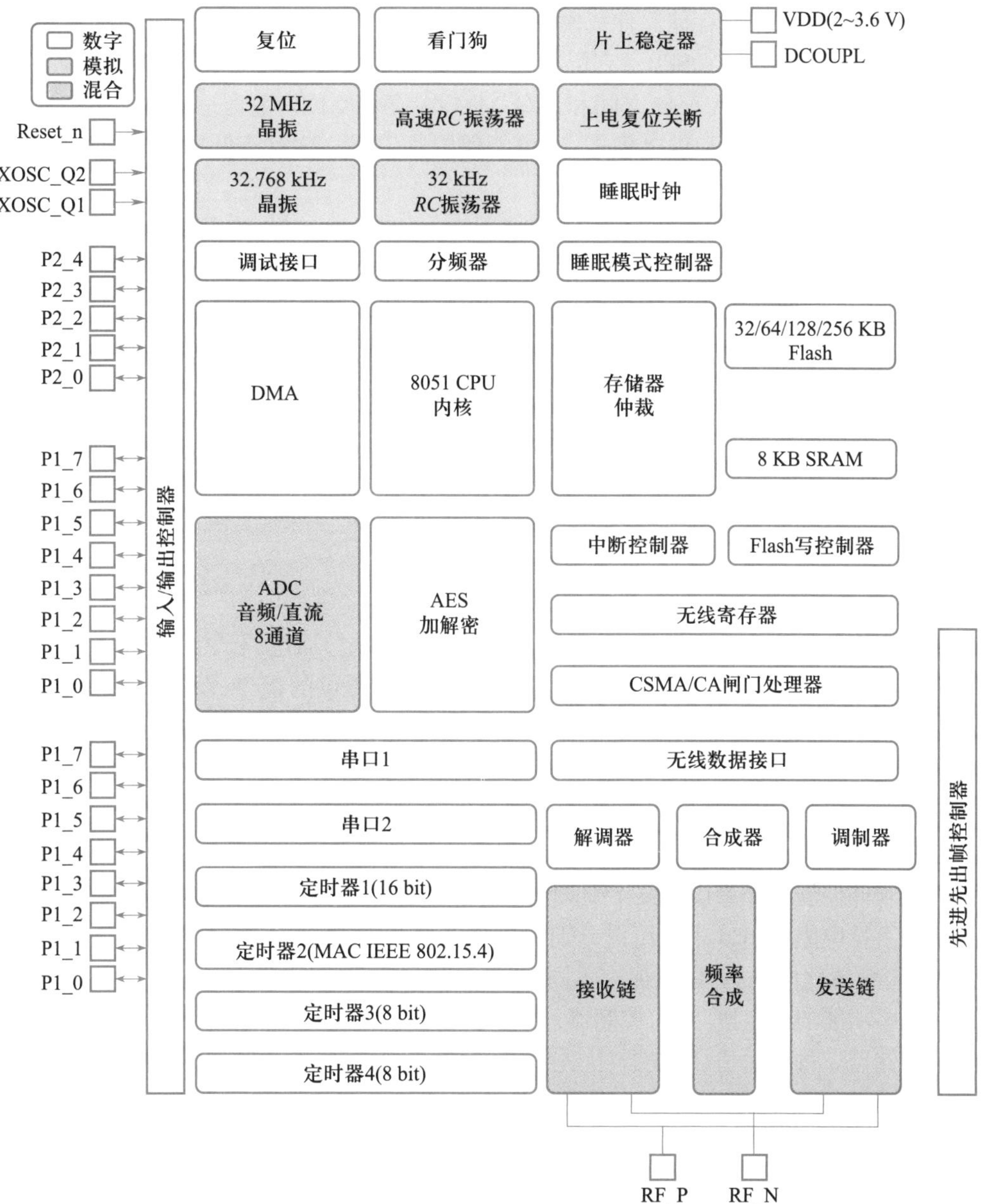

图 2.1 CC2530 内部框图

(1) CPU 和内存

CC2530中使用的8051 CPU内核是一个单周期的8051兼容内核。它有三种不同的内存访问总线：特殊功能寄存器(special function register，SFR)、数据(DATA)和代码 / 外部数据(CODE/XDATA)。它包括一个调试接口和一个 18 输入扩展中断单元。CC2530 使用单周期访问 SFR、DATA 和主 SRAM。

中断控制器共提供 18 个中断源，分为 6 个中断组，每个中断组与 4 个中断优先级之一相关。当 CC2530 处于空闲模式时，任何中断都可以将 CC2530 恢复到主动模式。某些中断还可以将 CC2530 从睡眠模式中唤醒(供电模式 1~3)。

存储器仲裁模块位于系统中心，通过 SFR 总线把 CPU 和 DMA(直接存储器访问)控制器、物理存储器以及所有外设连接起来。存储器仲裁模块有 4 个内存访问点，每次访问可以映射 3 个物理存储器之一：8 KB SRAM、Flash 和 XREG/SFR。它负责执行仲裁，并确定同时访问同一个物理存储器时的顺序。

8 KB SRAM 映射到 DATA 存储空间和部分 XDATA 存储空间。它是一个超低功耗的 SRAM，即使数字部分掉电（供电模式 2 和供电模式 3），也能保留其内容。这对于低功耗应用来说是很重要的一个功能。

CC2530 的 Flash 容量有 32 KB、64 KB、128 KB、256 KB 可以选择，这就是 CC2530 的在线可编程非易失性程序存储器，并且映射到 CODE 存储空间和 XDATA 存储空间。除了保存程序代码和常量之外，非易失性程序存储器允许应用程序保存必须保留的数据，这样设备重启之后可以使用这些数据。使用这个功能，可以利用已经保存的网络数据，不需要经过完全启动、网络寻找和加入过程，系统再次上电后就可以直接加入网络。

(2) 时钟和电源管理

数字内核和外设由一个 1.8 V 片上稳定器供电。它提供了电源管理功能，可以实现使用不同供电模式的、长电池寿命的低功耗运行。CC2530 有 5 种不同的复位源来复位设备。

(3) 外设

CC2530 包括许多不同的外设，允许应用程序设计者开发先进的应用。

调试接口执行一个专有的两线串行接口，用于内电路调试。通过调试接口，可以擦除整个 Flash、控制使能振荡器、停止和开始执行用户程序、执行 8051 内核提供的指令、设置代码断点，以及进行内核中全部指令的单步调试。使用这些技术，可以很好地执行内电路的调试和外部 Flash 的编程。

Flash 用于存储程序代码。Flash 可通过用户软件和调试接口编程。Flash 写控制器负责 Flash 的写入和擦除，它允许页面擦除和 4 字节编程。

输入 / 输出（I/O）控制器负责所有通用 I/O 引脚。CPU 可以配置外设模块来控制某个引脚，或设置引脚是否受软件控制。如果设置某个引脚受软件控制，则该引脚将被配置为一个输入，连接衬垫里的 1 个上拉或下拉电阻。CPU 中断可以分别在每个引脚上使能。连接到 I/O 引脚的外设可以在两个不同的 I/O 引脚位置之间选择，以确保在不同应用程序中的灵活性。

利用一个多功能的 5 通道 DMA 控制器，系统可以使用 XDATA 存储空间访问存储器，因此能够访问所有物理存储器。每个通道（触发器、优先级、传输模式、寻址模式、源和目标指针和传输计数）可利用 DMA 描述符在存储器中配置参数。许多硬件外设（AES 内核、Flash 控制器、USART、定时器、ADC 接口）通过使用 DMA 控制器在 SFR 或 XREG 地址和 Flash/SRAM 之间进行数据传输，获得高效率操作。

定时器 1 是一个 16 位定时器，具有定时器 /PWM（脉冲宽度调制）功能。它有一个可编程的分频器、一个 16 位周期值和五个各自可编程的计数器 / 捕获通道。每个计数器 / 捕获通道都有一个 16 位比较值，都可以用作一个 PWM 输出或捕获输入信号边沿的时序。定时器 1 还可以配置在 IR（中断请求）产生模式，计算定时器 3 的周期，输出和定时器 3 的输出相“与”，用最小的 CPU 互动产生调制的消费型 IR 信号。

MAC 定时器（定时器 2）是专门为支持 IEEE 802.15.4 MAC 或软件中其他时槽的协议而设计的。定时器 2 有一个可配置的定时器周期和一个 8 位溢出计数器，可以用于保持跟踪经过的同期数。一个 16 位捕获寄存器用于记录收到 / 发送一个帧开始界定符的精确时间或传输结束的精确时间。一个 16 位输出比较寄存器可以在精确时间产生不同的选通命令（开始 RX、开始 TX 等）到无线模块。

定时器 3 和定时器 4 是 8 位定时器，具有定时器 / 计数器 /PWM 功能。它们有一个可编程的分频器、一个 8 位的周期值、一个可编程的计数器通道。计数器通道具有一个 8 位的比较值，可以用作一个 PWM 输出。

睡眠定时器是一个超低功耗的定时器,计算晶振或 32 kHz *RC* 振荡器的周期(XOSC_Q1 和 XOSC_Q2 之间采用 32 MHz 晶振,32k_Q1 和 32k_Q2 之间采用 32.768 kHz 晶振)。睡眠定时器在除了供电模式 3 的所有工作模式下不断运行。这一定时器的典型应用是作为实时计数器,或作为一个唤醒定时器跳出供电模式 1 或供电模式 2。

ADC 支持 7~12 位的分辨率,带宽频率为 30 kHz 或 4 kHz。DC 和音频转换可以使用高达 8 个输入通道(端口 0),可以选择单端输入或差分输入。参考电压可以是内部电压、AVDD 或是一个单端或差分外部信号。ADC 还有一个温度传感输入通道。ADC 可以自动执行定期抽样或转换通道序列的程序。

随机数发生器使用一个 16 位 LFSR(线性反馈移位寄存器)来产生伪随机数,这可以被 CPU 读取或由选通命令处理器直接使用。例如,随机数可以用作产生随机密钥,增强安全性。

AES(高级加密标准)加解密内核允许用户使用带有 128 位密钥的 AES 算法加密和解密数据。这一内核能够支持 IEEE 802.15.4 MAC 安全、ZigBee 网络层和应用层要求的 AES 操作。

一个内置的看门狗允许 CC2530 在固件挂起的情况下复位自身。当看门狗定时器由软件使用时,它必须定期清除,否则,超时就会复位设备。看门狗定时器也可以配置为一个通用 32 kHz 定时器。

串口 1(USART 0)和串口 2(USART 1)可被配置为一个 SPI 主 / 从或一个 UART。它们为 RX 和 TX 提供了双缓冲,以及硬件流控制,因此非常适合于高吞吐量的全双工应用。串口 1 和串口 2 都有自己的高精度波特率发生器,可以将普通定时器空闲出来用作其他用途。

(4) 无线电

CC2530 具有一个 IEEE 802.15.4 兼容无线收发器。无线收发器内核控制模拟无线模块。无线收发器还提供了 MCU 和无线设备之间的一个接口,从而可以发出命令,读取状态,自动操作和确定无线设备事件的顺序。无线电相关模块还包括一个数据包过滤和地址识别模块。

在基于 ZigBee 协议的无线传感器网络构建过程中,天线及巴伦匹配电路的设计对射频通信距离和系统功耗等都有较大的影响。根据具体的应用,天线设计可以使用 PCB 天线,如倒 F 天线、螺旋天线等,也可以使用 SMA 接口的杆状天线。

采用板载 PCB 天线及巴伦匹配电路,无线的接收灵敏度可达 –97 dB。采用 DIP 2.54 mm 扩展接口,能够更加方便用户的扩展,甚至可以用万用板进行扩展。在开阔的马路边,天线的可视通信距离为 200 m;在室内,无线通信可穿透 3 堵非混凝土墙,通信距离可达到 10 m 左右,具体视测试条件的不同略有变化。巴伦可以使用低成本的分立电感和电容实现,天线及巴伦匹配电路如图 2.2 所示。如果使用了诸如折叠偶极子这样的平衡天线,则巴伦可以忽略。

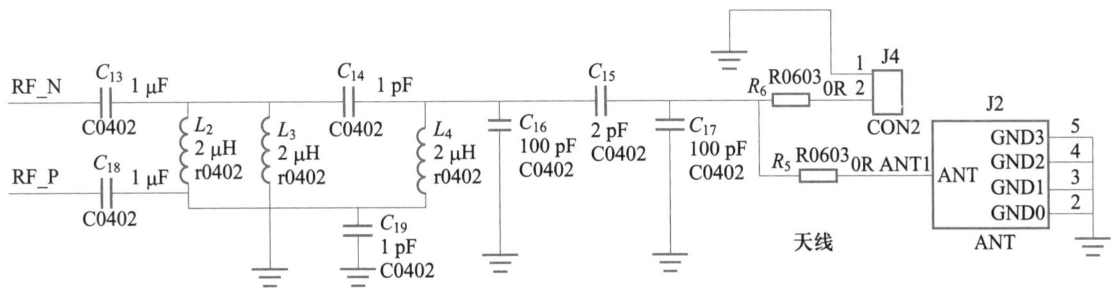

图 2.2 天线及巴伦匹配电路

2. 选型参考

继 CC2530 后，TI 公司又相继推出了针对不同应用的 CC2531、CC2533 等芯片。表 2.1 所示为它们之间的功能差异，供选型时参考。

表 2.1 CC2530、CC2531 和 CC2533 功能差异

功能配置	CC2530	CC2531	CC2533
2.4 GHz IEEE 802.15.4 标准射频收发器	有	有	有
射频调制模式	DSSS	DSSS	—
最大可编程输出功率 /dBmW	+4.5	+4.5	+4.5
内置 Flash 空间 /KB	32/64/128/256	128/256	32/64/96
内置 RAM 空间 /KB	8	8	4/6
USB 接口（全速）	无	有	无
ADC	有	有	无
电池低电压监控	不支持	不支持	支持
I^2C	不支持	不支持	支持
待机消耗电流 /μA	1	1	<1
封装	QFN40	QFN40	QFN40
IEEE 802.15.4	支持	支持	支持
标准 RF4CE 协议栈	支持	支持	支持
标准 TIMAC 协议栈	支持	支持	支持
标准 SimpliciTI 协议栈	支持	支持	支持
标准 Z-Stack 协议栈	支持	支持	不支持

2.2.3 底板硬件资源

1. 底板电源电路设计

GEC CC2530F256 节点考虑两种供电方式：AA 电池供电和 USB 供电。两节 AA 电池的电压为 3 V，因而节点不需要专门的升压 / 降压芯片为 IC 供电。USB 供电方式的电压为 4.5~5 V，节点采用 TI 公司的 TPS60211 升压为其他 IC 提供 3.3 V 电压。TPS60211 的输出电流可达 400 mA，输出 100 mA 时所需最低电压降为 120 mV。电源电路如图 2.3 所示。

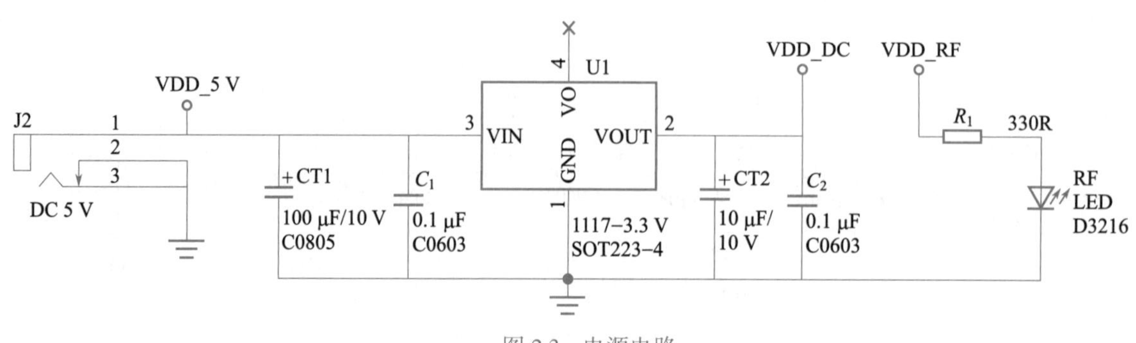

图 2.3 电源电路

2. LED 电路设计

LED 主要用于指示电路的工作状态，如传达加入网络、网络信号良好、正在传输数据等信息。LED 电路如图 2.4 所示。

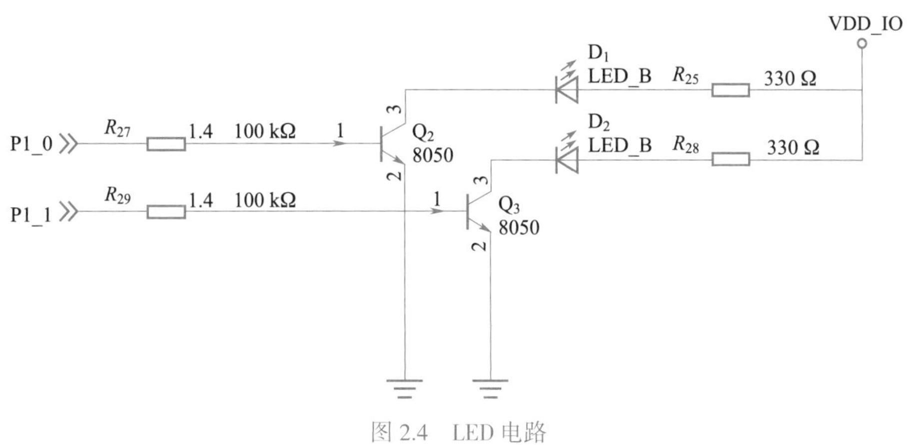

图 2.4 LED 电路

3. 传感电路设计

GEC CC2530F256 节点的传感器包括温湿度传感器和光敏电阻、温敏电阻。温湿度传感器采用广州奥松电子股份有限公司的 DHT11。DHT11 将温度检测、湿度检测、信号转换、A/D 转换和加热等功能集成到一块芯片上。DHT11 通过单线串行通信协议与微处理器通信。光敏电阻、温敏电阻通过处理器的 A/D 转换功能，采集当前温度、光照度。温湿度传感电路和光敏传感电路分别如图 2.5 和图 2.6 所示。

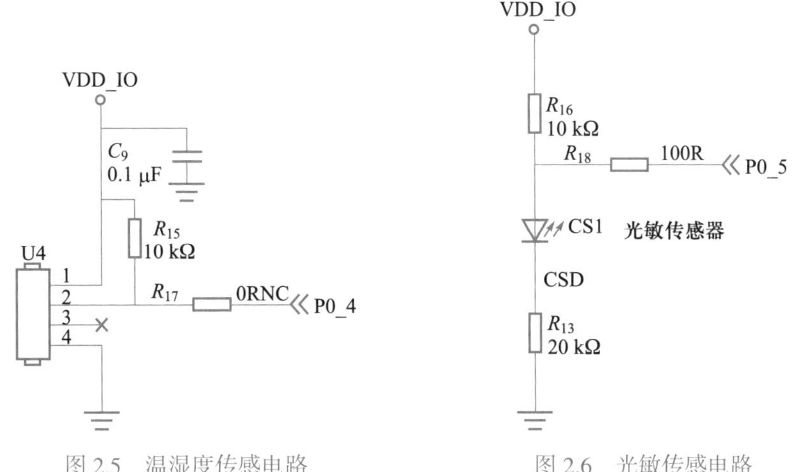

图 2.5 温湿度传感电路

图 2.6 光敏传感电路

4. 按键电路设计

按键应用人机交互方法，主要用于实现复位、灯开关等功能。按键电路如图 2.7 所示。

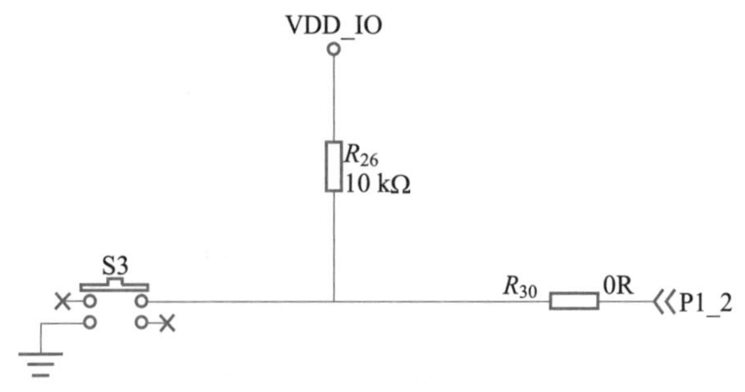

图 2.7 按键电路

项目小结

① ZigBee 技术是一种短距离的无线通信技术,ZigBee 无线传感器网络应用系统由硬件和软件组成。

② 单片机按照 CPU 处理数据的位宽可分为 4 位、8 位、16 位和 32 位单片机。其中,8 位单片机由于内部构造简单、体型小、成本低等优势,应用最为广泛;4 位单片机主要应用于工业控制领域,随着工艺的发展,由于性能较低,逐步退出市场;16 位和 32 位单片机主要应用于视频采集、图形处理等方面。

③ CC2530 中使用的 8051 CPU 内核是一个单周期的 8051 兼容内核。它有三种不同的内存访问总线:特殊功能寄存器(SFR)、数据(DATA)和代码 / 外部数据(CODE/XDATA)。

主要概念

片上系统、CC2530、中断

实训任务

微课

基于 BasicRF 通过串口输入无线控制实现 LED 跑马功能

任务一 基于 BasicRF 通过串口输入无线控制实现 LED 跑马功能

任务目标

① 熟悉 IAR Embedded Workbench IDE 开发环境的使用。

② 熟悉 ZigBee 射频板的硬件设备以及相应的封装函数。

③ 熟悉基于 IEEE 802.15.4 协议的 BasicRF 网络部署,实现点对点传输功能。

④ 实现通过串口输入无线控制接收模块的 LED 跑马功能。

任务内容与要求

① 熟悉 ZigBee 射频板的硬件设备以及相应的封装函数。

② 熟悉基于 IEEE 802.15.4 协议的 BasicRF 网络部署,实现点对点传输功能。

③ 通过串口输入字符串“start”无线控制接收模块的 LED 跑马启动,通过串口输入字符串“stop”无线控制接收模块的 LED 跑马暂停。

任务考核

任务一考核表见表2.2。

表2.2 任务一考核表

考核要素	评价标准	分值	评分			
			自评(10%)	小组(10%)	教师(80%)	小计(100%)
ZigBee射频板的硬件设备以及相应的封装函数	熟悉ZigBee射频板的硬件设备以及相应的封装函数	40				
基于BasicRF通过串口输入无线控制实现LED跑马功能	能够实现通过串口输入字符串“start”无线控制接收模块的LED跑马启动,通过串口输入字符串“stop”无线控制接收模块的LED跑马暂停	30				
分析总结		30				
合计						
评语(主要是建议)						

任务参考

一、实验设备

任务一所用实验设备见表2.3。

表2.3 任务一所用实验设备

实验设备	数量	备注
ZigBee Debugger仿真器	1	下载和调试程序
CC2530节点	2	调试程序
USB线	2	连接PC、网关板、调试器
RS-232串口连接线	1	调试程序
SmartRF Flash Programmer软件	1	烧写物理地址软件
电源	5	供电
CC2530 BasicRF.rar	1	BasicRF源代码

二、实验步骤

1. 代码修改

① 在rf_set.c文件中找到如下内容,对发送模块和接收模块的地址进行宏定义:

```
#define DECVIERECVICE 1
#if  (DECVIERECVICE==0)
#define MY_ADDR             0xAC3A      //本机模块地址
#define SEND_ADDR           0x1015      //发送地址

#elif  (DECVIERECVICE==1)
#define MY_ADDR             0x1015      //本机模块地址
```

```
#define SEND_ADDR          0xAC3A       //发送地址

#endif
```

② 添加全局变量定义，具体如下：

```
int URlen;
uint8 URbuff[128];

int UTlen;
uint8 UTbuff[128];

int PRlen;
uint8 PRbuff[128];

int PTlen;
uint8 PTbuff[128];

uint8 ispaoma=0;
```

③ 修改主函数，具体如下：

```
void main(void)
{
    halBoardInit();//不得在此函数内添加代码
    ConfigRf_Init();//不得在此函数内添加代码
    P1DIR=0x1B;
    P1=0;
    while(1)
    {
        #if  (DECVIERECVICE==0)
             if(halUartRxLen()>0)
             {
               halMcuWaitMs(10);
                URlen=halUartRxLen();
                halUartRead(URbuff,URlen);
                basicRfSendPacket(SEND_ADDR,URbuff,URlen);
             }

        #elif  (DECVIERECVICE==1)
             if(basicRfPacketIsReady())
             {
```

```
            PRlen=basicRfReceive(PRbuff,128,NULL);
            if(PRlen>0)
            {
             if(PRbuff[0]=='s'&&PRbuff[1]=='t')
             {
                if(PRbuff[2]=='o'&&PRbuff[3]=='p')
                {
                  ispaoma=0;
                }else if(PRbuff[2]=='a'&&PRbuff[3]=='r'&&
                  PRbuff[4]=='t')
                {
                  ispaoma=1;
               }
             }
             PRlen=0;//清空
          }
        }

        //判断是否实现跑马功能
        if(ispaoma)
        {
          halLedSet(1);halLedClear(4);halLedClear(2);halLedClear(3);
          halMcuWaitMs(500);
          halLedSet(2);halLedClear(1);halLedClear(4);halLedClear(3);
          halMcuWaitMs(500);
          halLedSet(3);halLedClear(1);halLedClear(2);halLedClear(4);
          halMcuWaitMs(500);
          halLedSet(4);halLedClear(1);halLedClear(2);halLedClear(3);
          halMcuWaitMs(500);
        }
        else{
          halLedClear(1);halLedClear(2);halLedClear(3);halLedClear(4);
        }

    #endif
  }
}
```

④ 查看初始化函数,进行串口初始化操作,具体如下:

```
void halBoardInit(void)
```

```
{
    halMcuInit();
    halUartInit(115200);
    halIntOn();
}
```

⑤ 对发送模块和接收模块的地址进行宏定义修改，具体如下：

```
#define DECVIERECVICE 1  //分别修改宏定义为"0"和"1"
```

其中，0 为发送模块的地址，1 为接收模块的地址，分别进行烧写。

2. 实验运行效果

① 按照图 2.8 所示的网络拓扑结构组网。

② 完成烧写后上电，利用串口助手(波特率为 115 200 bit/s)，输入“start”启动接收模块的 LED 跑马，输入“stop”停止接收模块的 LED 跑马，如图 2.9 所示。

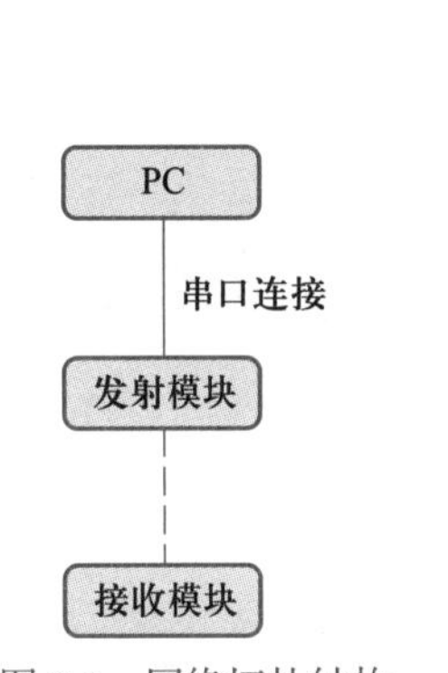

图 2.8 网络拓扑结构

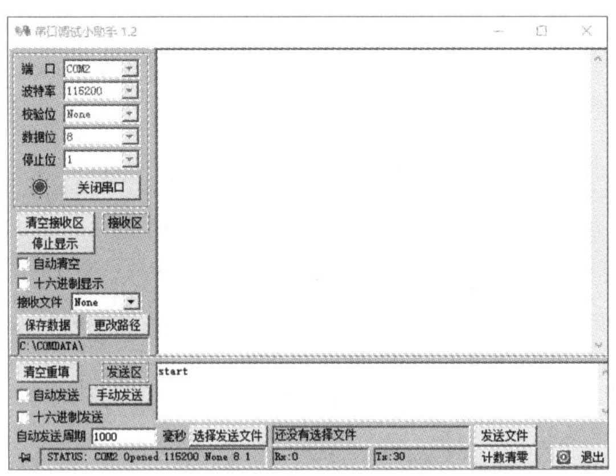

图 2.9 串口助手

微课

基于 BasicRF 采集温湿度数据

任务二 基于 BasicRF 采集温湿度数据

任务目标

① 熟悉 IAR Embedded Workbench IDE 开发环境的使用。

② 熟悉 ZigBee 射频板的硬件设备以及相应的封装函数。

③ 熟悉基于 IEEE 802.15.4 协议的 BasicRF 网络部署，实现点对点数据传输功能。

④ 基于串口输出采集的数据。

任务内容与要求

基于 BasicRF 采集温湿度数据，并利用串口助手实现采集数据的输出。

任务考核

任务二考核表见表 2.4。

表 2.4　任务二考核表

考核要素	评价标准	分值	评分			
			自评(10%)	小组(10%)	教师(80%)	小计(100%)
ZigBee 射频板的硬件设备以及相应的封装函数	熟悉 ZigBee 射频板的硬件设备以及相应的封装函数	40				
基于 BasicRF 采集温湿度数据	能够基于 BasicRF 采集温湿度数据，并通过串口输出采集的数据	30				
分析总结		30				
合计						
评语(主要是建议)						

任务参考

一、实验设备

任务二所用实验设备见表 2.5。

表 2.5　任务二所用实验设备

实验设备	数量	备注
ZigBee Debugger 仿真器	1	下载和调试程序
CC2530 节点	2	调试程序
USB 线	2	连接 PC、网关板、调试器
RS-232 串口连接线	1	调试程序
SmartRF Flash Programmer 软件	1	烧写物理地址软件
电源	5	供电
CC2530 BasicRF.rar	1	BasicRF 源代码

二、实验步骤

1. 新建工程和程序文件，添加头文件

① 新建工程文件夹“D:\zigbee\Env”，将配套资源包中的 CC2530_lib 文件夹和 sensor_drv 文件夹复制到新建工程文件夹中。在新建工程文件夹中新建一个 Project 文件夹，用于存放工程文件。sensor_drv 文件夹中有传感器数据采集的相关源代码。

② 新建 IAR 工程。新建 IAR 工程 demo，保存工作空间，命名为 demo.eww。在工程中新建 app、basicrf、board、common、mylib、sensor_drv、utils 七个文件组，把 board、common、mylib、sensor_drv、utils 文件夹中的 xx.c 文件添加到对应的文件组中，把 basicrf 文件夹下的 basic_rf.c 文件也添加进新建工程中。

③ 新建源程序文件。新建源程序文件，将其命名为 sensor.c，保存在“D:\zigbee\Env\Project”文件夹中，并将该文件添加到工程中的 app 文件组中。

④ 为工程添加头文件。选择 Project → Options 命令，在弹出的对话框中，单击左侧的 C/C++ Compiler 选项，右侧切换到 Preprocessor 选项卡，在 Additional include directories 列表框中输入头文件的路径，这里需要将资源包 CC2530_lib 下的子文件夹和 sensor_drv 文件夹加入搜索路径，如图 2.10 所示，然后单击 OK 按钮。

2. 修改程序

① 修改 ZigBee 模块上 4 个 LED 的引脚配置，LED1~LED4 分别由 P1.0、P1.1、P1.3 和 P1.4 控制。在软件窗口中，展开左侧 Workspace 窗格中的“board/hal_board.c”节点，在展开的文件列表中双击打开 hal_board.h 头文件，找到图 2.11 所示代码，查看定义的宏是否正确，如果不正确，按照图 2.11 修改。

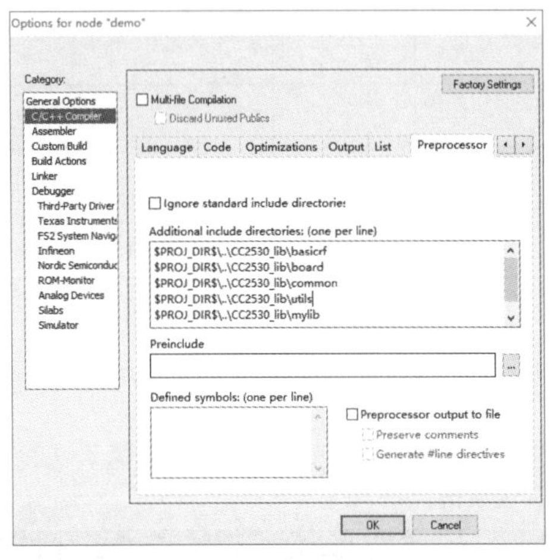

图 2.10 为工程添加头文件

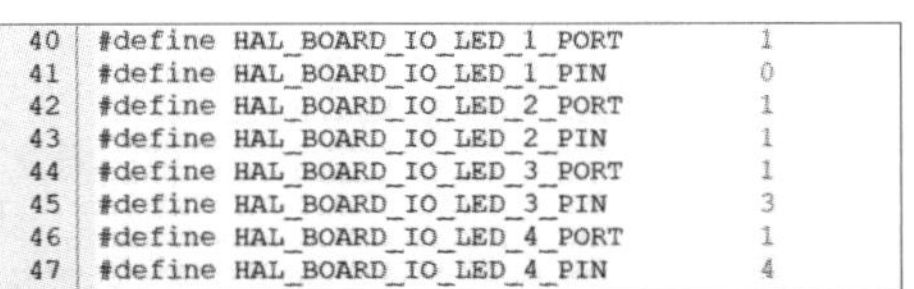

```
#define HAL_BOARD_IO_LED_1_PORT    1
#define HAL_BOARD_IO_LED_1_PIN     0
#define HAL_BOARD_IO_LED_2_PORT    1
#define HAL_BOARD_IO_LED_2_PIN     1
#define HAL_BOARD_IO_LED_3_PORT    1
#define HAL_BOARD_IO_LED_3_PIN     3
#define HAL_BOARD_IO_LED_4_PORT    1
#define HAL_BOARD_IO_LED_4_PIN     4
```

图 2.11 LED 与 P1 引脚连接

图 2.11 中：

a. HAL_BOARD_IO_LED_a_PORT b:a 表示 LED 的序号，b 表示端口（b 可以是 0、1、2）。

b. HAL_BOARD_IO_LED_a_PIN c:c 表示引脚（c 可以是 0~7）。

② 配置工程。选择 Project → Options 命令，在弹出的对话框中分别对 General Options、Linker 和 Debugger 三项进行配置。

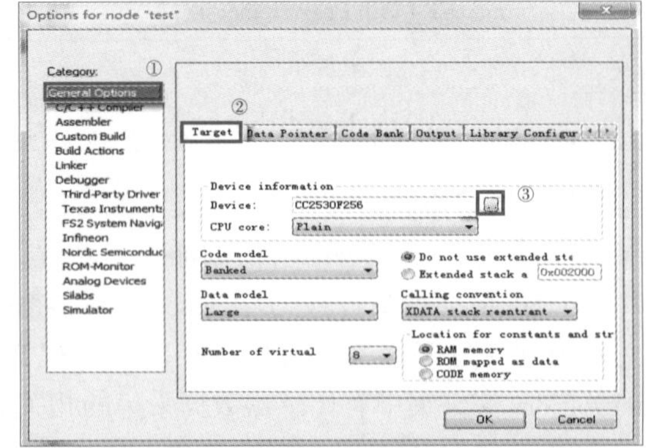

图 2.12 General Options 配置

a. General Options 配置。单击左侧的 General Options 选项，在右侧的 Target 选项卡中，将 Device 设置为 CC2530F256（文件路径为 C:\..\8051\config\devices\Texas Instruments\CC2530F256.i51）。其他设置如图 2.12 所示。

b. Linker 配置。单击左侧的 Linker 选项，在右侧的 Config 选项卡中，勾选 Override default 复选框，并在下方选择 lnk51ew_cc2530F256_banked.xcl 配置文件（文件路径为 C:\..\8051\config\devices\Texas Instruments），如图 2.13 所示。

c. Debugger 配置。单击左侧的 Debugger 选项，在右侧的 Setup 选项卡中，将 Driver 设置为 Texas Instruments，如图 2.14 所示。

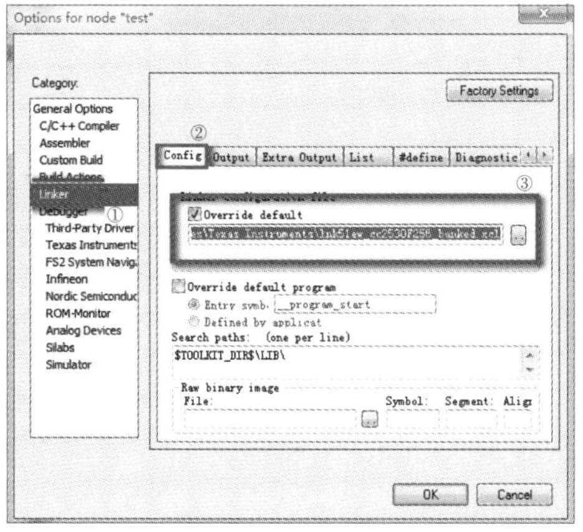

图 2.13 Linker 配置

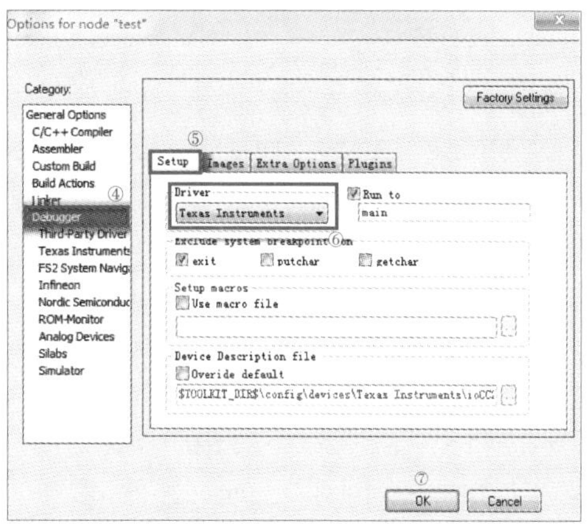

图 2.14 Debugger 配置

3. 编写代码

① 在 sensor.c 中增加头文件，具体如下：

```
#include "hal_defs.h"
#include "hal_cc8051.h"
#include "hal_int.h"
#include "hal_mcu.h"
#include "hal_board.h"
#include "hal_led.h"
#include "hal_adc.h"
#include "hal_rf.h"
#include "basic_rf.h"
#include "hal_uart.h"
#include "TIMER.h"
#include "get_adc.h"
#include "sh10.h"
#include "UART_PRINT.h"
#include "util.h"
#include <stdlib.h>
#include <string.h>
#include <stdio.h>
#include <math.h>
```

② 新增宏定义，定义点对点通信地址设置、自定义消息格式、各个数组的大小及 LED 灯闪烁宏，具体如下：

```
/* 点对点通信地址设置 */
#define RF_CHANNEL        19             // 频道 11~26
```

```
#define PAN_ID              0xD0C2      //网络 ID
#define MY_ADDR             0xC2BD      //本机模块地址
#define SEND_ADDR           0xB4F3      //发送地址
/*自定义消息格式*/
#define START_HEAD      0xCC            //帧头
#define CMD_READ        0x01            //读传感器数据
#define SENSOR_TEMP     0x01            //温度
#define SENSOR_RH       0x02            //湿度
#define SENSOR_FIRE     0x03            //火焰
/*  LED n 闪烁 time 毫秒 宏*/
#define FlashLed(n,time)do{\
                   halLedSet(n);\
                   halMcuWaitMs(time);\
                   halLedClear(n);\
                   }while(0)
/*数组大小*/
#define MAX_SEND_BUF_LEN  128           //无线数据最大发送长度
#define MAX_RECV_BUF_LEN  128           //无线数据最大接收长度
```

③ 定义变量和数组,定义 basicRfCfg_t 变量、无线接收和发送缓存数组、定时器超时标志变量,具体如下:

```
static basicRfCfg_t basicRfConfig;
static uint8 pTxData[MAX_SEND_BUF_LEN];//定义无线发送缓冲区的大小
static uint8 pRxData[MAX_RECV_BUF_LEN];//定义无线接收缓冲区的大小
uint8  APP_SEND_DATA_FLAG;
```

④ 新增计算校验和函数 CheckSum( ),具体如下:

```
/**********************************************************************
*函数:uint8 CheckSum(uint8 *buf,uint8 len)
*功能:计算校验和
*输入:uint8 *buf—指向输入缓存区,uint8 len—输入数据字节个数
*输出:无
*返回:校验和
*特殊说明:无

**********************************************************************
uint8 CheckSum(uint8 *buf,uint8 len)
{
  uint8 temp=0;
  while(len--)
  {
```

```
        temp+=*buf;
        buf++;
    }
  return(uint8)temp;
}
```

⑤ 关键函数分析，具体如下。

a. 定时器初始化函数，主要通过设置 T4CTL 和 T4IE 寄存器完成初始化工作，具体如下：

```
void Timer4_Init(void)
{
    //将预分频器的值设置为250 kHz
    T4CTL|=0xE0;
    T4CTL&=~(0x10);           //停止定时器
    T4CTL&=~(0x08);           //禁止溢出中断
    T4CTL|=0x04;              //计数器清零
    T4IE=0;                   //关中断
}
```

定时器相关的函数已经定义在 mylib 文件夹下的 TIMER.c 中。在 TIMER.c 中定义了变量 SEND_DATA_FLAG 和 NUM，需要计时 2 s，用于定时采集传感数据。Timer4 经过上述函数初始化后，定时器一个节拍是(1/250 000) s，8 位定时器的溢出周期为 256 个节拍，每进一次定时器中断就经历 256×(1/250 000) s=0.001 024 s，进 1 953 次中断大约是 0.001 024×1 953 s ≈ 2 s。因此 NUM 在中断函数中由 0 累加到 1 953，则时间经过了 2 s，此时将 SEND_DATA_FLAG 置 1，由此得出中断函数如下：

```
HAL_ISR_FUNCTION(T4_ISR,T4_VECTOR)
{
    T4OVFIF = 0;
    T4IF = 0;

    NUM ++;
    if(NUM == 1953)
    /*定时 2 s,翻转一次用时为 1/250 000×256 s,这是进一次中断所需要的时间,进
1953 次中断大约是 2 s*/
    {
        NUM = 0;
        SEND_DATA_FLAG = 1;
        //halLedToggle(1);
        Timer4_Off();
    }
    else
    {
```

```
            SEND_DATA_FLAG = 0;
        }
    }
```

b. 在 sensor.c 中定义 BasicRF 初始化函数，具体如下：

```
void ConfigRf_Init(void)
{
    basicRfConfig.panId      = PAN_ID;      //设置 ZigBee 的 ID 号
    basicRfConfig.channel    = RF_CHANNEL;//设置 ZigBee 的频道
    basicRfConfig.myAddr     = MY_ADDR;     //设置本机地址
    basicRfConfig.ackRequest = TRUE;        //应答信号
    while(basicRfInit(&basicRfConfig)==FAILED);
                                            //检测 ZigBee 的参数是否配置成功
    basicRfReceiveOn();                     //打开 RF
}
```

⑥ 主函数。main 函数是程序运行的起始位置，运行传感数据采集应用程序前，需要先初始化各个功能模块：halBoardInit( )初始化了 LED 灯、串口，开启总中断；ConfigRf_Init( )初始化了无线收发器的初始参数；Timer4_Init( )对定时器 4 进行初始化；完成定时器 4 的初始化后用 Timer4_On( )打开定时器 4。

初始化完成后需要执行无限循环任务，这个任务就是每隔 2 s 采集传感数据并通过无线通信功能和串口发送出去。basicRfSendPacket( )用来发送无线数据，uart_printf( )用来往串口打印调试信息，其用法和 printf( )一样。GetSendDataFlag( )用来查询 APP_SEND_DATA_FLAG 的值，当 APP_SEND_DATA_FLAG 为 1 时，代表系统经历了 2 s。call_sht11( )用来采集温湿度数据，变量 sensor_val、sensor_tem 分别用来存储相对湿度和温度。工程源码中使用宏定义 CC2530_DEBUG 来控制是否在串口上打印调试信息。

主函数具体如下：

```
void main(void)
{
    halBoardInit();          //模块相关资源的初始化
    ConfigRf_Init();         //无线收发参数的配置初始化
    Timer4_Init();           //定时器初始化
    Timer4_On();             //打开定时器

    while(1)
    {   APP_SEND_DATA_FLAG = GetSendDataFlag();
        if(APP_SEND_DATA_FLAG == 1)     //定时时间到
        {   /*【传感器采集、处理】开始*/
            uint16 sensor_val,sensor_tem;
            call_sht11((unsigned int *)(&sensor_tem),(unsigned int *)
(&sensor_val));                             //取温湿度数据
```

```
        #ifdef CC2530_DEBUG
          // 把采集数据转化成字符串，以便在串口上显示观察
           uart_printf(" 温湿度传感器，温度:%d℃，湿度:%d%%\r\n",sensor_tem/10,
sensor_val/10);
        #endif/*CC2530_DEBUG*/
          memset(pTxData,'\0',MAX_SEND_BUF_LEN);
          pTxData[0]=START_HEAD;        // 帧头
          pTxData[1]=CMD_READ;          // 命令
          pTxData[2]=8;                 // 长度
          pTxData[3]=2;                 // 两组传感数据
          pTxData[4]=SENSOR_TEMP;       // 传感类型
          pTxData[5]=sensor_tem;
          pTxData[6]=SENSOR_RH;         // 传感类型
          pTxData[7]=sensor_val;
          pTxData[8]=CheckSum((uint8 *)pTxData,pTxData[2]);
          // 把数据通过 ZigBee 发送出去
         basicRfSendPacket((unsigned short)SEND_ADDR,(unsigned char *)
pTxData,pTxData[2]+1);
          FlashLed(1,100);  // 无无线发送指示，LED1 亮 100 ms
          Timer4_On();        // 打开定时
        }  /*【传感器采集、处理】结束 */
      }
    }
```

4. 建立与配置模块设备

将 sensor.c 从工作空间下的 app 文件组中移除，复制 Project 文件夹下的 sensor.c 为副本，将其重命名为 temprh_sensor.c，并重新添加到工作空间下的 app 文件组中。

选择 Project → Edit Configurations 命令，弹出项目配置对话框，如图 2.15 所示，系统将检测出项目中存在的模块设备。

单击 New 按钮，在弹出的对话框中设置模块名称为 temprh_sensor，基于 Debug 模块进行配置，然后单击 OK 按钮，如图 2.16 所示。返回项目配置对话框，系统就可以自动检测出刚才建立的模块设备 temprh_sensor。

为了给模块设备设置对应的条件编译参数，在此需要进行如下设置：在工作空间中右击 temprh_sensor，在弹出的快捷菜单中选择 Options 命令，在弹出的对话框中单击左侧的 C/C++ Compiler 选项，在右侧切换到 Preprocessor 选项卡，在 Defined symbols 列表框中输入字符串“CC2530_DEBUG”，如图 2.17 所示。

无条件编译需要在 Defined symbols 列表框中输入字符串“xCC2530_DEBUG”，如图 2.18 所示。

5. 实验运行效果

在 Workspace 窗格中单击 temprh_sensor，编译程序无误后，插有温湿度传感器模块的 ZigBee 模块上电，下载程序到 ZigBee 模块中。打开串口调试助手，设置波特率为 115 200 bit/s 后单击“打开”按钮，可以看到窗口中显示出采集到的温湿度数据，如图 2.19 所示。

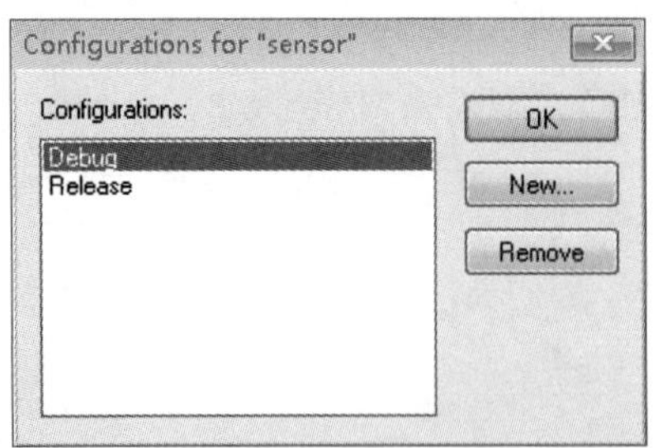

图 2.15 项目配置对话框

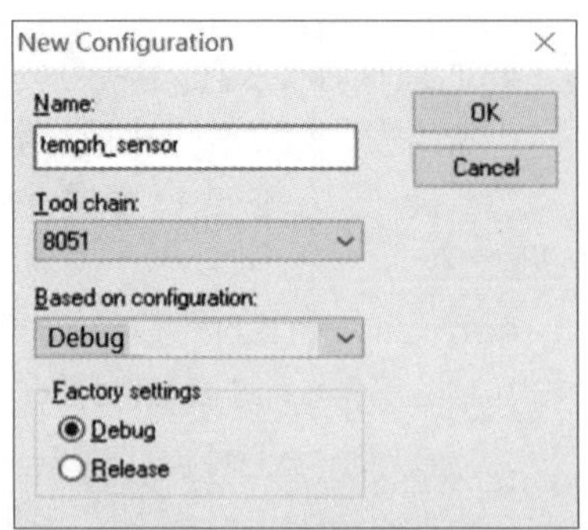

图 2.16 温湿度传感器模块配置对话框

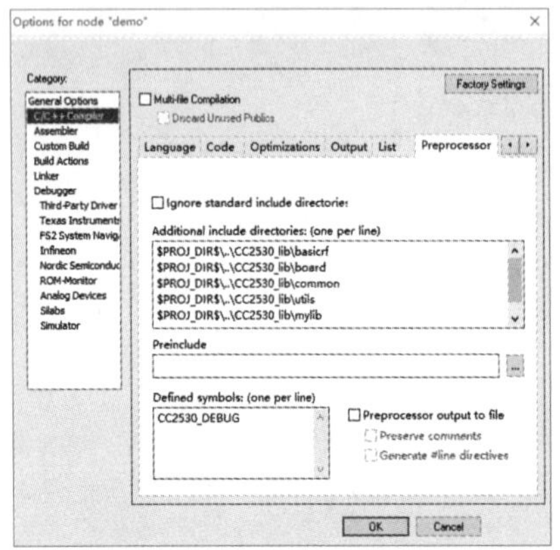

图 2.17 温湿度传感器模块设置

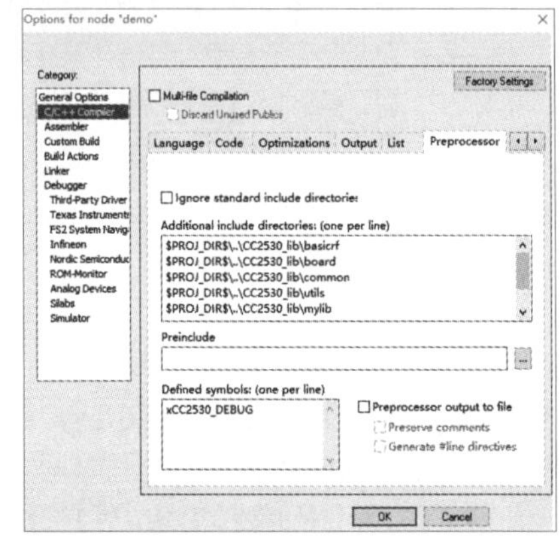

图 2.18 去掉 CC2530_DEBUG 条件编译选项

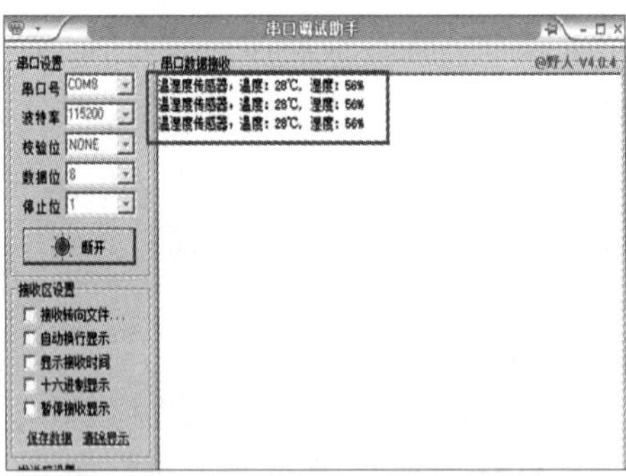

图 2.19 基于 BasicRF 采集温湿度数据

课后练习

简答题

CC2530、CC2531 和 CC2533 解决方案有何区别？

项目三

ZigBee 无线传感器网络协议栈

项目目标

知识目标	技能目标	素质目标
(1) 掌握 ZigBee 无线传感器网络的协议栈和协议的区别等知识 (2) 掌握 Z-Stack 协议栈的 OSAL 分配机制 (3) 了解 Z-Stack 协议栈的 OSAL 运行机制 (4) 掌握 Z-Stack 协议栈的 OSAL 常用函数	(1) 掌握 Z-Stack 协议栈中 OSAL 添加新任务的方法 (2) 掌握 Z-Stack 协议栈中 OSAL 添加新事件的方法	通过导入案例“突破‘卡脖子’势在必行”,培养创新精神 导入案例

思维导图

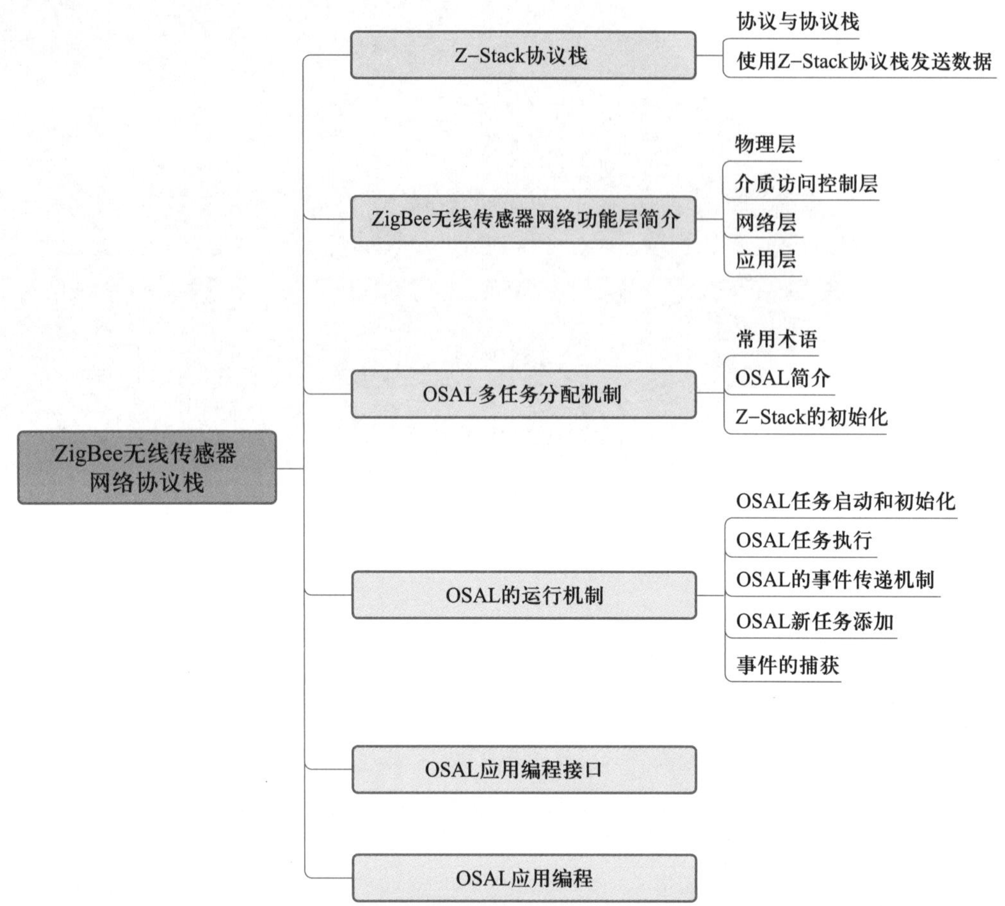
ZigBee无线传感器网络协议栈
Z-Stack协议栈
协议与协议栈
使用Z-Stack协议栈发送数据
ZigBee无线传感器网络功能层简介
物理层
介质访问控制层
网络层
应用层
OSAL多任务分配机制
常用术语
OSAL简介
Z-Stack的初始化
OSAL的运行机制
OSAL任务启动和初始化
OSAL任务执行
OSAL的事件传递机制
OSAL新任务添加
事件的捕获
OSAL应用编程接口
OSAL应用编程

在 ZigBee 无线传感器网络工程的实际开发过程中，应借助 TI 提供的协议栈例程 SampleApp，根据需要完成的功能，通过查看支持 Z-Stack 协议栈的硬件电路图，以及查阅各种文件，如 CC2530 数据手册、Z-Stack 协议栈说明、Z-Stack 协议栈 API 函数使用说明等，进行协议栈的修改，最后使用烧录器将协议栈下载到相应的硬件中，实现 ZigBee 无线传感器网络的组建。

3.1 Z-Stack 协议栈

3.1.1 协议与协议栈

微课

Z-Stack 协议栈简介

协议定义的是一系列的通信标准，通信双方需要共同按照这一标准进行正常的数据收发。协议栈是协议的具体实现形式，可通俗地理解为代码实现的函数库，以便于开发人员调用。

ZigBee 协议分为两部分，IEEE 802.15.4 定义了物理层和数据链路层技术规范，ZigBee 联盟定义了网络层、安全层和应用层技术规范，ZigBee 协议栈就是将各层定义的协议都集合在一起，以函数的形式实现，并提供一些应用层 API 供用户调用，如图 3.1 所示。

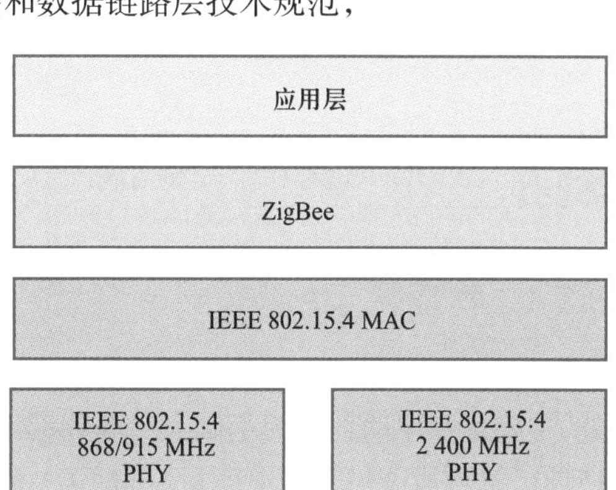

图 3.1 ZigBee 协议栈

Z-Stack 协议栈是 TI 公司开发的一个半开源的 ZigBee 协议栈。Z-Stack 协议栈开发的基本思路如下。

① 借助 Z-Stack 协议栈中的例程 SampleApp 进行二次开发，用户不需要深入研究复杂的 ZigBee 协议栈，这样可以减轻开发者的工作量。

② 用户只需要在应用层加入传感器的读取函数和添加头文件即可实现 ZigBee 无线传感器网络中的数据采集。

③ 如果考虑节能，可以根据数据采集周期(Z-Stack 协议栈例程中已开发了定时程序)进行定时，时间到就唤醒 ZigBee 终端节点，终端节点被唤醒后，自动采集传感器数据，然后将数据发送给路由器或协调器，即实现监测节点定时汇报监测数据。

④ 协调器(网关)根据下发的控制命令，将控制信息转发到具体的节点即控制节点，等待控制命令下发。

3.1.2 使用 Z-Stack 协议栈发送数据

Z-Stack 协议栈已经实现了 ZigBee 协议，用户可以使用协议栈提供的 API 进行应用程序的开发。开发过程中不必关心协议的具体实现，只需要关心应用程序的数据来源和去向即可。

SampleApp.c 中定义了发送函数 static void SampleApp_SendTheMessage(void)。该函数通过调用 AF_DataRequest 函数来发送数据，AF_DataRequest 函数定义在 Profile 文件夹下的 AF.c 文件中，如图 3.2 所示。该函数将在 4.1.3 节和 5.2 节中具体介绍。

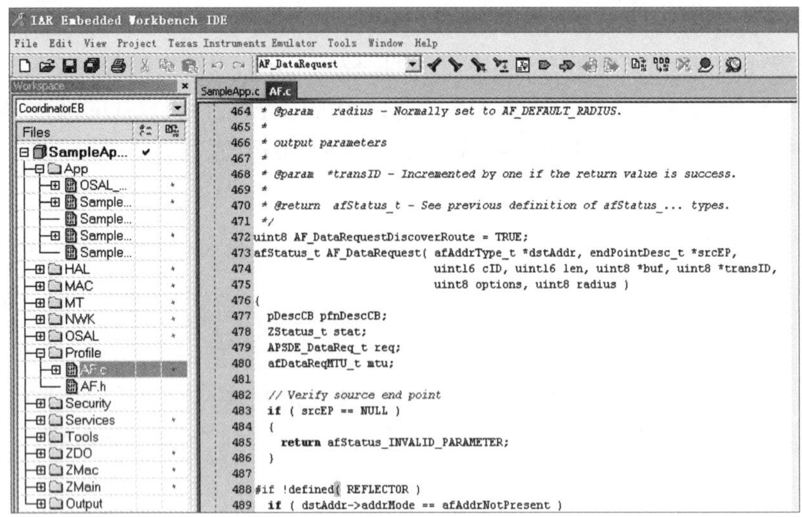

图 3.2 AF_DataRequest 函数定义

3.2 ZigBee 无线传感器网络功能层简介

3.2.1 物理层

物理层（PHY 层）定义了无线信道和 MAC 层之间的接口，提供物理层数据服务和物理层管理服务，主要是在驱动程序的基础上实现数据传输和管理。物理层数据服务负责从无线信道上收发数据；物理层管理服务包括信道能量监测（ED）、链接质量指示（LQI）、载波检测（CS）和空闲信道评估（CCA）等，负责维护一个由物理层相关数据组成的数据库。

物理层是整个协议栈最底层的部分，该层主要完成基带数据处理、物理信号的接收和发送、无线电规格参数（包括功率谱密度、符号速率、接收机灵敏度、接收机干扰抑制、转换时间和调制误差等）设置等基本功能。

3.2.2 介质访问控制层

介质访问控制层（MAC 层）提供点对点通信的数据确认以及一些用于网络发现和网络形成的命令，但是介质访问控制层不支持多跳、网状网络等概念。

3.2.3 网络层

网络层（NWK 层）主要负责设备加入和退出网络、路由管理、在设备之间发现和维护路由、发现邻设备及存储邻设备信息等。例如，在网络范围内发送广播包，为单播数据包选择路由，确保数据包能够可靠地从一个节点发送到另一个节点。此外，网络层还具有安全特性，用户可以自行选择所需的安全策略。

1. 地址类型

每一个 ZigBee 设备有一个 64 位 IEEE 地址，即 MAC 地址，跟网卡的 MAC 地址一样，是全球唯一的。但在实际网络中，为了方便，通常用 16 位的短地址来标识自身和识别对方，也称为网络地址。对于协调器来说，短地址为 0000H；对于路由器和终端设备来说，短地址是由它们所在网络中的协调器分配的。

2. 网络地址分配

网络地址分配由网络中的协调器完成。为了让网络中的每一个设备都有唯一的网络地址（短地址），协调器要按照事先配置的参数，并遵循一定的算法来进行分配。这些参数包括 MAX_DEPTH、MAX_CHILDREN 和 MAX_ROUTERS。

MAX_DEPTH 决定了网络的最大深度。协调器的深度为 0，其子节点的深度为 1，再下一级子节点的深度为 2，以此类推。MAX_DEPTH 限制了网络在物理上的长度。MAX_CHILDREN 决定了一个路由器或者一个协调器可以连接的子节点的最大个数。MAX_ROUTERS 决定了一个路由器或者一个协调器可以处理的具有路由功能的子节点的最大个数，它是 MAX_CHILDREN 的一个子集。

Z-Stack 协议栈已经规定了这些参数的值：MAX_DEPTH=5，MAX_CHILDREN=20，MAX_ROUTERS=6。

3. Z-Stack 寻址

向 ZigBee 节点发送数据时，通常使用 AF_DataRequest( ) 函数。该函数需要使用一个 afAddrType_t 类型的目标地址作为参数，具体如下：

```
typedef struct
{
    union
    {
        uint16 shortAddr;
    }addr;
    afAddrMode_t addrMode;
    byte endpoint;
}afAddrType_t;
```

这里，除了网络地址（短地址）shortAddr 和端点 endpoint 外，还要指定地址模式参数 addrMode。地址模式参数可以设置为以下几个值：

```
typedef enum
{
    afAddrNotPresent = AddrNotPresent,
    afAddr16Bit = Addr16Bit,
    afAddr64Bit = Addr64Bit,
    afAddrGroup = AddrGroup,
    afAddrBroadcast = AddrBroadcast
}afAddrMode_t;       //AF.h 在 Profile 文件夹下
```

在 ZigBee 协议栈中，数据包可以单点传送（unicast）、多点传送（multicast）或者广播传送，所以必须有地址模式参数。单点传送数据包只发送给一个设备，多点传送数据包则要发送给一组设备，而广播传送数据包则要发送给整个网络中的所有节点。

（1）单点传送

单点传送是标准寻址模式，它将数据包发送给一个已经知道网络地址的网络设备。此时应将地址模式设置为 Addr16Bit,并且在数据包中携带目标设备地址。

(2) 多点传送

当应用程序不知道数据包的目标设备在哪里时,应将地址模式设置为 AddrNotPresent。Z-Stack 底层将自动从栈的绑定表中查找目标设备的具体网络地址,这种特点称为源绑定。如果在绑定表中找到多个设备,则向每个设备都发送一个数据包的复本。

(3) 广播传送

当应用程序需要将数据包发送给网络中的每一个设备时,应使用广播传送模式,此时应将地址模式设置为 AddrBroadcast。目标地址 shortAddr 可以设置为以下广播地址中的一种。

① NWK_BROADCAST_SHORTADDR_DEVALL(0xFFFF):数据包将被传送给网络上的所有设备,包括睡眠中的设备。对于睡眠中的设备,数据包将被保留在其父节点,直到设备苏醒后主动到父节点查询,或者直到消息超时。

② NWK_BROADCAST_SHORTADDR_DEVRXON(0xFFFD):数据包将被传送给网络上的所有空闲时打开接收的设备(RXONWHENIDELE),即除了睡眠中的设备以外的所有设备。

③ NWK_BROADCAST_SHORTADDR_DEVZCZR(0xFFFC):数据包将被传送给所有的路由器(包括协调器,它是一种特殊的路由器)。

(4) 组寻址

当应用程序需要将数据包发送给网络上的一组设备时,使用该模式。此时应将地址模式设置为 AddrGroup,并将 shortAddr 设置为组 ID。在使用这个功能之前,必须在网络中定义组[详见 Z-Stack API 文档中的 aps_AddGroup( )函数]。

4. 路由

ZigBee 设备主要工作在 2.4 GHz 频段上,这一基本特性限制了 ZigBee 设备的数据传输距离,那么 ZigBee 通过什么办法来解决这个问题呢?答案是路由器。

路由器的工作是为经过路由器的每个数据帧寻找一条最佳传输路径,并将该数据有效地传送到目标节点。选择通畅快捷的近路,能大大提高通信速度,减轻网络系统通信负荷,节约网络系统资源,提高网络系统畅通率,从而让网络系统发挥出更大的效益。而在 ZigBee 无线网络中,路由器是非常重要的节点设备,它不仅完成路由的功能,更重要的是,它在数据传输过程中起到"接力棒"的作用,能够大大拓展数据传输的距离,是 ZigBee 网络中的"交通枢纽"。

选择最佳的策略即路由算法是路由器的关键所在。Z-Stack 提供了比较完善、高效的路由算法。路由对于应用层来说是完全透明的。应用程序只需将数据下发到协议栈中,协议栈会负责寻找路径,通过多跳的方式将数据传送到目标地址。

ZigBee 网络路由故障能够自愈,如果某个无线连接断开了,路由功能会自动寻找一条新的路径避开那个断开的网络连接。这就极大地提高了网络的可靠性,这也是 ZigBee 网络的一个关键特性。

(1) 路由协议

ZigBee 路由协议是基于 AODV 专用网络路由协议来实现的,ZigBee 将 AODV 路由协议优化,使其能够适应各种环境,支持移动节点、连接失败和数据包丢失等复杂环境。

当路由器从它自身的应用程序或者别的设备那里收到一个单点发送的数据包后,网络层会遵循以下流程将它继续传递下去:如果目标节点是它的相邻节点或子节点,则数据包会被直接传送给目标设备。否则,路由器将要检索它的路由表中与所要传送的数据包的目标地址相符合的记录。如果存在与目标地址相符合的有效路由表记录,数据包将被发送到记录中的下一跳地址中去;如果没有发现任何相关的路由表记录,则路由器开始进行路径寻找,将数据包暂时存储在缓冲区中,直到路径寻找结束为止。

ZigBee 终端节点不执行任何路由功能。如果终端节点想要向其他设备传送数据包,只需要将数据向上发送给其父节点,由其父节点代表它来执行路由。同样,任何一个设备要给终端节点发送数据,开始进行路径寻找,终端节点的父节点都将代表终端节点做出响应。

在 Z-Stack 中,在执行路由功能的过程中就实现了路由表记录的优化。通常,每一个目标设备都需要一条路由表记录。通过将父节点的路由表记录和其所有子节点的路由表记录相结合,可以在保证不丧失任何功能的基础上优化路径。

ZigBee 路由器(含协调器)将完成路径寻找与选择、路径保持与维护及路径期满处理功能。

① 路径寻找与选择。路径寻找是网络设备之间相互协作去寻找和建立路径的过程。任意一个路由设备都可以发起路径寻找,去寻找某个特定的目标设备。路径寻找机制是指寻找源地址和目标地址之间的所有可能路径,并且选择其中最好的路径。路径选择是指尽可能选择成本最小的路径。每一个节点通常保持它的所有邻节点的连接成本。连接成本最典型的表示方法是一个关于接收信号强度的函数。沿着路径,求出所有连接的连接成本总和,便可以得到整个路径的路径成本。路由算法将寻找到拥有最小路径成本的路径。

路由器通过一系列的请求和回复数据包来进行路径寻找。源设备向它的所有邻节点广播一个路由请求(RREQ)数据包,来请求一个目标地址的路径。在一个节点收到 RREQ 数据包后,会依次转发 RREQ 数据包。在转发之前,要加上最新的连接成本,然后更新 RREQ 数据包中的成本值。这样,RREQ 数据包携带着连接成本的总和通过所有的连接最终到达目标设备。由于 RREQ 经过不同的路径,目标设备将收到许多 RREQ 副本。目标设备选择最好的 RREQ 数据包,然后沿着相反的路径将路由答复(RREP)数据包发给源设备。

一旦一条路径被创建,就可以发送数据包了。当一个节点与它的下一级相邻节点失去连接时(即当它发送数据,没有收到 MAC ACK 时),该节点就会向所有等待接收它的 RREQ 数据包的节点发送一个路由错误(RERR)数据包,将它的路径设为无效。各个节点根据收到的数据包(RREQ、RREP 或 RERR)来更新它的路由表。

② 路径保持与维护。无线网状网络提供路径维护和网络自愈功能。一个路径上的中间节点一直跟踪着数据传送过程,如果一个连接失败,那么上游节点将对所有使用这条连接的路径启动路径修复功能。当下一个数据包到达该节点时,节点将重新寻找路径。如果不能够启动路径寻找或者由于某种原因使路径寻找失败,节点会向数据包的源节点发送一个 RERR 数据包,它将负责启动新的路径寻找。这两种方法都实现了路径的自动重建。

③ 路径期满处理。路由表为已经建立连接路径的节点维护路径记录。如果在一定的时间周期内没有数据通过这条路径发送,则这条路径被表示为期满。期满的路径一直保留到它所占用的空间要被使用为止。可在配置文件 f8wConfig.cfg 中配置自动路径期满时间。设置 ROUTE_EXPI_TIME 为期满时间,单位为 s。如果设备为 0,则表示关闭自动期满功能。

(2) 表存储

要实现路由功能,需要路由器建立一些表格去保持和维护路由信息。

① 路由表。每一个路由器(包括协调器)都包含一个路由表。设备在路由表中保存了数据包参与路由所需的信息。每一条路由表记录都包含目标地址、下一级节点和连接状态等信息。所有数据包都通过相邻的一级节点发送到目标地址。同样,为了回收路由表空间,可以终止路由表中的那些已经无用的路径记录。在文件 f8wConfig.cfg 中可配置路由表的大小,将 MAX_RTG_ENTRIES 设置为路

由表的大小(不能小于 4)。

② 路径寻找表。路径寻找表用来保存寻找过程中的临时信息。这些记录只是在路径寻找操作期间存在,一旦某个记录到期,它就可以被另一个路径寻找所使用。记录的个数决定了在一个网络中可以同时并发执行的路径寻找的最大个数,其值(MAX_RREQ_ENTRIES)可以在 f8wConfig.cfg 文件中配置。

5. 安全

为了保证一个 ZigBee 网络通信的保密性,防止重要数据被窃取,ZigBee 协议还可以采用 AES/CCM 安全算法,提供可选的安全功能。在一个安全的网络中,协调器可以允许或者不允许节点加入网络,也可以只允许一个设备在很短的时间窗口加入网络。例如,协调器上有一个 push 按键,在按键按下这个很短的时间窗口中,它允许任何设备加入网络,否则,所有的加入请求都被拒绝。

3.2.4 应用层

应用层主要包括应用支持子层(APS 层)和 ZigBee 设备对象(ZDO)。其中,APS 负责维护和绑定表、在绑定设备之间传送消息;而 ZDO 定义设备在网络中的角色,发起和响应绑定请求,在网络设备之间建立安全机制。

1. 绑定

绑定指的是两个节点在应用层上建立起来的一条逻辑链路。在同一个节点上可以建立多个绑定服务,分别对应不同种类的数据包。此外,绑定也允许有多个目标节点(一对多绑定)。

一旦在源节点上建立了绑定,其应用服务即可向目标节点发送数据,而不需指定目标地址[调用 zb_SendDataRequest( ),目标地址可用一个无效值 0xFFFE 代替]。这样,协议栈将会根据数据包的命令标识符,通过自身的绑定表查找到所对应的目标设备地址。

在绑定表的条目中,有时会有多个目标端点,这使得协议栈自动地重复发送数据包到绑定表指定的各个目标地址。同时,如果在编译目标文件时,编译选项 NV_RESTORE 被打开,协议栈将会把绑定条目保存在非易失性存储器里。因此,当意外重启(或者节点电池耗尽需要更换)等突发情况发生时,节点能自动恢复到掉电前的工作状态,而不需要用户重新设置绑定服务。

2. 配置文件

配置文件(profile)就是应用程序框架,它是由 ZigBee 技术开发商提供的,应用于特定的应用场合,是用户进行 ZigBee 技术开发的基础。当然,用户也可以使用专用工具建立自己的配置文件。配置文件是这样一种规范,它规定不同设备对消息帧的处理行为,使不同的设备之间可以通过发送命令、数据请求来实现互操作。

3. 端点

端点(endpoint)是一种网络通信中的数据通道,它是无线通信节点的一个通信部件。如果选择用“绑定”方式实现节点间的通信,那么可以直接面对端点操作,而不需要知道绑定的两个节点的地址信息。每个 ZigBee 设备支持 240 个这样的端点。端点的值和 IEEE 长地址、16 位网络短地址一样,是唯一确定的网络地址,通常结合绑定功能一起使用。它是 ZigBee 无线通信的一个重要参数。

4. 簇

间接通信是指各个节点通过端点的绑定建立通信关系,这种通信方式不需要知道目标节点的地址信息,包括 IEEE 地址或网络短地址,Z-Stack 底层将自动从栈的绑定表中查找目标设备的具体网络地址并将其发送出去。

直接通信不需要节点之间通过绑定建立联系,它使用网络短地址作为参数调用适当的 API 来实现通信。直接通信部分的关键点在于节点网络短地址的获得。在发送消息帧之前,必须知道要发送的目标节点的网络短地址。由于网络协调器的短地址是固定的 0X0000,因此可以很容易地把消息帧发送到协调器。其他网络节点的网络短地址是在它们加入网络中时由协调器动态分配的,与网络深度、最大路由数、最大节点数等参数有关,没有一个固定值。所以,要想知道目标节点的网络短地址还需要通过其他手段,可以采用通过目标节点的 IEEE 地址来查询网络短地址的方法。通常,ZigBee 节点的 IEEE 地址是固定的,它被写在节点的 EEPROM 中,作为 ZigBee 节点参数一般会被标示在节点上。所以,有了 IEEE 地址以后,可以通过部分网络 API 的调用,得到与之对应的网络短地址。

簇(cluster)是在着手建立配置文件时遇到的概念,它是一簇网络变量的集合。在同一个配置文件中,ClusterID(簇 ID)是唯一的。在直接通信和间接通信中都会用到这个概念。在间接通信中,建立绑定表时需要搞清楚簇的含义与属性。对于可以建立绑定关系的两个节点,其簇属性必须一个选择"输入",另一个选择"输出",而且 ClusterID 值相等,只有这样,才能建立绑定关系。而在直接通信中,常用 ClusterID 作为参数来将数据或命令发送到对应地址的簇上。

微课
OSAL 多任务分配机制

3.3 OSAL 多任务分配机制

OSAL(operating system abstraction layer,操作系统抽象层)表面上看是作为操作系统存在的,可是为什么要加上"抽象层"呢?它的本质是什么?在 Z-Stack 协议栈中,它又扮演了什么角色呢?要解答这些问题必须先从宏观入手,深入浅出,最后答案自然会浮现出来。

3.3.1 常用术语

在 ZigBee 协议栈中,OSAL 主要提供如下功能:① 任务注册、初始化和启动;② 任务间的同步、互斥;③ 中断处理;④ 存储器的分配和管理。本节先介绍与 OSAL 有关的常用术语。

1. 资源

任何任务所占用的实体都可以称为资源(resource),如一个变量、数组、结构体等。

2. 共享资源

至少可以被两个任务使用的资源称为共享资源(shared resource)。为了防止共享资源被破坏,每个任务在操作共享资源时,必须保证独占该资源。

3. 任务

一个任务(task)又称为一个线程,是一个简单程序的执行过程。单个任务中 CPU 完全是被该任务独占的。在任务设计时,需要将问题尽可能地分为多个任务,每个任务独立完成某种功能,同时被赋予一定的优先级,拥有自己的 CPU 寄存器和堆栈空间。一般将任务设计为一个无限循环。

知识链接

线程是程序中一个单一的顺序控制流程。在单个程序中同时运行多个线程完成不同的工作,称为多线程。线程和进程的区别在于子进程和父进程有不同的代码和数据空间,而多个线程则共享数据空间,每个线程有自己的执行堆栈和程序计数器为其执行上下文。多线程主要是为了节约 CPU 时间,并行处理,提高效率,其应用视具体情况而定。

4. 多任务运行

实际上,一个时间点只有一个任务在运行,但是 CPU 可以使用任务调度策略将多个任务进行调度,每个任务执行特定的时间,时间片到了以后,就进行任务切换。由于每个任务的执行时间都很短,因此任务切换比较频繁,就造成了多任务同时运行的假象。

5. 内核

在多任务系统中,内核(kernel)负责管理各个任务,主要职责包括为每个任务分配 CPU 时间、进行任务调度、负责任务间的通信。内核提供的基本的内核服务就是任务切换。使用内核可以大大简化应用系统的程序设计方法。借助内核提供的任务切换功能,可以将应用程序分为不同的任务来实现。

6. 互斥

多任务通信最简单、最常用的方法是使用共享数据结构。对于嵌入式系统而言,所有任务都在单一的地址空间下使用共享的数据结构,包括全局变量、指针、缓冲区等。虽然共享数据结构的方法简单,但是必须保证对共享数据结构的写操作具有唯一性,以避免晶振和数据不同步。

保护共享资源最常用的方法是:① 关中断;② 使用测试并置位指令(T&S 指令);③ 禁止任务切换;④ 使用信号量。其中,在 ZigBee 协议栈中,OSAL 经常使用的方法是关中断。

7. 消息队列

消息队列(message queue)用于任务间传递消息,通常包含任务间同步的消息。通过内核提供的服务、任务或者中断服务程序将一条消息放入消息队列,其他任务可以使用内核提供的服务从消息队列中获取属于自己的消息。为了降低传递消息的开支,通常传递指向消息的指针。

3.3.2 OSAL 简介

Z-Stack 是 TI 公司开发的 ZigBee 协议栈,经过 ZigBee 联盟认可而被全球众多开发商广泛采用,可帮助程序员方便地开发一套 ZigBee 系统。

TI 的 Z-Stack 协议栈基于一个最基本的轮转查询式操作系统,这个操作系统就是 OSAL。在 ZigBee 协议中,协议本身已经定义了大部分内容。在基于 ZigBee 协议的应用开发中,用户只需要实现应用程序框架即可。从图 3.3 可以看出,应用程序框架中包含了最多 240 个应用程序对象。如果将一个应用程序对象视为一个任务的话,那么应用程序框架将包含一个支持多任务的资源分配机制。于是 OSAL 便有了存在的必要性,它正是 Z-Stack 为了实现这样一个机制而存在的。

OSAL 是以实现多任务为核心的系统资源管理机制,所以 OSAL 与标准的操作系统有很大的区别。简单而言,OSAL 实现了类似操作系统的某些功能,但不能称之为真正意义上的操作系统。

一般情况下,用户只需额外添加三个文件就可以完成一个项目。第一个是主控文件,存放具体的任务事件处理函数(如 SampleApp_ProcessEvent 或 GenericApp_ProcessEvent);第二个是这个主控文件的头文件(如 SampleApp.h);第三个是操作系统接口文件(如 OSAL_SampleApp.c),主要存放任务数组 tasksArr [ ],任务数组的具体内容为每个任务相应的处理函数指针。

通过这种方式,Z-Stack 就实现了绝大部分代码的公用,用户只需要添加这几个文件,编写自己的任务处理函数就可以了,无须改动 Z-Stack 核心代码,大大增加了项目的通用性和易移植性。

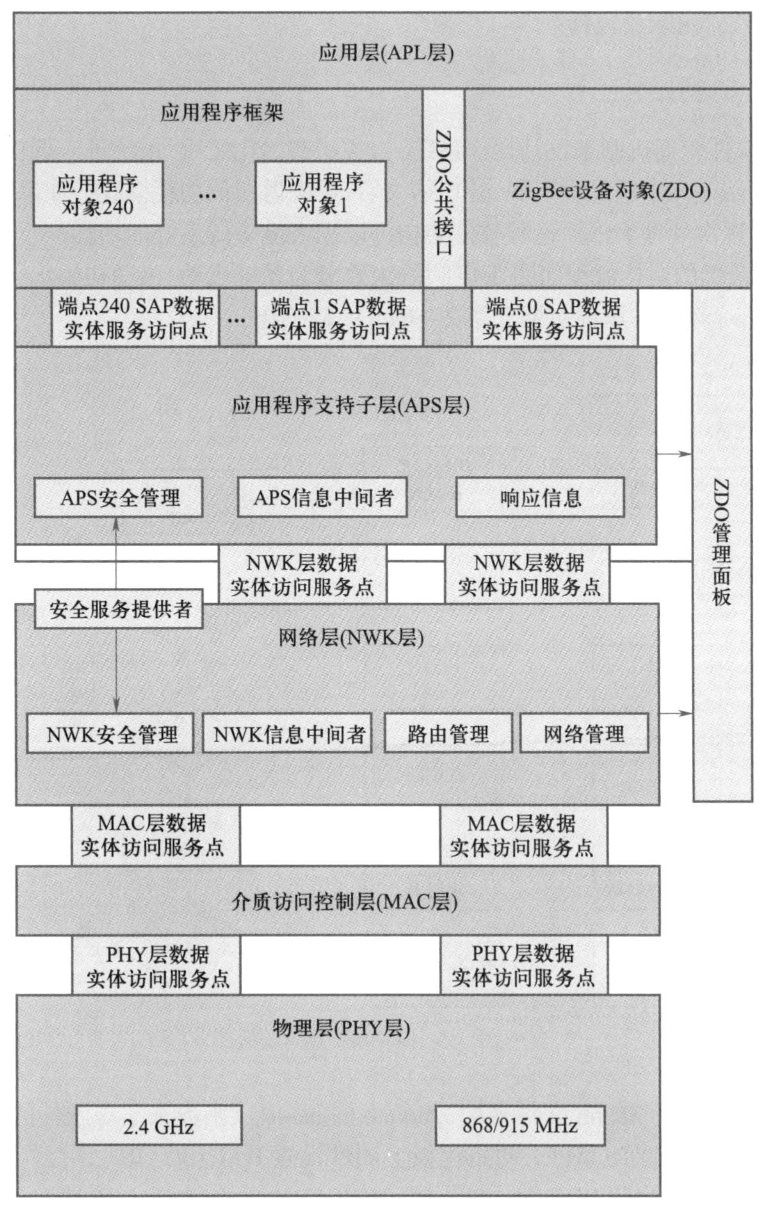

图 3.3 ZigBee 协议的结构

知识链接

OSAL 实现了类似操作系统的某些功能(如任务切换、内存管理等),但它并不能称为真正意义上的操作系统,其实质就是一种支持多任务运行的系统资源分配机制。

图 3.3 中的 SAP 是某一特定层提供的服务与上层之间的接口。大多数层有数据实体接口和管理实体接口两个接口。其中数据实体接口的目标是向上层提供所需的常规数据服务,管理实体接口的目标是向上层提供访问内部层的参数、配置和管理数据服务。

物理层和介质访问控制层均属于 IEEE 802.15.4 标准,而 IEEE 802.15.4 标准与网络层 / 安全层、应用层一起，构成了 ZigBee 协议栈。

3.3.3 Z-Stack 的初始化

Z-Stack 采用事件轮询机制来设计操作系统，当各层初始化之后，系统进入低功耗模式，当事件发生时，唤醒系统，开始进入中断处理事件，处理结束后，系统返回低功耗模式。如果同时有几个事件发生，则判断优先级，逐次处理事件。这种软件架构可以极大地降低系统的功耗。

整个 Z-Stack 系统的运行流程如图 3.4 所示，大致分为系统启动、驱动初始化、OSAL 初始化和启动、进入任务轮询几个阶段。下面主要介绍 Z-Stack 的初始化。

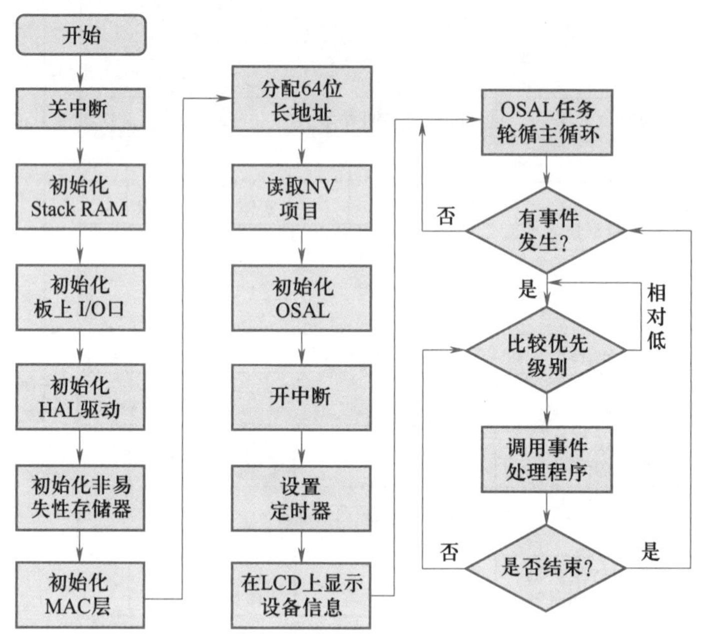

图 3.4 Z-Stack 系统运行流程

系统上电后，通过执行 ZMain 文件夹中 ZMain.c 的 main( )函数来实现硬件的初始化，其中包括关总中断 osal_int_disable(INTS_ALL)、初始化板上硬件设置 HAL_BOARD_INIT( )、检查工作电压状态 zmain_vdd_check( )、初始化 I/O 口 InitBoard(OB_COLD)、初始化 HAL 驱动 HalDriverInit( )、初始化非易失性存储器(NV)osal_nv_init(NULL)、初始化 MAC 层 ZMacInit( )、分配 64 位地址 zmain_ext_addr( )、初始化 Z-Stack 的全局变量并初始化必要的 NV 项目 zgInit( )、初始化操作系统 osal_init_system( )、使能全局中断 osal_int_enable(INTS_ALL)、初始化后续硬件 InitBoard(OB_READY)、显示必要的硬件信息 zmain_dev_info( )、进入操作系统调度 osal_start_system( )等。

硬件初始化需要根据 HAL 文件夹中的 hal_board_cfg.h 文件配置寄存器 8051 的值。Z-Stack 的配置针对的是 TI 官方的开发板 CC2530DB 等，如采用其他开发板，则需根据原理图设计改变 hal_board_cfg.h 文件的配置。

3.4 OSAL 的运行机制

弄明白了OSAL是何方神圣，接下来深入Z-Stack，进一步研究OSAL。为了方便，下面使用Z-Stack所提供的SampleApp例程来进行分析。在此例程的默认路径“C:\Texas Instruments\ZStack-CC2530-2.3.0-1.4.0\Projects\zstack\Samples\SampleApp\CC2530DB”下找到SampleApp.eww文件并用IAR软件打开。

在IAR窗口右侧的Workspace窗格中打开App文件夹，可以看到5个文件，分别是SampleApp.c、SampleApp.h、OSAL_SampleApp.c、SampleAppHw.c和SampleAppHw.h。整个程序所实现的功能都在这5个文件当中。

打开文件SampleApp.c，首先看到的是两个比较重要的函数SampleApp_Init和SampleApp_ProcessEvent。从函数名称上很容易得到的信息便是SampleApp_Init是任务的初始化函数，而SampleApp_ProcessEvent则负责处理传递给此任务的事件。浏览函数SampleApp_ProcessEvent可以发现，此函数的主要功能是判断由参数传递的事件类型，然后执行相应的事件处理函数。

Z-Stack初始化完成后，执行osal_start_system( )函数开始运行OSAL系统。该任务调度函数按照优先级检测各个任务是否就绪。如果存在就绪的任务，则调用tasksArr[ ]中相对应的任务事件处理函数去处理该任务对应的事件，直到执行完所有就绪的任务。如果任务列表中没有就绪的任务，则可以使处理器进入睡眠状态实现低功耗。OSAL任务调度流程如图3.5所示。osal_start_system( )一旦执行，将不再返回main( )函数。

由此推断Z-Stack应用程序的运行机制如图3.6所示。

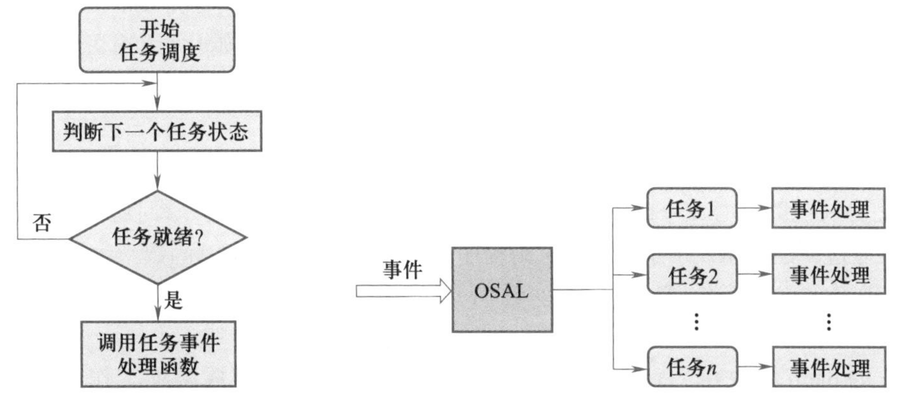

图3.5 OSAL任务调度流程　　图3.6 Z-Stack应用程序的运行机制

那么，事件和任务的事件处理函数究竟是如何联系的呢？ZigBee协议栈采用的方法是，先建立一个事件表，保存各个任务对应的事件，再建立另一个函数表，保存各个事件处理函数的地址，然后将这两张表建立某种对应关系，当某一事件发生时查找函数表即可。

OSAL用什么样的数据结构来实现事件表和函数表呢？如何将事件表和函数表建立对应关系呢？OSAL通过tasksEvents指针访问事件表的每一项，如果有事件发生，就查找函数表，找到事件处理函数进行处理，处理完后，继续访问事件表，查看是否有事件发生，无限循环。

在ZigBee协议栈中，三个关键变量的数据结构具体如下。

① tasksCnt。该变量保存了任务数，其声明为 const uint8 tasksCnt，其中 uint8 的定义为 typedef unsigned char uint8。tasksCnt 变量在 OSAL_SampleApp.c 文件中进行定义。

② tasksEvents。该变量是一个指针，指向事件表的首地址，其声明为 uint16 *tasksEvents，其中 uint16 的定义为 typedef unsigned short uint16。tasksEvents [ ]是一个指针数组，在 OSAL_SampleApp.c 文件中进行定义。

③ tasksArr。该变量是一个数组，该数组的每一项都是一个函数指针，指向事件处理函数，其声明为 pTaskEventHandlerFn tasksArr [ ]，其中 pTaskEventHandlerFn 的定义为 typedef unsigned short (*pTaskEventHandlerFn)(unsigned char task_id, unsigned short event)。pTaskEventHandlerFn 变量在 OSAL_Tasks.h 文件中进行定义。

知识链接

OSAL 中最大任务数为 9，最大事件数为 16，具体如下：

const uint8 tasksCnt = sizeof(tasksArr)/sizeof(tasksArr [0]); // 最大任务数为 9

uint16 *tasksEvents;// 最大事件数为 16

OSAL 是一种基于事件驱动的轮询式操作系统，事件驱动是指发生事件后采取相应的事件处理方法，轮询是指不断地查看是否有事件发生。OSAL 调度机制如下。

① 入口程序为 Zmain.c。

② 执行 main( )主函数。

③ 执行任务调度初始化函数 osal_init_system( )。

④ 默认启动 osalInitTasks( )函数，最多 9 个任务，添加到队列，序号为 0~8。

⑤ 通过调用 SampleApp_Init( )函数实现用户自定义任务的初始化(用户可根据项目需要修改该函数)。

3.4.1 OSAL 任务启动和初始化

OSAL 是协议栈的核心，Z-Stack 的任何一个子系统都作为 OSAL 的一个任务，因此在开发应用层的时候，必须通过创建 OSAL 任务来运行应用程序。通过 osalInitTasks( )函数来创建 OSAL 任务，其中的参数 TaskID 为每个任务的唯一标识号。任何 OSAL 任务的工作必须分为两步：一是进行任务初始化；二是处理任务事件。

Z-Stack 的 main 函数在 Zmain.c 文件中，总体上来说，它主要完成两项工作：一是系统初始化，即由启动代码来初始化硬件系统和软件架构需要的各个模块；二是开始执行操作系统实体，如图 3.7 所示。

ZMain.c 函数布局如图 3.8 所示。系统启动代码需要完成初始化硬件平台和软件架构所需要的各个模块，为操作系统的运行做好准备工作，主要分为关闭所有中断、初始化系统时钟、检测芯片电压是否正常、初始化堆栈、初始化 LED、配置系统定时器、初始化芯片各个硬件模块、初始化 Flash 存储器、形成 MAC 地址、初始化非易失变量、初始化 MAC 层、初始化应用框架层、初始化操作系统、使能全部中断、执行操作系统等十多个部分，其具体流程图和主要函数如图 3.9 所示。

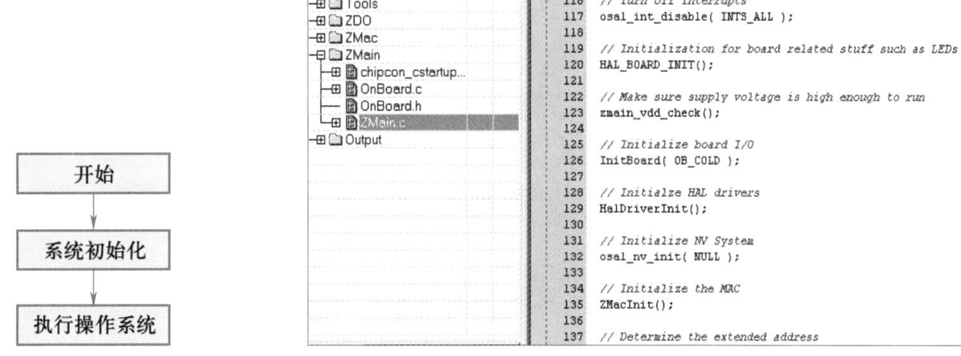

图 3.7　协议栈主流程

图 3.8　ZMain.c 函数布局

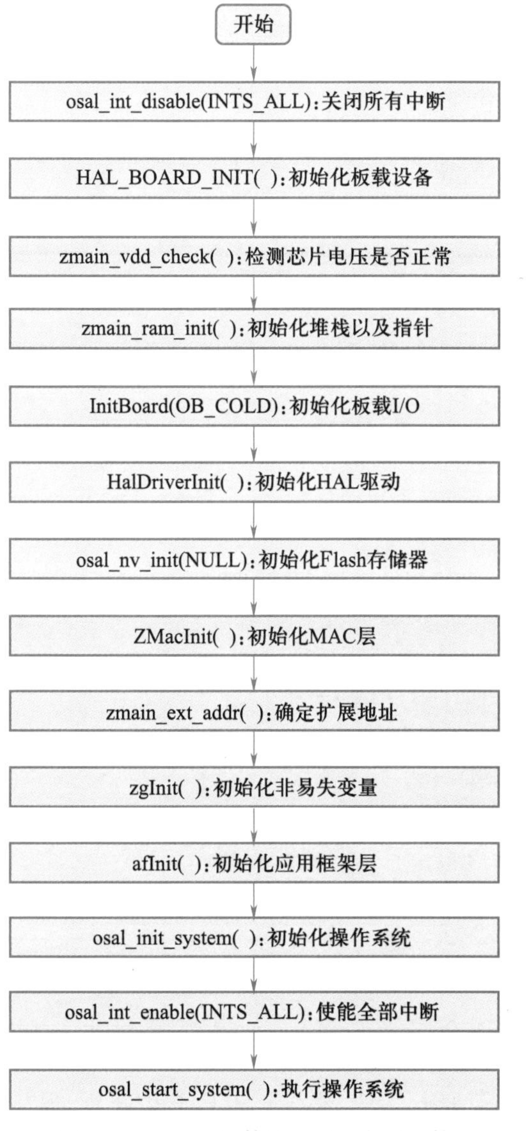

图 3.9　Zmain.c 具体流程图和主要函数

其代码如下：

```
int main(void)
{
  //Turn off interrupts
  osal_int_disable(INTS_ALL);
  //Initialization for board related stuff such as LEDs
  HAL_BOARD_INIT();
  //Make sure supply voltage is high enough to run
  zmain_vdd_check();
  //Initialize board I/O
  InitBoard(OB_COLD);
  //Initialze HAL drivers
  HalDriverInit();
  //Initialize NV System
  osal_nv_init(NULL);
  //Initialize the MAC
  ZMacInit();
  //Determine the extended address
  zmain_ext_addr();
  //Initialize basic NV items
  zgInit();
#ifndef NONWK
  //Since the AF isn't a task,call it's initialization routine
  afInit();
#endif
  //Initialize the operating system
  osal_init_system();
  //Allow interrupts
  osal_int_enable(INTS_ALL);
  //Final board initialization
  InitBoard(OB_READY);
  //Display information about this device
  zmain_dev_info();
  /*Display the device info on the LCD*/
#ifdef LCD_SUPPORTED
  zmain_lcd_init();
#endif
#ifdef WDT_IN_PM1
  /*If WDT is used,this is a good place to enable it.*/
  WatchDogEnable(WDTIMX);
```

```
#endif
  osal_start_system();//No Return from here
   return 0;  //Shouldn't get here
}//main()
```

任务初始化的主要步骤如下。

① 初始化应用服务变量。const pTaskEventHandlerFn tasksArr [ ]数组定义系统提供的应用服务和用户服务变量,如 MAC 层服务 macEventLoop、用户服务 SampleApp_ProcessEvent 等。

② 分配任务 ID 和分配堆栈内存。void osalInitTasks(void)的主要功能是通过调用 osal_mem_alloc( )函数给各个任务分配内存空间和给各个已定义任务指定唯一的标识号。

③ 在 AF 层注册应用对象。通过填入 endPointDesc_t 数据格式的 EndPoint 变量,调用 afRegister( )在 AF 层注册 EndPoint 应用对象。

通过在 AF 层注册应用对象的信息,告知系统 afAddrType_t 地址类型数据包的路由端点,例如用于发送周期信息的 SampleApp_Periodic_DstAddr 和发送 LED 闪烁指令的 SampleApp_Flash_DstAddr。

④ 注册相应的 OSAL 或者 HAL 系统服务。在协议栈中,Z-Stack 提供键盘响应和串口活动响应两种系统服务,但是任何 Z-Stask 任务均不自行注册系统服务,两者均需要由用户应用程序注册。值得注意的是,有且仅有一个 OSAL 任务可以注册服务。例如,注册键盘活动响应可调用 RegisterForKeys( )函数。

⑤ 处理任务事件。处理任务事件通过创建"ApplicationName"_ProcessEvent( )函数处理。一个 OSAL 任务可以响应 16 个事件,除了协议栈默认的强制事件(mandatory event)之外还可以再定义 15 个事件。

SYS_EVENT_MSG(0x8000)是强制事件。该事件主要用来发送全局的系统信息,具体如下。

- AF_DATA_CONFIRM_CMD:该信息用来指示通过唤醒 AF_DataRequest( )函数发送的数据请求信息的情况。ZSuccess 确认数据请求成功发送。如果数据请求是通过 AF_ACK_REQUEST 置位实现的,那么 ZSuccess 可以确认数据正确地到达目的地。否则,ZSuccess 仅能确认数据成功地传输到了下一个路由。
- AF_INCOMING_MSG_CMD:用来指示接收到的 AF 信息。
- KEY_CHANGE:用来确认按键动作。
- ZDO_NEW_DSTADDR:用来指示自动匹配请求。
- ZDO_STATE_CHANGE:用来指示网络状态的变化。

3.4.2 OSAL 任务执行

启动代码为操作系统的执行做好准备工作后,就开始执行操作系统入口程序,并由此彻底将控制权移交给操作系统,完成新老更替。

其实,操作系统实体只有一行代码:

```
osal_start_system();// 运行系统 [OSAL.c], 进入系统调度,无返回
```

可以看到这行代码的注释,本函数不会返回,也就是说它是一个死循环,永远不可能执行完,即操作系统从启动代码接到程序的控制权之后,就不会将权力释放。这个函数就是轮转查询式操作系

统的主体部分，它所做的工作就是不断地查询每个任务中是否有事件发生，如果有事件发生，就执行相应的函数；如果没有事件发生，就查询下一个任务。

osal_start_system( )函数的主体部分代码如下：

```
void osal_start_system(void)// 此函数是任务系统的主循环函数，它将轮询所有任务事件然后调用相关的任务处理函数，没有任务时将进入休眠状态
{
#if !defined(ZBIT) && !defined(UBIT)
  For(;;)  //Forever Loop
#endif
  {
    uint8 idx = 0;
    osalTimeUpdate();
    Hal_ProcessPoll();  //This replaces MT_SerialPoll()and osal_check_timer()

    do{
      if(tasksEvents[idx])  //Task is highest priority that is ready
      {
        break;
      }
    }while(++idx < tasksCnt);
    if(idx < tasksCnt)
    {
      uint16 events;
      halIntState_t intState;
      HAL_ENTER_CRITICAL_SECTION(intState);
      events = tasksEvents[idx];
      tasksEvents[idx]= 0;  //Clear the Events for this task
      HAL_EXIT_CRITICAL_SECTION(intState);
      events =(tasksArr[idx])(idx,events);
      HAL_ENTER_CRITICAL_SECTION(intState);
      tasksEvents[idx]|= events;
      //Add back unprocessed events to the current task
      HAL_EXIT_CRITICAL_SECTION(intState);
    }
#if defined(POWER_SAVING)
    else  //Complete pass through all task events with no activity
    {
      osal_pwrmgr_powerconserve();//Put the processor/system into sleep
    }
#endif
  }
}
```

操作系统专门分配了存放所有任务事件的 tasksEvents [ ]数组,每一单元对应存放着每一个任务的所有事件。在 osal_start_system 函数中,首先通过一个 do-while 循环来遍历 tasksEvents [ ],找到第一个具有事件的任务(即具有待处理事件的优先级最高的任务,因为序号低的任务优先级高),然后跳出循环。此时就得到了具有待处理事件的最高优先级的任务序号 idx,通过 events=tasksEvents[idx]语句,将当前具有最高优先级的任务的事件取出,接着调用(tasksArr [idx])(idx,events)函数来执行具体的处理函数。tasksArr [ ]是一个函数指针数组,根据不同的 idx 就可以执行不同的函数。

事件表和函数表的关系如图 3.10 所示。

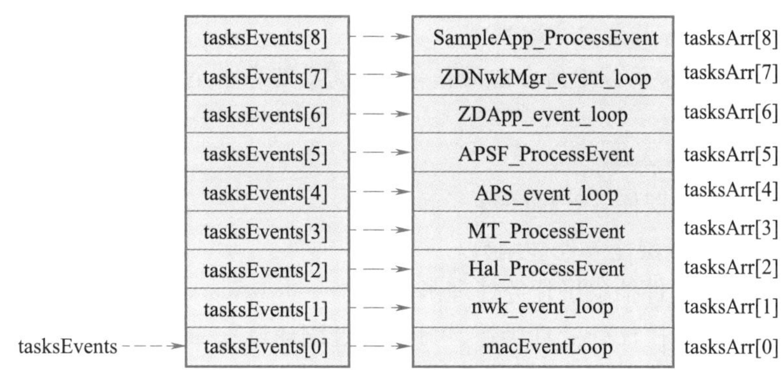

图 3.10 事件表和函数表的关系

下面介绍 tasksArr 和 tasksEvents(位于 OSAL_SampleApp.c 文件中),具体如下:

```
const pTaskEventHandlerFn tasksArr[]={
  macEventLoop,
  nwk_event_loop,
  Hal_ProcessEvent,
#if defined(MT_TASK)
  MT_ProcessEvent,
#endif
  APS_event_loop,
#if defined(ZIGBEE_FRAGMENTATION)
  APSF_ProcessEvent,
#endif
  ZDApp_event_loop,
#if defined(ZIGBEE_FREQ_AGILITY) || defined(ZIGBEE_PANID_CONFLICT)
  ZDNwkMgr_event_loop,
#endif
  SampleApp_ProcessEvent,
};
const uint8 tasksCnt = sizeof(tasksArr)/sizeof(tasksArr[0]);
uint16 *tasksEvents;
```

tasksArr 这个数组里存放了所有任务的事件处理函数的地址,在这里事件处理函数就代表了任务本身,也就是说事件处理函数标识了与其对应的任务。tasksCnt 这个变量保存了当前的任务个数,最大任务数为 9。

tasksEvents 是一个指向数组的指针，此数组保存了当前任务的状态。OSAL 每个任务可以有 16 个事件，其中 SYS_EVENT_MSG 定义为 0x8000，为系统事件，用户可以定义剩余的 15 个事件。

知识链接

tasksEvents [ ]和 tasksArr [ ]是一一对应的，tasksArr [ ]中的第 i 个事件处理函数对应于 tasksEvents 中的第 i 个任务的事件，只有这样才能保证每个任务的事件处理函数能够接收到正确的任务 ID（在 osalInitTasks 函数中分配）。

为了保存 osalInitTasks 函数中所分配的任务 ID，需要给每一个任务定义一个全局变量。

任务处理函数具体如下：

- macEventLoop：MAC 层任务处理函数。
- nwk_event_loop：网络层任务处理函数。
- Hal_ProcessEvent：硬件抽象层任务处理函数。
- MT_ProcessEvent：监控任务处理函数，可选（通过编译选项 MT_TASK 来决定是否编译该任务处理函数，一般情况下该功能通过串行端口通信来实现）。
- APS_event_loop：应用支持子层任务处理函数，无须修改。
- APSF_ProcessEvent：应用支持子层消息分割任务处理函数（通过编译选项 ZIGBEE_FRAGMENTATION 来决定是否启动 ZigBee 消息分割功能）。
- ZDApp_event_loop：ZigBee 设备应用层任务处理函数，可以根据需要修改。
- ZDNwkMgr_event_loop：网络管理层任务处理函数（通过编译选项 ZIGBEE_FREQ_AGILITY 或 ZIGBEE_PANID_CONFLICT 来实现该功能）。
- SampleApp_ProcessEvent：用户应用层任务处理函数，用户自行编写。

如果不算调试任务，操作系统一共要处理 6 项任务，分别为 MAC 层任务、网络层任务、硬件抽象层任务、应用支持子层任务、ZigBee 设备应用层任务以及用户应用层任务，其优先级由高到低。MAC 层任务具有最高优先级，用户应用层任务具有最低优先级。Z-Stack 中已经编写了从 MAC 层任务到 ZigBee 设备应用层任务这 5 层任务的事件处理函数，一般情况下不需要修改这些函数，只需要按照自己的需求编写用户应用层任务及事件处理函数即可。

Z-Stack 的协议栈架构及操作系统实体如图 3.11 所示。

TI 的 Z-Stack 中给出了几个例子来演示 Z-Stack 协议栈，每个例子对应一个项目。对于不同的项目来说，大部分代码都是相同的，只是在用户应用层添加了不同的任务及事件处理函数。

3.4.3 OSAL 的事件传递机制

OSAL 的事件传递机制

在试图弄清楚 OSAL 的事件传递机制之前，需要先弄清楚另外一个十分基础但重要的问题：消息、事件、任务之间到底存在什么样的关系？

事件是驱动任务去执行某些操作的条件，当系统中产生了一个事件，OSAL 将这个事件传递给相应的任务后，任务才能执行一个相应的操作（调用事件处理函数去处理）。

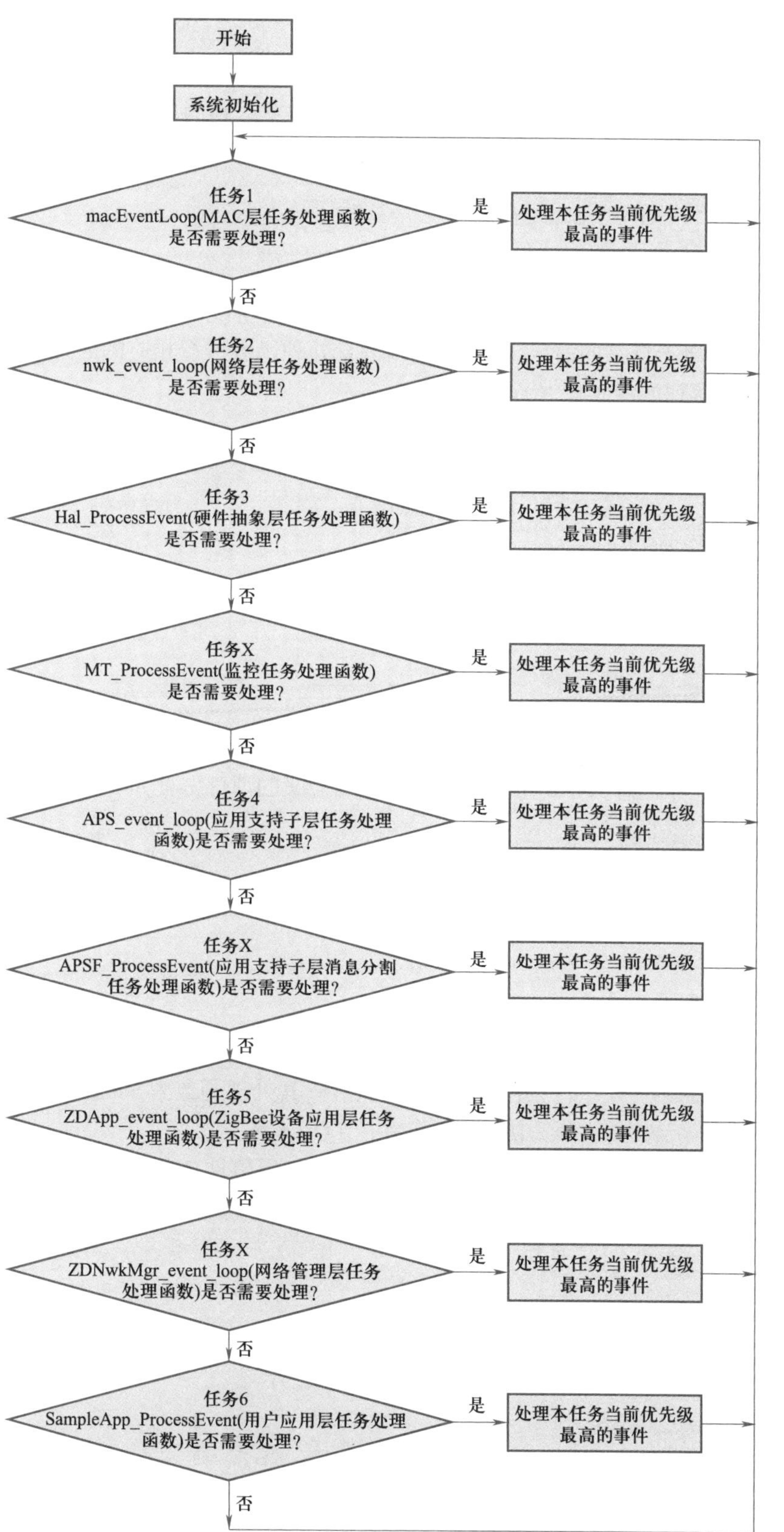

图 3.11　Z-Stack 的协议栈架构及操作系统实体

通常某些事件发生后,又伴随着一些附加消息的产生。例如,从天线接收到数据后,会产生 AF_INCOMING_MSG_CMD 消息,但是任务的事件处理函数在处理这个事件的时候,还需要获得所接收到的数据。

因此,这就需要将事件和数据封装成一个消息,将消息发送到消息队列,然后在事件处理函数中就可以使用 osal_msg_receive( )函数从消息队列中得到该消息,即:

```
MSGpkt=(afIncomingMSGPacket_t *)osal_msg_receive(SampleicApp_
TaskID);
```

OSAL 维护了一个消息队列,每一个消息都会被放到这个消息队列中,当任务接收到事件后,可以从消息队列中获取属于自己的消息,然后再调用消息处理函数进行相应的处理。

OSAL 中的消息队列如图 3.12 所示。

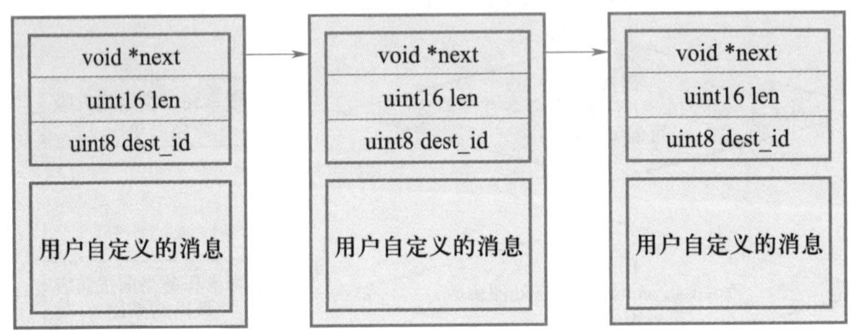

图 3.12 OSAL 中的消息队列

每个消息都包含一个消息头 osal_msg_hdr_t 和用户自定义的消息,osal_msg_hdr_t 结构体的定义如下:

```
typedef struct
{
    void  *next;
    uint16  len;
    uint8  dest_id;
}osal_msg_hdr_t;
```

进入事件轮询后的第一个事件是网络状态变化事件,其处理函数为 SampleApp_ProcessEvent( )。网络状态变化事件与节点功能(分为协调器、路由 / 节点)有一定关联。

① 协调器:从没有网络到组建起网络,触发网络状态变更事件 ZDO_STATE_CHANGE。

② 路由 / 节点:从没有接入网络到接入网络,触发网络状态变更事件 ZDO_STATE_CHANGE。

ZDO_STATE_CHANGE 的处理方法如下:

```
case ZDO_STATE_CHANGE:
SampleApp_NwkState =(devStates_t)(MSGpkt->hdr.status);
if((SampleApp_NwkState == DEV_ZB_COORD)
 ||(SampleApp_NwkState == DEV_ROUTER)
 ||(SampleApp_NwkState == DEV_END_DEVICE)
    {
     //Start sending the periodic message in a regular interval
```

系统默认启动第 2 个事件 SAMPLEAPP_SEND_PERIODIC_MSG_EVT，具体如下：

```
    osal_start_timerEx(SampleApp_TaskID,
    SAMPLEAPP_SEND_PERIODIC_MSG_EVT,
    SAMPLEAPP_SEND_PERIODIC_MSG_TIMEOUT);  //5s 定时事件
     }
     else
      {
       //Device is no longer in the network
         }
         break;
```

事件处理函数为 SampleApp_ProcessEvent( )，处理方法如下：

```
 //定时事件处理功能
 if(events & SAMPLEAPP_SEND_PERIODIC_MSG_EVT)
 //匹配成功 SAMPLEAPP_SEND_PERIODIC_MSG_EVT 事件
   {
      //Send the periodic message
      SampleApp_SendPeriodicMessage();//定时事件具体处理函数
      /*Setup to send message again in normal period(+ a little jitter)
默认启动下一个事件 SAMPLEAPP_SEND_PERIODIC_MSG_EVT*/
      osal_start_timerEx(SampleApp_TaskID,SAMPLEAPP_SEND_PERIODIC_MSG_EVT,
(SAMPLEAPP_SEND_PERIODIC_MSG_TIMEOUT +(osal_rand()&0x00FF)));
      //return unprocessed events
      return(events ^ SAMPLEAPP_SEND_PERIODIC_MSG_EVT);
   }
```

3.4.4 OSAL 新任务添加

在 Z-Stack 中，对于每个用户自己新建立的任务，通常需要两个相关的处理函数，具体如下。

① 新任务的初始化函数。例如 SampleApp_Init( )，这个函数是在 osalInitTasks( )函数中调用的，其目的就是对用户自己写的任务中的一些变量、网络模式、网络终端类型等进行初始化，并且自动给每个任务分配一个 ID。

② 新任务的事件处理函数。例如 SampleApp_ProcessEvent( )，这个函数是首先在 const TaskEventHandlerFntasksArr [ ]中进行设置，然后在 osalInitTasks( )中如果发生事件就进行调用绑定的事件处理函数。

下面分三个部分进行分析。

1. 用户自己设计的任务代码在 Z-Stack 中的调用过程

① 执行 main( )主函数（在 ZMain.c 文件中），再执行 osal_init_system( )函数。

② 在 osal_init_system( )函数中调用 osalInitTasks( )函数（在 OSAL.c 文件中）。

③ 在 osalInitTasks( )函数中调用 SampleApp_Init( )函数（在 OSAL_SampleApp.c 文件中）。

在 osalInitTasks( )函数中实现了多个任务初始化的设置,其中 macTaskInit(taskID++)到 ZDApp_Init(taskID++)的几行代码表示对于几个系统运行初始化任务的调用,而用户自己实现的 SampleApp_Init( )函数在最后,这里随着任务的增加,taskID 也随之递增。所以,用户自己实现的任务的初始化操作应该在 osalInitTasks( )函数中增加。osalInitTasks( )函数具体如下:

```
void osalInitTasks(void)
{
  uint8 taskID = 0;
  tasksEvents =(uint16 *)osal_mem_alloc(sizeof(uint16) *tasksCnt);
  osal_memset(tasksEvents,0,(sizeof(uint16) *tasksCnt));
  macTaskInit(taskID++);
  nwk_init(taskID++);
  Hal_Init(taskID++);
#if defined(MT_TASK)
  MT_TaskInit(taskID++);
#endif
  APS_Init(taskID++);
#if defined(ZIGBEE_FRAGMENTATION)
  APSF_Init(taskID++);
#endif
  ZDApp_Init(taskID++);
#if defined(ZIGBEE_FREQ_AGILITY) || defined(ZIGBEE_PANID_CONFLICT)
  ZDNwkMgr_Init(taskID++);
#endif
  SampleApp_Init(taskID++);//用户自己需要增加的任务在 SampleApp_Init() 添加
  NewProcessApp_Init(taskID++);// 新增加的用户任务 1 的初始化函数
  NewProcess2App_Init(taskID);// 新增加的用户任务 2 的初始化函数
}
```

2. 任务处理调用的重要数据结构

这里要解释一下,在 Z-Stack 里,对于同一个任务可能有多种事件发生,需要执行不同的事件处理。为了方便,将每个任务的事件处理函数都统一在一个事件处理函数中实现,根据任务的 ID 号(task_id)和该任务的具体事件(events)调用某个任务的总事件处理函数,进入到该任务的总事件处理函数之后,再根据 events 来判别发生的是该任务的哪一种事件,进而执行相应的事件处理函数。pTaskEventHandlerFn 是一个指向函数(事件处理函数)的指针数组,这里实现的每一个数组元素各对应于一个任务的事件处理函数,比如 SampleApp_ProcessEvent 对应于用户自行实现的事件处理函数 uint16 SampleApp_ProcessEvent(uint8 task_id,uint16 events),因此,如果用户实现了一个任务,还需要添加该任务的事件处理函数,具体如下:

```
const pTaskEventHandlerFn tasksArr [ ]={
  macEventLoop,
```

```
  nwk_event_loop,
  Hal_ProcessEvent,
#if defined(MT_TASK)
  MT_ProcessEvent,
#endif
  APS_event_loop,
#if defined(ZIGBEE_FRAGMENTATION)
  APSF_ProcessEvent,
#endif
  ZDApp_event_loop,
#if defined(ZIGBEE_FREQ_AGILITY) || defined(ZIGBEE_PANID_CONFLICT)
  ZDNwkMgr_event_loop,
#endif
  SampleApp_ProcessEvent,
  NewProcessApp_ProcessEvent,// 新增第 1 个任务处理函数
  NewProcess2App_ProcessEvent,// 新增第 2 个任务处理函数
};
```

3. 对于不同事件发生后的任务处理函数的调用

osal_start_system( )函数用于决定当某个任务的事件发生后调用对应的哪个事件处理函数。

调用第 idx 个任务的事件处理函数,用 events 说明是什么事件,具体如下:

```
events =(tasksArr[idx])(idx,events);
```

用户自定义功能在 NewProcessApp.c 文件中利用 NewProcessApp_ProcessEvent( )函数实现,其程序代码如下:

```
uint16 NewProcessApp_ProcessEvent(uint8 task_id,uint16 events)
{
  afIncomingMSGPacket_t *MSGpkt;
  (void)task_id;  //Intentionally unreferenced parameter
  if(events&SYS_EVENT_MSG)
  {
   MSGpkt=(afIncomingMSGPacket_t *)osal_msg_receive
(NewProcessApp_TaskID);
     while(MSGpkt)
     {
       switch(MSGpkt->hdr.event)
       {
         //Received when a key is pressed
         case KEY_CHANGE:
          NewProcessApp_HandleKeys(((keyChange_t *)MSGpkt)->state,
```

```
((keyChange_t *)MSGpkt)->keys);
              break;
              //Received when a messages is received (OTA) for this endpoint

            case AF_INCOMING_MSG_CMD:
              NewProcessApp_MessageMSGCB(MSGpkt);
              break;
              //Received whenever the device changes state in the network
            case ZDO_STATE_CHANGE:
              NewProcessApp_NwkState=(devStates_t)(MSGpkt->hdr.status);
              if((NewProcessApp_NwkState == DEV_ZB_COORD)
                ||(NewProcessApp_NwkState == DEV_ROUTER)
                ||(NewProcessApp_NwkState == DEV_END_DEVICE))
              {
                //Start sending the periodic message in a regular interval.
               osal_start_timerEx(NewProcessApp_TaskID,
                                  NEWAPP_SEND_PERIODIC_MSG_EVT,
                                  NEWAPP_SEND_PERIODIC_MSG_
                                  TIMEOUT);

              }
              else
              {
                //Device is no longer in the network
              }
              break;

              default:
              break;
            }
             //Release the memory
             osal_msg_deallocate((uint8 *)MSGpkt);

             //Next-if one is available
             MSGpkt=(afIncomingMSGPacket_t *)osal_msg_receive
(NewProcessApp_TaskID);
              }

              //return unprocessed events
              return(events ^ SYS_EVENT_MSG);
            }
           //Send a message out-This event is generated by a timer
```

```
        // (setup in NewProcessApp_Init()).
        if(events&NEWAPP_SEND_PERIODIC_MSG_EVT)
        {
          //Send the periodic message
          NewProcessApp_SendPeriodicMessage();
          HalLedSet(HAL_LED_1,HAL_LED_MODE_TOGGLE);
          //HalLedBlink(HAL_LED_1,4,50,100);
          //Setup to send message again in normal period(+ a little jitter)
          osal_start_timerEx(NewProcessApp_TaskID,NEWAPP_SEND_
PERIODIC_MSG_EVT,(NEWAPP_SEND_PERIODIC_MSG_TIMEOUT +(osal_rand()&0x00FF)));

          //return unprocessed events
          return(events ^ NEWAPP_SEND_PERIODIC_MSG_EVT);
        }

      //Discard unknown events
      return 0;
    }
```

用户自定义功能与利用 NewProcess2App_ProcessEvent( )函数实现程序代码类似。

注意:需要在 NewProcessApp.h 文件中添加新增函数声明,具体如下:

```
  extern void NewProcessApp_Init(uint8 task_id);
  extern UINT16 NewProcessApp_ProcessEvent(uint8 task_id,uint16
events);
```

需要在 OSAL_SampleApp.c 文件中添加新增函数声明,具体如下:

```
  #include "NewProcessApp.h"
  #include "NewProcess2App.h"
```

在 NEWProcessApp.c 文件中的 void NewApp_Init(uint8 task_id)函数末尾添加以下 LED 灯初始化代码:

```
  HalLedInit();
  HalLedSet(HAL_LED_1,HAL_LED_MODE_ON);
  osal_start_timerEx(NewApp_TaskID,NEWAPP_SEND_PERIODIC_MSG_
EVT,NEWAPP_SEND_PERIODIC_MSG_TIMEOUT);
```

3.4.5 事件的捕获

关于事件的捕获,直观来说,就是 tasksEvents 数组中的元素被设定为非零数来表示有事件需要处理。为了详细地说明这个过程,下面以 SampleApp 例程中响应按键的过程为例。其他的事件虽然稍有差别,却大同小异。

按键在应用中属于硬件资源,OSAL 会提供使用和管理硬件资源的服务。前面介绍的 tasksArr 数组中保存了所有任务的事件处理函数,其中与硬件资源相关的就是 Hal_ProcessEvent。HAL(hardware abstraction layer)即硬件抽象层。Z-Stack 的硬件抽象层与 ZigBee 的物理层不同,Z-Stack 的硬件抽象层包含当前硬件电路上所有对于系统可用的设备资源;而 ZigBee 的物理层则是针对无线通信而言的,它所包含的仅限于无线通信的硬件设备。

在"HAL\Common\hal_drivers.c"文件中,可以找到 Hal_ProcessEvent 这个事件处理函数,下面直接分析其中与按键有关的部分,具体如下:

```
{
    if(events&HAL_KEY_EVENT)
{
#if(defined HAL_KEY)&&(HAL_KEY==TRUE)
/*Check for keys*/
HalKeyPoll();
/*if interrupt disabled,do next polling*/
if(!Hal_KeyIntEnable)
{
osal_start_timerEx(Hal_TaskID,HAL_KEY_EVENT,100);
 }
#endif//HAL_Key
Return events ^HAL_KEY_EVENT;
}
}
```

当事件处理函数接收到 HAL_KEY_EVENT 事件后,首先执行 HalKeyPoll( )函数。由于这个例程采用查询的方法获取,所以禁止中断,于是表达式(!Hal_KeyIntEnable)的值为真,osal_start_timerEx(Hal_TaskID,HAL_KEY_EVENT,100)函数被执行。该函数的功能是经过 100 ms 后,向 Hal_TaskID 所标示的任务(也就是其本身)发送一个 HAL_KEY_EVENT 事件。这样一来,每经过 100 ms,HAL_ProcessEvent 这个事件处理函数都会至少执行一次来处理 HAL_KEY_EVENT 事件,也就是说每隔 100 ms 都会执行 HalKeyPoll( )函数。

HalKeyPoll( )函数的作用是检查当前的按键情况。这个函数很长很复杂,经过一系列的 if 语句和赋值语句,在接近函数末尾的地方,keys 变量(在函数起始位置定义的)获得了当前按键的状态。最后有一个十分重要的函数调用,具体如下:

```
(pHalKeyProcessFunction)(keys,HAL_KEY_STATE_NORMAL);
```

这里调用的是 void OnBoard_KeyCallback(uint8 keys,uint8 state)函数,此函数在"ZMain\OnBoard.c"文件中可以找到。在此函数中,又调用了 void OnBoard_sendKeys(uint8 keys,uint8 state)函数,将按键的状态信息封装到一个消息结构体中。最后还调用了如下的函数:

```
osal_msg_send(registeredKeysTaskID,(uint8 *)mstPtr);
```

其中,registeredKeysTaskID 所指示的任务正是需要响应按键的 SampleApp。

也就是说，向 SampleApp 发送一个附带按键信息的消息，在 osal_msg_send 函数中，osal_set_event(destination_task，SYS_EVENT_MSG)函数被调用，其作用是设置 destination_task 任务的事件为 SYS_EVENT_MSG。而 destination_task 任务的事件由 osal_msg_send 函数通过参数传递而来，指示的是 SampleApp 这个任务。在 osal_set_event 函数中，有如下的语句：

```
{
tasksEvents[task_id]|=event_flag;
}
```

下面再将这个过程整理一下。

首先，OSAL 专门建立了一个任务来对硬件资源进行管理，这个任务的事件处理函数是 Hal_ProcessEvent。在这个函数中通过调用 osal_start_timerEx(Hal_TaskID，HAL_KEY_EVENT，100)函数使得每隔 100 ms 就会执行一次 HalKeyPoll( )函数。HalKeyPoll( )函数获取当前按键的状态，通过调用 void OnBoard_KeyCallback(uint8 keys，uint8 state)函数向 SampleApp 任务发送一个按键消息，并设置 tasksEvents 中 GenericApp 所对应的值为非零。此时，会执行 main 函数中的如下代码：

```
{
do
  {
  if(tasksEvents[idx])
    {
    break;
    }
  }while(++idx < tasksCnt);
 }
```

执行了此段代码以后，SampleApp 任务就会被挑选出来，然后通过执行如下代码，tasksEvents[idx]即会调用其事件处理函数，完成事件的响应：

```
{
events=(tasksArr[idx])(idx,events);
}
```

3.5 OSAL 应用编程接口

OSAL 提供了 8 个方面的应用编程接口(API)解决多任务间同步和互斥，具体包括消息管理 API、任务同步 API、时间管理 API、中断管理 API、任务管理 API、内存管理 API、电源管理 API 和非易失性存储器管理 API。

OSAL 应用编程接口

1. 消息管理 API

消息管理 API 主要用于处理任务间消息的交换，包括分配消息缓存区、释放消息缓存区、发送消息和接收消息等 API 函数。

① osal_msg_allocate( )

函数原型:uint8 *osal_msg_allocate(uint16 len)。

功能描述:分配消息缓存区。

② osal_msg_deallocate( )

函数原型:uint8 *osal_msg_deallocate(uint8 *msg_ptr)。

功能描述:释放消息缓存区。

③ osal_msg_send( )

函数原型:uint8 osal_msg_send(uint8 destination_task,uint8 *msg_ptr)。

功能描述:一个任务发送消息到消息队列。

④ osal_msg_receive( )

函数原型:uint8 *osal_msg_receive(uint8 task_id)。

功能描述:一个任务从消息队列接收属于自己的消息。

2. 任务同步 API

任务同步 API 主要用于任务间的同步,允许一个任务等待某个事件的发生,主要包括 osal_set_event( )函数。

函数原型:uint8 osal_set_event(uint8 task_id,uint16 event_flag)。

功能描述:运行一个任务时设置某一事件同时发生。

3. 时间管理 API

时间管理 API 用于开启和关闭定时器,定时时间一般为毫秒级。使用该 API,用户不必关心底层定时器是如何初始化的,只需要调用即可,在 ZigBee 协议栈的物理层已经对定时器进行了初始化。

① osal_start_timerEx( )。

函数原型:uint8 osal_start_timerEx(uint8 task_id,uint16 event_id,uint16 timeout_value)。

功能描述:设置一个定时时间,定时时间到后,相应的事件被设置。

② osal_stop_timerEx( )。

函数原型:uint8 osal_stop_timerEx(uint8 task_id,uint16 event_id)。

功能描述:停止已经启动的定时器。

4. 中断管理 API

中断管理 API 主要用于控制中断的开启与关闭,一般很少使用。

5. 任务管理 API

任务管理 API 主要用于对 OSAL 进行初始化和启动。

① osal_init_system( )。

函数原型:uint8 osal_init_system(void)。

功能描述:初始化 OSAL,该函数是第一个被调用的 OSAL 函数。

② osal_start_system( )。

函数原型:uint8 osal_start_system(void)。

功能描述:该函数包含一个无限函数,它将查询所有的任务事件,如果有事件发生,则调用相应的事件处理函数,处理完该事件后,返回主循环继续检测是否有事件发生,如果开启了节能模式,且没有事件发生时,该函数将使处理器进入休眠模式,以降低系统功耗。

6. 内存管理 API

内存管理 API 用于在堆栈上分配缓冲区。以下两个 API 函数必须成对使用,防止产生内存泄漏。

① osal_mem_alloc( )。

函数原型:uint8 osal_mem_alloc(uint16 size)。

功能描述:在堆栈上分配指定大小的缓冲区。

② osal_mem_free( )。

函数原型:uint8 osal_mem_free(void *ptr)。

功能描述:释放使用 osal_mem_alloc( )函数分配的缓冲区。

7. 电源管理 API

电源管理 API 主要用于电池供电的 ZigBee 网络节点,在此不作讨论。

8. 非易失性存储器管理 API

非易失性(NV)存储器管理 API 主要添加对非易失性存储器进行管理的函数。一般这里的非易失性存储器指的是系统 Flash 存储器(也可以是 E2PROM),每个 NV 条目分配唯一的 ID 号。

① osal_nv_item_init( )。

函数原型:byte osal_nv_item_init(uint16 id,uint16 len,void *buf)。

功能描述:初始化 NV 条目。该函数检查是否存在 NV 条目,如果不存在,将创建并初始化该条目;如果条目存在,每次初始化都调用 osal_nv_read( )和 osal_nv_write( )。

② osal_nv_read( )。

函数原型:byte osal_nv_read(uint16 id,uint16 offset,void *buf)。

功能描述:从 NV 条目中读取数据。可以读取整个条目的数据,也可以读取部分数据。

③ osal_nv_write( )。

函数原型:uint8 osal_nv_write(uint16 id,uint16 offset,uint16 len,void *buf)。

功能描述:写数据到 NV 条目。

3.6 OSAL 应用编程

1. 组网成功点灯测试

利用 ZDO_STATE_CHANGE 实现组网成功点灯功能,程序代码如下:

```
int16 SampleApp_ProcessEvent(uint8 task_id,uint16 events)
{
  afIncomingMSGPacket_t *MSGpkt;
  (void)task_id;  //Intentionally unreferenced parameter
  if(events&SYS_EVENT_MSG)
  {
    MSGpkt=(afIncomingMSGPacket_t *)osal_msg_receive(SampleApp_TaskID);
    while(MSGpkt)
    {
       switch(MSGpkt->hdr.event)
       {
```

```
    //Received when a messages is received (OTA) for this endpoint
    case AF_INCOMING_MSG_CMD:
      SampleApp_MessageMSGCB(MSGpkt);
      break;
  //Received whenever the device changes state in the network
    case ZDO_STATE_CHANGE:
      SampleApp_NwkState =(devStates_t)(MSGpkt->hdr.status);
      if((SampleApp_NwkState == DEV_ZB_COORD)
        ||(SampleApp_NwkState == DEV_ROUTER)
        ||(SampleApp_NwkState == DEV_END_DEVICE))
      {
        //点灯
        P1SEL &= ~0x3;
        P1DIR |= 0x3;  //定义 P10、P11 为输出
        P1_0 = 1;
        //Start sending the periodic message in a regular interval
        osal_start_timerEx(SampleApp_TaskID,
                           SAMPLEAPP_SEND_PERIODIC_MSG_EVT,
                           SAMPLEAPP_SEND_PERIODIC_MSG_TIMEOUT);
        }
        else
        {
          //Device is no longer in the network
        }
        break;
      default:
        break;
    }
  …
  return 0;
}
```

2. 定时事件测试

利用 SAMPLEAPP_SEND_PERIODIC_MSG_EVT 实现 LED 灯的定时翻转功能，程序代码如下：

```
uint16 SampleApp_ProcessEvent(uint8 task_id,uint16 events)
{
  afIncomingMSGPacket_t *MSGpkt;
  (void)task_id;  //Intentionally unreferenced parameter
  if(events&SYS_EVENT_MSG)
  {
```

```
    default:
      break;
  }
  if(events&SAMPLEAPP_SEND_PERIODIC_MSG_EVT)
  {
    P1_0 ^= 1;  //反转灯测试定时事件的到来
    //Send the periodic message
    SampleApp_SendPeriodicMessage();
    //定时事件的具体处理函数→协调器与节点需要区分开
    //Setup to send message again in normal period(+ a little jitter)
    osal_start_timerEx(SampleApp_TaskID,SAMPLEAPP_SEND_PERIODIC_MSG_EVT,
(SAMPLEAPP_SEND_PERIODIC_MSG_TIMEOUT +(osal_rand()&0x00FF)));

      //return unprocessed events
      return(events ^ SAMPLEAPP_SEND_PERIODIC_MSG_EVT);
    }
    return 0;
}
//默认的定时事件的具体处理函数
void SampleApp_SendPeriodicMessage(void)
{
//调用 AF_DataRequest 实现数据包发送
 if(AF_DataRequest(&SampleApp_Periodic_DstAddr,
                   &SampleApp_epDesc,
                   SAMPLEAPP_PERIODIC_CLUSTERID,
                   1,
                   (uint8 *)&SampleAppPeriodicCounter,
                   &SampleApp_TransID,
                   AF_DISCV_ROUTE,
                   AF_DEFAULT_RADIUS)== afStatus_SUCCESS)
    {
    }
    else
    {
       //Error occurred in request to send
    }
}
```

项目小结

① 协议定义的是一系列的通信标准，通信双方需要共同按照这一标准进行正常的数据收发；协议栈是协议的具体实现形式。

② 用户调用如下函数即可实现数据的无线发送：

```
afStatus_t AF_DataRequest(afAddrType_t *dstAddr,
            endPointDesc_t *srcEP,
           uint16 cID,uint16 len,uint8 *buf,uint8 *transID,
           uint8 options,uint8 radius)
```

Z-Stack 协议栈工作原理总结

③ tasksArr 数组里存放了所有任务的事件处理函数的地址，在这里事件处理函数就代表了任务本身，也就是说事件处理函数标识了与其对应的任务。变量 tasksCnt 中保存了当前的任务个数，最大任务数为 9。

④ tasksEvents 是一个指向数组的指针，此数组保存了当前任务的状态。OSAL 每个任务可以有 16 个事件，其中 SYS_EVENT_MSG 定义为 0x8000，为系统事件，用户可以定义剩余的 15 个事件。

⑤ 在 Z-Stack 中，对于每个用户自己新建立的任务，通常需要两个相关的处理函数，包括新任务的初始化函数和新任务的事件处理函数。

主要概念

协议、协议栈、OSAL 运行机制、事件传递机制。

实训任务

微课

在 Z-Stack 协议栈中添加新任务

任务 在 Z-Stack 协议栈中添加新任务

任务目标

① 熟悉 Z-Stack 协议栈的源文件架构。

② 熟悉 Z-Stack 常见接口函数的调用。

③ 学习 Z-Stack 下 OSAL 添加新任务的方法。

任务内容与要求

利用 SampleApp 任务定时改变蓝灯的状态，利用 NewApp 任务定时改变黄灯的状态。

任务考核

任务考核表见表 3.1。

表 3.1 任务考核表

考核要素	评价标准	分值	评分			
			自评（10%）	小组（10%）	教师（80%）	小计（100%）
进行新任务初始化和事件处理	能够添加新任务	40				
新任务函数的调用	能够实现新任务的功能	30				
分析总结		30				
合计						
评语（主要是建议）						

任务参考

一、实验设备

任务所用实验设备见表 3.2。

表 3.2 任务所用实验设备

实验设备	数量	备注
ZigBee Debugger 仿真器	1	下载和调试程序
CC2530 节点	1	调试程序
USB 线	1	连接 PC、网关板、调试器
RS-232 串口连接线	1	调试程序
SmartRF Flash Programmer 软件	1	烧写物理地址软件
电源	5	供电
ZStack-CC2530-2.5.1a	1	协议栈软件

二、实验基础

1. 协议栈介绍

一般情况下，只需要额外添加三个文件就可以完成一个项目，具体如下。

① 主控文件 taskApp.c。该文件存放具体的任务事件处理函数，如 GenericApp_ProcessEvent。

② 主控文件的头文件 taskApp.h。

③ 操作系统接口文件 OSALtaskApp.c。该文件主要存放：任务数组 const pTask-EventHandleFn tasksArr [ ]，其具体内容为每个任务相应的处理函数指针；任务初始化函数 initTasks( )，其功能为初始化系统中的每一个任务。

一般来说，只要增加这三个文件，就可以加入自己的应用，而不必更改其他层的代码。

对于本实验，项目任务处理函数如下。

- macEventloop：MAC 层任务处理函数。
- nwk_event_loop：网络层任务处理函数。
- Hal_ProcessEvent：硬件抽象层任务处理函数。
- MT_ProcessEvent：监控任务处理函数（通过编译选项 MT_TASK 来决定是否编译该任务处理函

数，一般情况下该功能通过串行端口通信来实现）。

- APS_event_loop：应用支持子层任务处理函数，无须修改。
- APSF_ProcessEvent：应用支持子层消息分割任务处理函数（通过编译选项 ZIGBEE_FRAGMENTATION 来决定是否启动 ZigBee 消息分割功能）。
- ZDApp_event_loop：ZigBee 设备应用层任务处理函数。
- ZDNwkMgr_event_loop：网络管理层任务处理函数（通过编译选项 ZIGBEE_FREQ_AGILITY 或 ZigBee_PANID_CONFLICT 来实现该功能）。
- New App_ProcessEvent：用户应用层任务处理函数，用户自行编写。

2. OSAL 常用 API 函数简介

(1) OSAL 中断操作

① 允许中断：

```
byte osal_int_enable(byte interrupt_id)
```

interrupt_id：中断标识符。

② 禁止中断：

```
byte osal_int_disable(byte interrupt_id)
```

interrupt_id：中断标识符。

③ 暂停中断：

```
HAL_ENTER_CRITICAL_SECTION(x)
```

④ 重新启动中断：

```
HAL_EXIT_CRITICAL_SECTION(x)
```

(2) OSAL 内存操作

① 分配内存：

```
void *osal_mem_alloc(uint16 size)
```

② 释放内存：

```
void osal_mem_free(void *ptr)
```

(3) OSAL 消息传递

① 分配消息缓冲区：

```
byte *osal_msg_allocate(uint16 len)
```

② 发送消息：

```
byte osal_msg_send(byte destination_task,byte *msg_ptr)
```

destination_task：接收信息任务的标识符。

msg_ptr：消息指针。

③ 接收消息：

```
byte *osal_msg_receive(byte task_id)
```

task_id:接收消息的任务 ID。

④ 释放消息缓冲区:

```
byte osal_msg_deallocate(byte *msg_ptr)
```

msg_ptr:消息指针。

(4) OSAL 任务管理

① 任务初始化:

```
byte osal_init_system(void)
```

该函数的功能是创建任务列表。

② 任务开始:

```
void osal_self(void)
```

该函数是系统任务的主循环函数。

③ 获取活动任务:

```
IDbyte osal_self(void)
```

在中断服务子程序中调用该函数将会发生错误。

(5) OSAL 定时器

① 启动定时器:

```
byte osal_start_timerEx(byte taskID,UINT16 event_id,UINT16 timeout_
value)
```

taskID:定时器终止时事件任务的任务 ID。

event_id:用户定义的事件,时间终止时通知这个事件。

timeout_value:定时器设置定时参数,单位为 ms。

② 停止定时器:

```
byte osal_stop_timerEx(byte task_id,UINT16 event_id)
```

task_id:事件任务的任务 ID。

event_id:用户自定义事件。

③ 读取系统时钟:

```
uint32 osal_GetSystemClock(void)
```

该函数用于读取系统时钟(毫秒级)。

三、实验步骤

在 Z-Stack 中,对于每个用户自己新建立的任务通常需要两个相关的处理函数,具体如下。

① 用于初始化的函数,如 NewApp_Init( ),将在 osalInitTasks( )中调用,其目的就是把用户自定义的任务中的一些变量(如网络模式、网络终端类型等)进行初始化。

② 用于该任务新事件发生后所需要执行的事件处理函数,如 NewApp_ProcessEvent( ),首先在

const pTaskEventHandlerFn tasksArr [ ]中进行设置(绑定),然后在系统运行期间如果某任务发生新事件,则调用绑定的事件处理函数。

其操作步骤可参考 3.4.4 节内容,具体如下。

① 添加用于新任务初始化的函数,具体如下:

```
void osalInitTasks(void)
{
  uint8 taskID = 0;
  tasksEvents =(uint16 *)osal_mem_alloc(sizeof(uint16) *tasksCnt);
  osal_memset(tasksEvents,0,(sizeof(uint16) *tasksCnt));
  macTaskInit(taskID++);
  nwk_init(taskID++);
  Hal_Init(taskID++);
#if defined(MT_TASK)
  MT_TaskInit(taskID++);
#endif
  APS_Init(taskID++);
#if defined(ZIGBEE_FRAGMENTATION)
  APSF_Init(taskID++);
#endif
  ZDApp_Init(taskID++);
#if defined(ZIGBEE_FREQ_AGILITY)|| defined(ZIGBEE_PANID_CONFLICT)
  ZDNwkMgr_Init(taskID++);
#endif
  SampleApp_Init(taskID++);
  NewApp_Init(taskID)  //新增加的用户任务初始化函数
}
```

② 添加新任务处理调用的事件处理函数,具体如下:

```
const pTaskEventHandlerFn tasksArr[]={
  macEventLoop,              //MAC 层任务处理函数
  nwk_event_loop,            //网络层任务处理函数
  Hal_ProcessEvent,          //硬件抽象层任务处理函数
#if defined(MT_TASK)
  MT_ProcessEvent,           //监控任务处理函数
#endif
  APS_event_loop,            //应用支持子层任务处理函数
#if defined(ZIGBEE_FRAGMENTATION)
  APSF_ProcessEvent,         //应用支持子层消息分割任务处理函数
#endif
  ZDApp_event_loop,          //ZigBee 设备应用层任务处理函数
```

```
#if defined(ZIGBEE_FREQ_AGILITY) || defined(ZIGBEE_PANID_CONFLICT)
  ZDNwkMgr_event_loop,    //网络管理层任务处理函数
#endif
  //oadAppEvt,
  SampleApp_ProcessEvent,//Z-Stack默认用户应用层任务处理函数
  NewApp_ProcessEvent    //新增加的用户应用层任务处理函数
};
```

NewApp_ProcessEvent 处理函数的设计可以参考 App 目录中的系统例程文件 SampleApp.c,具体如下:

```
uint16 NewApp_ProcessEvent(uint8 task_id,uint16 events)
{
afIncomingMSGPacket_t *MSGpkt;
(void)task_id;  //Intentionally unreferenced parameter

if(events & SYS_EVENT_MSG)
{
  MSGpkt=(afIncomingMSGPacket_t *)osal_msg_receive(NewApp_TaskID);
  while(MSGpkt)
  {
    switch(MSGpkt->hdr.event)
    {
      //Received when a key is pressed
      case KEY_CHANGE:
       NewApp_HandleKeys(((keyChange_t *)MSGpkt)->state,((keyChange_t *)
MSGpkt)->keys);
       break;
      //Received when a messages is received (OTA) for this endpoint
      case AF_INCOMING_MSG_CMD:
        NewApp_MessageMSGCB(MSGpkt);
        break;
      //Received whenever the device changes state in the network
      case ZDO_STATE_CHANGE:
       NewApp_NwkState =(devStates_t)(MSGpkt->hdr.status);
       if((NewApp_NwkState == DEV_ZB_COORD)
          ||(NewApp_NwkState == DEV_ROUTER)
          ||(NewApp_NwkState == DEV_END_DEVICE))
        {
         //Start sending the periodic message in a regular interval
        osal_start_timerEx(NewApp_TaskID,
```

```
                        NEWAPP_SEND_PERIODIC_MSG_EVT,
                        NEWAPP_SEND_PERIODIC_MSG_TIMEOUT);
        }
        else
        {
          //Device is no longer in the network
        }
        break;
      default:
        break;
    }
    //Release the memory
    osal_msg_deallocate((uint8 *)MSGpkt);
    //Next-if one is available
    MSGpkt=(afIncomingMSGPacket_t *)osal_msg_receive (NewApp_TaskID);
  }
    //return unprocessed events
    return(events ^ SYS_EVENT_MSG);
}

//Send a message out-This event is generated by a timer
//(setup in NewApp_Init())
if(events & NEWAPP_SEND_PERIODIC_MSG_EVT)
{
    //Send the periodic message
    NewApp_SendPeriodicMessage();
    HalLedSet(HAL_LED_1,HAL_LED_MODE_TOGGLE);
    //HalLedBlink(HAL_LED_1,4,50,100);
    //Setup to send message again in normal period(+ a little jitter)
    osal_start_timerEx(NewApp_TaskID,NEWAPP_SEND_PERIODIC_MSG_EVT,
      (NEWAPP_SEND_PERIODIC_MSG_TIMEOUT +(osal_rand() & x00FF)));
    //return unprocessed events
    return(events ^ NEWAPP_SEND_PERIODIC_MSG_EVT);
  }
  //Discard unknown events
  return 0;
}
```

快速的实现方法是，复制 App 目录中原有的 SampleApp.c 与 SampleApp.h 文件并重命名为 NewApp.c 和 NewApp.h，将文件中的关键字 SampleApp 修改为 NewApp。也可以根据实际项目需要来编写这两个文件。

③ 对于不同事件发生后的任务处理函数 osal_start_system 的调用分析，具体如下：

```
void osal_start_system(void)
{
#if !defined(ZBIT) && !defined(UBIT)
for(;;)//Forever Loop
#endif
{
uint8 idx = 0;
osalTimeUpdate();
Hal_ProcessPoll();//This replaces MT_SerialPoll()and osal_check_
timer()
//轮训任务队列，并检查是否有某个任务的事件发生
do{
if(tasksEvents[idx])//Task is highest priority that is ready
{
break;
}
}while(++idx<tasksCnt);
if(idx<tasksCnt)
{
uint16 events;
halIntState_t intState;
HAL_ENTER_CRITICAL_SECTION(intState);
events=tasksEvents[idx];//处理该 idx 的任务事件，是第 idx 个任务的事件发生了
tasksEvents[idx]=0;       //Clear the Events for this task
HAL_EXIT_CRITICAL_SECTION(intState);
//对应调用第 idx 个任务的事件处理函数，用 events 说明是什么事件
events =(tasksArr[idx])(idx,events);
//如没有处理完，把返回的 events 继续放到 tasksEvents[idx] 中
HAL_ENTER_CRITICAL_SECTION(intState);
tasksEvents[idx]|= events;//Add back unprocessed events to the
current task
HAL_EXIT_CRITICAL_SECTION(intState);
}
#if defined(POWER_SAVING)
else //Complete pass through all task events with no activity
{
osal_pwrmgr_powerconserve();//Put the processor/system into sleep
}
#endif
```

```
    }
  }
```

在 NewApp.c 文件中的 void NewApp_Init(uint8 task_id)函数末尾添加以下 LED 灯初始化代码：

```
    HalLedInit();
    HalLedSet(HAL_LED_1,HAL_LED_MODE_ON);
    osal_start_timerEx(NewApp_TaskID,NEWAPP_SEND_PERIODIC_MSG_EVT,
NEWAPP_SEND_PERIODIC_MSG_TIMEOUT);
```

④ 添加函数声明。在 NewApp.c 中添加函数声明 #include "NewApp. h",并注释掉 #include "NewAppHw. h" 语句,如图 3.13 所示。

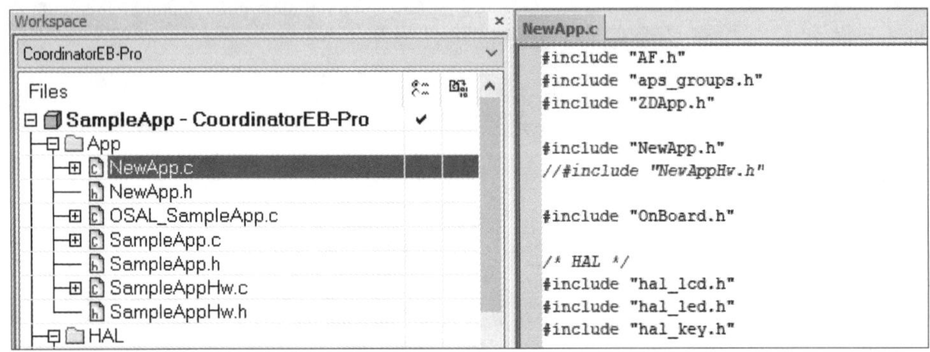

图 3.13 添加代码后示意图

运行程序后,可利用 sampleApp 任务定时改变蓝灯的状态,利用 NewApp 任务定时改变黄灯的状态。

课后练习

简答题

(1) 简述 ZigBee 无线传感器网络协议和协议栈的关系。

(2) 什么是节点？什么是端口？节点和端口之间有什么关系？

(3) Z-Stack 协议栈中的数据发送函数是哪个？数据接收函数是哪个？

项目四

ZigBee 无线传感器网络数据通信

项目目标

知识目标	技能目标	素质目标
(1) 掌握 ZigBee 无线传感器网络的信道、网络号、设备类型、地址分配等知识 (2) 了解 ZigBee 无线传感器网络数据包的结构和传输流程 (3) 掌握 ZigBee 无线传感器网络收发数据的实现方法	(1) 掌握 ZigBee 无线传感器网络组网实现的方法 (2) 熟悉基于 Z-Stack 协议栈进行数据传输的方法	通过导入案例“北斗系统迈入全球时代,将‘命脉’掌握在自己手中”,培养创新意识和自力更生精神 导入案例

思维导图

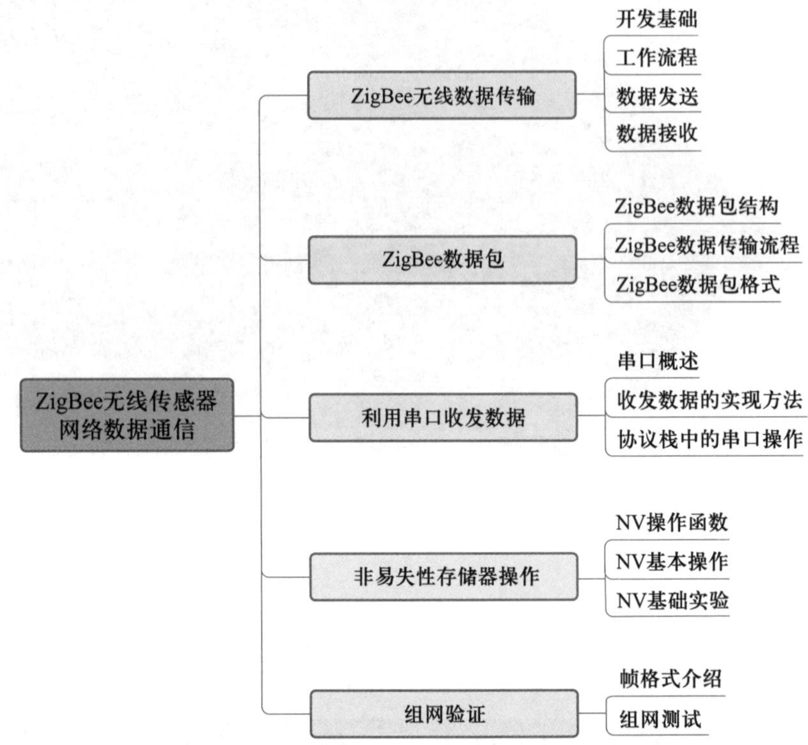
ZigBee无线传感器网络数据通信
ZigBee无线数据传输
开发基础
工作流程
数据发送
数据接收
ZigBee数据包
ZigBee数据包结构
ZigBee数据传输流程
ZigBee数据包格式
利用串口收发数据
串口概述
收发数据的实现方法
协议栈中的串口操作
非易失性存储器操作
NV操作函数
NV基本操作
NV基础实验
组网验证
帧格式介绍
组网测试

4.1 ZigBee 无线数据传输

TI 公司提供的 Z-Stack 协议栈已经针对 ZigBee 标准网络协议进行了支持及封装，用户利用 Z-Stack 协议栈进行数据传输时，只需要考虑以下几个方面。

微课
ZigBee 无线数据传输

① 组网。调用 Z-Stack 协议栈提供的网络组建函数及网络加入函数，实现网络的建立和节点的加入。

② 发送。当需要进行数据发送时，调用 Z-Stack 协议栈提供的无线数据发送函数，实现数据的发送。

③ 接收。当有数据包到达时，调用 Z-Stack 协议栈提供的无线数据接收函数，实现数据的接收。

4.1.1 开发基础

1. 设备类型

在 ZigBee 无线传感器网络中存在三种逻辑设备类型：协调器、路由器和终端设备。图 4.1 所示就是由这三种设备组成的一个典型的网状网络。

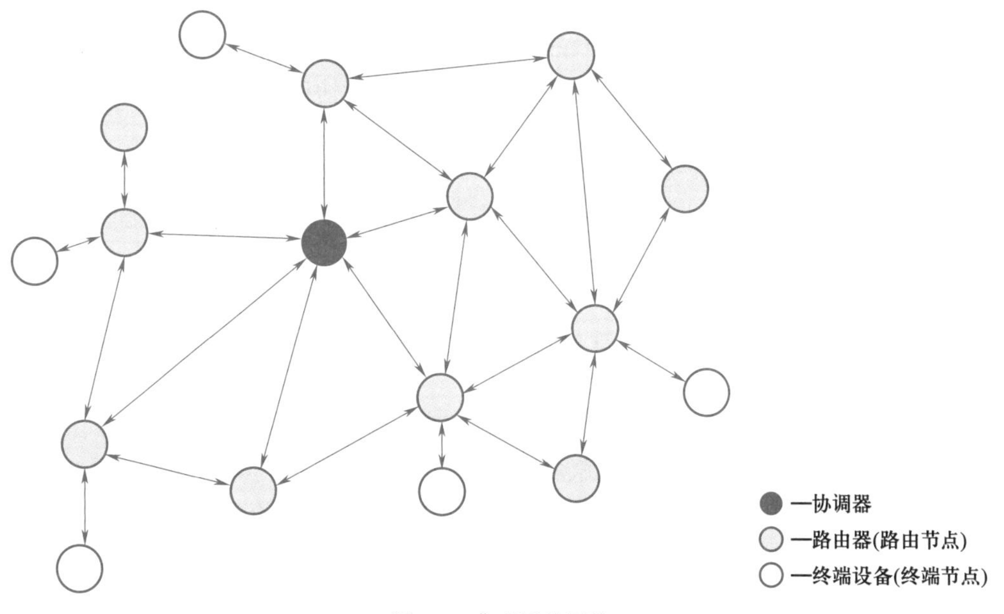

图 4.1 典型网状网络

(1) 协调器

协调器是 ZigBee 无线传感器网络首先开始运行的设备，或称为 ZigBee 无线传感器网络的启动或建立设备。协调器会选择一个信道和网络标识符，然后开始建立网络。协调器在网络中还可以有其他作用，如建立安全机制、建立网络中的绑定等。注意，协调器的主要作用是建立一个网络和配置该网络的性质参数，完成这些工作后，协调器的网络组建任务就已经完成，继而转为网络的维护者，就如同一个路由器，网络中的其他操作并不都需要依赖协调器完成。

(2) 路由器(路由节点)

路由节点的特点是允许其他路由节点和终端节点加入网络,负责数据转发,一个路由节点可以与若干个路由节点或终端节点通信。ZigBee 星状网络不支持 ZigBee 路由器。一般来说,路由器需要一直处于工作状态,功耗较高,所以需要稳定、连续的电源供电(区别于电池供电)。但是,在一些指定的网络结构中,路由器可以采用电池供电。如在树状网络中,路由器并不是数据传输的必经节点,允许路由器周期地运行操作,所以可以采用电池供电。

(3) 终端设备(终端节点)

终端设备只需要加入已建立的指定网络即可,它不具有网络维护功能。它的存储容量(特别是内部 RAM)要求最少,可以根据自己的功能需要休眠或唤醒,作为电池供电设备,可以实现 ZigBee 低功耗设计。

以上三种设备可根据功能完整性分为全功能设备(full function device,FFD)和精简功能设备(reduce function device,RFD)。其中,全功能设备可作为协调器、路由器和终端设备,而精简功能设备只能作为终端设备。一个 FFD 可与多个 RFD 或多个其他的 FFD 通信,而一个 RFD 只能与一个 FFD 通信。

协调器启动时,根据定义的搜索信道(-DDEFAULT_CHANLIST)和 PAN_ID(-DZDAPP_CONFIG_PAN_ID)建立网络;如果 PAN_ID 定义为 0xFFFF,则随机产生 PAN_ID。路由节点和终端节点启动后,搜索指定 PAN_ID(-DZDAPP_CONFIG_PAN_ID)网络,并加入网络。如果 PAN_ID 定义为 0xFFFF,则可加入其他网络。在 ZigBee 无线传感器网络中,每个节点都有指定的配置参数,从而确定其设备类型,不同的设备类型,在网络中有着不一样的网络任务。在属于多跳网络的 ZigBee 无线传感器网络中,两个节点要完成数据传输,可能需要通过其他中间节点的协助,所以节点的类型参数配置是非常必要的。

每个节点均有两个任务,具体为:① 执行指定的网络功能函数;② 配置确定的参数到指定的值。网络功能的设置确定了该节点的类型,参数配置和指定的值确定了堆栈的模式。

2. 堆栈模式

需要被配置为指定值的堆栈参数,连同这些指定值被称为堆栈模式。堆栈模式参数被 ZigBee 联盟定义指定。同一个网络中的设备必须符合同一个堆栈模式(同一个网络中所有设备的堆栈模式参数必须一致)。

为了互操作性,ZigBee 联盟为 Z-Stack 协议栈定义了一个堆栈模式,即使是从不同厂商购买的不同设备,只要遵循该堆栈模式的参数配置,就可以形成标准网络。

如果应用开发者改变了这些参数配置,那么其产品将不能与遵循 ZigBee 联盟定义模式的产品组成网络,也就是说该应用开发者开发的产品具有特殊性,称之为“关闭的网络”,即其设备只能在自己的产品中使用,不能与其他产品通信。

堆栈模式标识符在设备通信的信标传输中进行匹配;如果不匹配,则设备不能加入网络。“关闭的网络”的堆栈模式参数被设置为 0ID,而 Z-Stack 协议栈的堆栈模式参数被设置为 1ID。该堆栈模式被配置在 nwk_globals.h 文件的 STACK_PROFILE_ID 参数中。在 nwk_globals.h 文件中参照以下说明修改参数。

星状、树状和网状三种拓扑网络的修改如下:

```
//Controls the operational mode of network
#define NWK_MODE_STAR          0
```

```
#define NWK_MODE_TREE              1
#define NWK_MODE_MESH              2
```

两种安全模式的修改如下：

```
//Controls the security mode of network
#define SECURITY_RESIDENTIAL       0// 一般住宅安全模式
#define SECURITY_COMMERCIAL        1// 商业安全模式
```

四种协议栈堆栈参数设置的修改如下：

```
//Controls various stack parameter settings
#define NETWORK_SPECIFIC           0// 特定网络
#define HOME_CONTROLS              1// 家庭控制
#define ZIGBEEPRO_PROFILE          2//ZigBee 专业版
#define GENERIC_STAR               3// 一般星状网络
#define GENERIC_TREE               4// 一般树状网络
#define STACK_PROFILE_ID           HOME_CONTROLS
// 修改 STACK_PROFILE_ID 可以改变拓扑类型
// 此状态下默认为网状网络
#if(STACK_PROFILE_ID == HOME_CONTROLS)// 如果为网状网络
   #define MAX_NODE_DEPTH          5// 最大节点深度为 5
   #define NWK_MODE                NWK_MODE_MESH// 网络模式为网状网络
   #define SECURITY_MODE           SECURITY_RESIDENTIAL
                                   // 安全模式为一般住宅安全模式
#if(SECURE!= 0)
   #define USE_NWK_SECURITY        1// 使用网络安全
   #define SECURITY_LEVEL          5// 安全等级为 5
#else
   #define USE_NWK_SECURITY        0// 不使用网络安全
   #define SECURITY_LEVEL          0// 安全等级为 0
#endif
#elif(STACK_PROFILE_ID == GENERIC_STAR)// 如果为一般星状网络
   #define MAX_NODE_DEPTH          5// 最大节点深度为 5
   #define NWK_MODE                NWK_MODE_STAR// 网络模式为星状网络
   #define SECURITY_MODE           SECURITY_RESIDENTIAL
                                   // 安全模式为一般住宅安全模式
#if(SECURE!= 0)
   #define USE_NWK_SECURITY        1// 使用网络安全
   #define SECURITY_LEVEL          5// 安全等级为 5
#else
   #define USE_NWK_SECURITY        0// 不使用网络安全
```

```
    #define SECURITY_LEVEL         0// 安全等级为 0
#endif
#elif(STACK_PROFILE_ID == NETWORK_SPECIFIC)// 如果为特定网络
//define your own stack profile settings
    #define MAX_NODE_DEPTH         5// 最大节点深度为 5
    #define NWK_MODE               NWK_MODE_MESH// 网络模式为网状网络
    #define SECURITY_MODE          SECURITY_RESIDENTIAL
                                   // 安全模式为一般住宅安全模式
#if(SECURE!=0)
    #define USE_NWK_SECURITY       1// 使用网络安全
    #define SECURITY_LEVEL         5// 安全等级为 5
#else
    #define USE_NWK_SECURITY       0// 不使用网络安全
    #define SECURITY_LEVEL         0// 安全等级为 0
#endif
#endif
```

知识链接

① 协调器(全功能节点)负责建立和管理网络,可与其他节点直接建立通信。协调器具备路由中继功能,可与任何节点直接建立通信。

② 路由节点(全功能节点)是一种支持关联的设备节点,能够实现其他节点的消息转发功能。ZigBee 树状网络中可以有多个 ZigBee 路由器设备。

③ 终端节点(精简功能节点)不具备路由中继功能,只能与协调器或路由节点建立通信,终端节点之间不能直接建立通信。

3. 信道

在 ZigBee 标准协议中,2.4 GHz 的射频频段被分为 16 个独立的信道。每一个设备都有一个由 -DDEFAULT_CHANLIST 参数指定的默认信道集(0x0B~0x1A),如表 4.1 所示。协调器扫描自己的默认信道集并选择噪声最小的信道作为自己所建网络的信道。终端设备和路由器也要扫描默认信道集并选择一个信道上已经存在的网络加入。

表 4.1 默认信道集

信道	-DDEFAULT_CHANLIST 值	信道列表	频率 /MHz
11	0x00000800	0x0B	2 405
12	0x00001000	0x0C	2 410
13	0x00002000	0x0D	2 415
14	0x00004000	0x0E	2 420

续表

信道	-DDEFAULT_CHANLIST 值	信道列表	频率(MHz)
15	0x00008000	0x0F	2 425
16	0x00010000	0x10	2 430
17	0x00020000	0x11	2 435
18	0x00040000	0x12	2 440
19	0x00080000	0x13	2 445
20	0x00100000	0x14	2 450
21	0x00200000	0x15	2 455
22	0x00400000	0x16	2 460
23	0x00800000	0x17	2 465
24	0x01000000	0x18	2 470
25	0x02000000	0x19	2 475
26	0x04000000	0x1A	2 480

展开工程目录下面的 Tools 文件夹,查看配置文件,如图 4.2 所示。

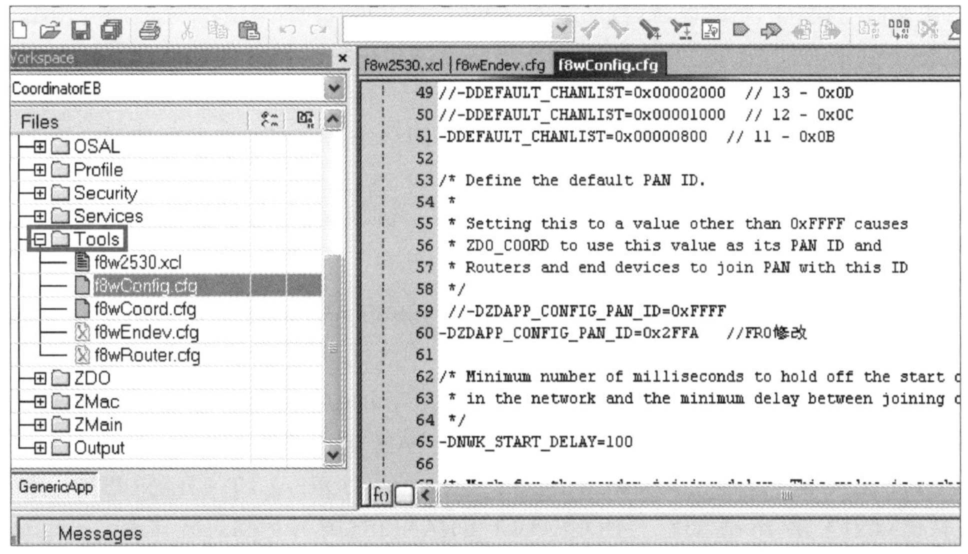

图 4.2 配置文件

f8w2530.xcl:该文件中包含了 CC2530 单片机的链接控制指令,包括堆栈大小、内存分配等,一般情况下不需要修改。

f8wConfig.cfg:该文件中包含了与信道选择、网络标识符等有关的链接命令。如前所述,每一个设备都有一个由 -DDEFAULT_CHANLIST 参数指定的默认信道集,要选择哪个信道,只要把该信道前面的“//”注释符删除即可。例如,要选择 11 号信道,只需删除“-DDEFAULT_CHANLIST=0x00000800

//11 – 0x0B”语句前面的“//”即可。

4. PAN_ID

PAN_ID 指网络标识符,用于区分不同的 ZigBee 无线传感器网络。

设备的 PAN_ID 值由 -DZDAPP_CONFIG_PAN_ID 参数来设置。如果协调器的 -DZDAPP_CONFIG_PAN_ID 设置为 0xFFFF,则协调器将产生一个随机的 PAN_ID。如果路由器和终端设备的 -DZDAPP_CONFIG_PAN_ID 设置为 0xFFFF,则路由器和终端设备将会在自己的默认信道上随机选择一个网络加入,协调器的 PAN_ID 即为网络的 PAN_ID。

如果协调器的 -DZDAPP_CONFIG_PAN_ID 设置为非 0xFFFF,则会以协调器的 -DZDAPP_CONFIG_PAN_ID 值作为 PAN_ID,并以这个特定的 PAN_ID 建立网络。如果路由器和终端设备的 -DZDAPP_CONFIG_PAN_ID 设置为非 0xFFFF,则会以它们的 -DZDAPP_CONFIG_PAN_ID 值作为 PAN_ID,并且只能接入该 PAN_ID 值对应的网络。设备的 PAN_ID 只能设置为 0x0001~0x3FFF。

Tools 文件夹下的 f8wCoord.cfg、f8wEndev.cfg 和 f8wRouter.cfg 文件分别用于配置无线传感器网络的协调器、终端节点和路由节点,具体如下。

f8wCoord.cfg:该文件用于配置 ZigBee 无线传感器网络中协调器的设备类型及其微处理器的运行频率。例如,下面的代码就定义了该设备具有协调器和路由器的功能:

```
/*Coordinator Settings*/
-DZDO_COORDINATOR          // 协调器功能
-DRTR_NWK                  // 路由器功能
```

注意:协调器是建立网络的设备,在网络建立好以后,其也在网络中起到路由器的作用。

f8wEndev.cfg:该文件用于配置 ZigBee 无线传感器网络中终端设备的微处理器运行频率和 MAC 设定。

f8wRouter.cfg:该文件用于配置 ZigBee 无线传感器网络中路由器的微处理器运行频率、MAC 设定、路由设定等。

知识链接

① ZigBee 无线传感器网络中,如果 f8wConfig.cfg 文件中的 -DZDAPP_CONFIG_PAN_ID 参数被设置为 0xFFFF,协调器将根据自身的 IEEE 地址建立一个随机的 PAN_ID,范围为 0x0001~0x3FFF。

② ZigBee 无线传感器网络中,如果 f8wConfig.cfg 文件中的 -DZDAPP_CONFIG_PAN_ID 参数不为 0xFFFF,那么网络的 PAN_ID 将由 -DZDAPP_CONFIG_PAN_ID 确定。

③ ZigBee 无线传感器网络中,f8wConfig.cfg 文件中的 -DDEFAULT_CHANLIST 参数被设置为 0x0B(默认值)~0x1A,共 16 个信道。-DDEFAULT_CHANLIST 选择的信道将作为唯一的通信信道。

④ 多组同时进行实验时,组别间的信道和 PAN_ID 至少要有一个不同。如果都相同,会产生串扰,影响实验结果。

5. 描述符

ZigBee 无线传感器网络中的所有设备都有一些描述符,用来描述设备类型和应用方式,包括节点描述符、电源描述符和默认用户描述符等。通过改变这些描述符,可以定义自己的设备。描述符的定义和创建配置项在 ZDOConfig.h 和 ZDOConfig.c 文件中完成。描述符信息可以被网络中的其他设备读取。

4.1.2 工作流程

当用户应用程序需要进行数据通信时,工作流程如下。

① 调用协议栈提供的组网函数、加入网络函数,实现网络的建立与节点的加入。

② 发送设备调用协议栈提供的无线数据发送函数,实现数据的发送。

③ 接收设备调用协议栈提供的无线数据接收函数,实现数据的接收。

协调器工作流程如图 4.3 所示。协调器上电后,会按照编译时给定的参数,选择合适的信道和 PAN_ID,建立 ZigBee 无线传感器网络。

终端设备上电后,会进行硬件电路的初始化,然后搜索是否有 ZigBee 无线传感器网络,搜索到后自动加入,然后发送数据到协调器,执行相应的操作,工作流程如图 4.4 所示。

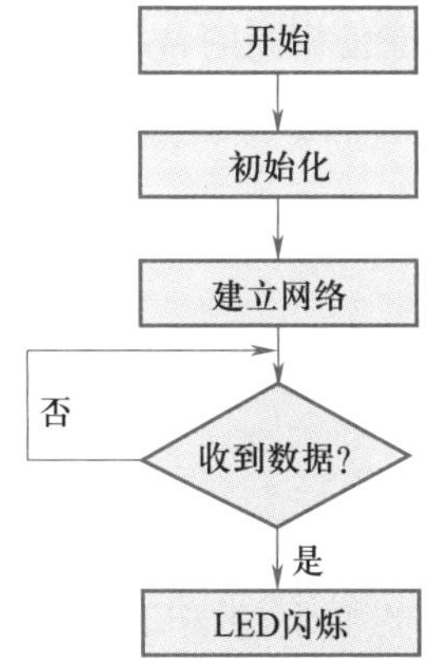

图 4.3 协调器工作流程

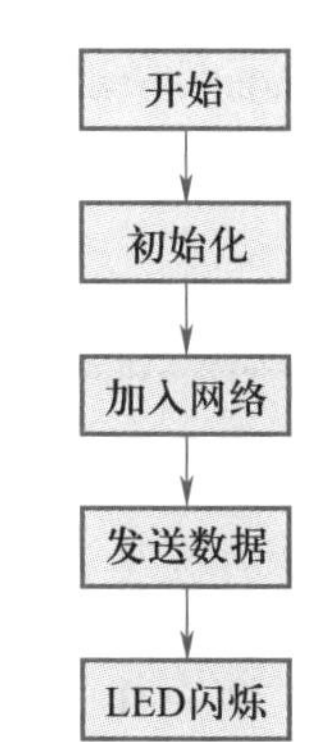

图 4.4 终端设备工作流程

4.1.3 数据发送

在 ZigBee 协议栈中进行数据发送可以调用 AF_DataRequest 函数实现,该函数会调用协议栈里与硬件相关的函数,最终将数据通过无线发送出去。其中还涉及射频模块的操作,如打开发射机、调整发射机的发送功率等,这些内容协议栈已经实现了,用户不需要自己编写代码去实现,只需要掌握 AF_DataRequest 函数的使用方法即可。

1. AF_DataRequest 函数参数

用户调用 AF_DataRequest 函数即可实现数据的无线发送。该函数中有 8 个参数,具体如下:

```
afStatus_t  AF_DataRequest(afAddrType_t *dstAddr,
                          endPointDesc_t *srcEP,
                          uint16 cID,uint16 len,uint8 *buf,
                          uint8 *transID,
                          uint8 options,uint8 radius)
```

(1) afAddrType_t *dstAddr

该参数代表发送目标节点的网络地址和传送模式。传送模式包括广播、单播或多播等。

(2) endPointDesc_t *srcEP

该参数代表源(答复或确认)网络地址的描述(如操作系统中任务 ID 等)。ZigBee 无线传感器网络中利用网络地址来标识某个具体的节点。某个具体的节点可以有不同的端口(endPoint),每个节点最多支持 240 个端口。端口 0 是默认的 ZDO,端口 0~240 可由用户自己定义。引入端口主要是由于 Z-Stack 协议栈中加入了 OSAL。这样,每个节点上的所有端口共用一个发射 / 接收天线,不同节点上的端口之间可以通信。节点与端口之间的关系如图 4.5 所示。节点 1 上的端口 1 可以给节点 2 上的端口 1 发送数据,也可以给节点 2 上的端口 2 发送数据,但是节点 2 上端口 1 和端口 2 的网络地址是相同的,仅仅通过网络地址无法区分。因此,在发送数据时不但要指定网络地址,还要指定端口号。

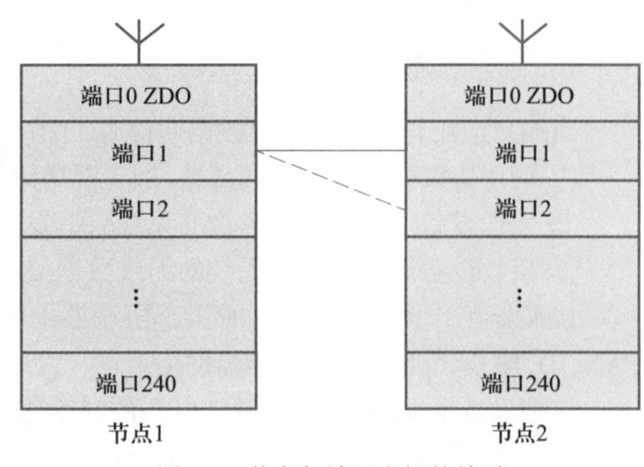

图 4.5 节点与端口之间的关系

知识链接

使用网络地址来区分不同的节点,使用端口号来区分同一节点上的端口。

(3) uint16 cID

该参数代表命令 ID。ZigBee 协议栈中的命令主要用来标识不同的控制操作,不同的命令 ID 代表不同的控制命令。例如,节点 1 上的端口 1 可以给节点 2 上的端口 1 发送控制命令,当该命令 ID 为 1 时表示点亮 LED,当该命令 ID 为 0 时表示熄灭 LED。

例如,终端节点在发送数据时使用的命令 ID 是 GENERICAPP_CLUSTERID,它是在 Coordinator.h 文件中定义的,其值为 1。

(4) uint16 len

该参数代表发送数据的长度。

(5) uint8 *buf

该参数代表指向存放发送数据的缓冲区的指针。发送数据时只需要将所要发送数据的缓冲区的地址传递给该参数即可,数据发送函数会从该地址开始按照指定的数据长度取得发送数据进行发送。

(6) uint8 *transID

该参数代表指向发送序号的指针。每次发送数据时,发送序号会自动加 1(在协议栈中实现该功能),在接收端可以通过发送序号来判断是否丢包,同时可以计算出丢包率。

例如,发送了 10 个数据包,发送序号为 0~9,在接收端发现发送序号为 3 和 8 的数据包没有收到,则丢包率为 20%(= 丢包个数 / 所发送的数据包的总个数 ×100%)。

(7) uint8 options

该参数代表有效位掩码的发送选项,通常设置为 AF_DISCV_ROUTE。

(8) uint8 radius

该参数代表发送跳数,通常设置为 AF_DEFAULT_RADIUS。

2. AF_DataRequest 函数使用举例

在发送函数 void SampleApp_SendPointToPointMessage(void)中,发送参数定义举例如下:

```
if(AF_DataRequest(&SampleApp_Periodic_DstAddr,// 目标地址结构 ( 对方 )
            &SampleApp_epDesc,// 端口描述 ( 自己 )
            SAMPLEAPP_PERIODIC_CLUSTERID,
            // 簇信息→命令 ID→ ( 通知对方这次的命令 ID)
            1,// 数据包的长度 ( 根据实际数据长度填写 , 单位为字节 )
            (uint8 *)&SampleAppPeriodicCounter,// 指向数据包的数据地址
            &SampleApp_TransID,
            AF_DISCV_ROUTE,
            AF_DEFAULT_RADIUS)==afStatus_SUCCESS)
// 地址结构体
typedef struct
{
  union
  {
    uint16  shortAddr;
    ZLongAddr_t extAddr;
  } addr;
  afAddrMode_t addrMode;
  byte endPoint;
  uint16 panId;  //used for the INTER_PAN feature
} afAddrType_t;
  //Broadcast to everyone
  SampleApp_Periodic_DstAddr.addrMode=(afAddrMode_t)AddrBroadcast;
  // 默认广播
  SampleApp_Periodic_DstAddr.endPoint = SAMPLEAPP_ENDPOINT;
  SampleApp_Periodic_DstAddr.addr.shortAddr = 0xFFFF;
  // 广播地址为 0xFFFF
```

4.1.4 数据接收

终端节点发送数据后,协调器会收到该数据,但是协议栈里是如何通过天线接收到数据的呢?

当协调器收到数据后,操作系统会将数据封装成一个消息,放入消息队列。每个消息都有自己的消息 ID,标识接收到新数据的消息 ID 是 AF_INCOMING_MSG_CMD,其值是 0x1A,这是在 ZigBee 协议栈中定义好的,用户不可更改。ZigBee 协议栈中 AF_INCOMING_MSG_CMD 宏的定义在 ZComDef.h 文件中,具体如图 4.6 所示。

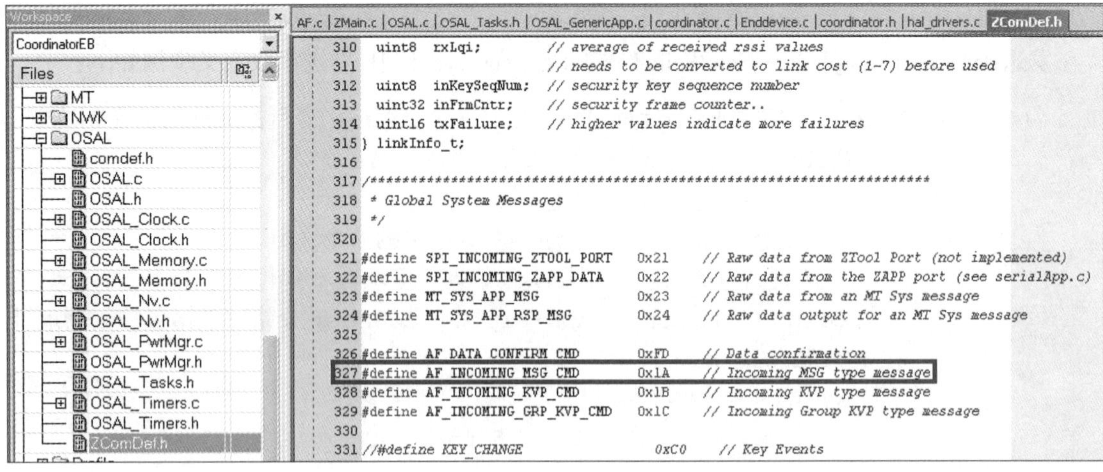

图 4.6 AF_INCOMING_MSG_CMD 宏的定义

下面给出的 SampleApp_ProcessEvent( ) 函数首先调用 osal_msg_receive( ) 函数从消息队列中接收一个消息,然后使用 switch-case 语句对消息类型(消息 ID)进行判断,如果消息 ID 是 AF_INCOMING_MSG_CMD,则进行相应的数据处理,对用户添加的应用任务进行事件的轮询,具体如下:

```
uint16 SampleApp_ProcessEvent(uint8 task_id,uint16 events)
{
afIncomingMSGPacket_t *MSGpkt;  //接收到的消息
/* 如果大事件是接收系统消息，则接收系统消息再进行判断 */
if(events & SYS_EVENT_MSG)
{
MSGpkt =(afIncomingMSGPacket_t *)osal_msg_receive (SampleApp_TaskID);
//接收属于本应用任务 SampleApp 的消息，根据 SampleApp_TaskID 标记匹配
while(MSGpkt)  //接收到 MSGpkt 为非空数据
{
switch(MSGpkt->hdr.event)//系统消息的进一步判断
{
//Received when a key is pressed
/* 小事件：按键事件 */
// 如果一个 OSAL 任务已经被登记注册，那么任何键盘事件都将接受一个 KEY_CHANGE 事件信息
case  KEY_CHANGE:
SampleApp_HandleKeys(((keyChange_t *)MSGpkt)->state,((keyChange_t *)MSGpkt)->keys);
break;
//执行具体的按键处理函数，定义在 SampleAPP.c 中
//Received when a messages is received (OTA:over the air) for this endpoint
```

```
/* 小事件：接收数据事件 */
// 接收数据事件，调用函数 AF_DataRequest() 接收数据
case AF_INCOMING_MSG_CMD:
SampleApp_MessageMSGCB(MSGpkt);
break;
// 调用回调函数对收到的数据进行处理
//Received whenever the device changes state in the network
/* 小事件：设备网络状态变化事件 */
/* 只要网络状态发生改变，就通过 ZDO_STATE_CHANGE 事件通知所有的任务。注意，所
有任务都会收到该消息 */
case ZDO_STATE_CHANGE:
SampleApp_NwkState=(devStates_t)(MSGpkt->hdr.status);
if((SampleApp_NwkState==DEV_ZB_COORD)||(SampleApp_NwkState==
DEV_ROUTER)||(SampleApp_NwkState == DEV_END_DEVICE))
```

这里产生了 ZDO 状态改变事件，从 if 判断语句可以看出，此时已经完成了对协调器、路由器、终端设备的确定和设置，针对三种不同类型的设备进行了发送周期性消息事件的设置。可以对需要的设备进行周期性事件设置，如为终端设备设置一个周期性采集数据的功能。

MAC 定时器（定时器 2）是专门为支持 IEEE 802.15.4 MAC 或软件中其他时槽的协议设计的，由 osal_start_timerEx( ) 函数启动定时器程序，具体如下：

```
{
//Start sending the periodic message in a regular interval
/* 按一定间隔启动定时器 */
osal_start_timerEx(SampleApp_TaskID,
                   SAMPLEAPP_SEND_PERIODIC_MSG_EVT,
                   SAMPLEAPP_SEND_PERIODIC_MSG_TIMEOUT);
}
else
{
//Device is no longer in the network
}
break;
default:
break;
}
//Release the memory
// 以上把收到系统消息这个大事件处理完了，释放消息占用的内存
osal_msg_deallocate((uint8 *)MSGpkt);
//Next-if one is available
```

```
/* 指针指向下一个 " 已接收到的 "[ 程序在 while(MSGpkt) 内 ] 放在缓冲区中的待处理事件，与 SampleApp_ProcessEvent 处理多个事件相对应，返回 while(MSGpkt) 重新处理事件，直到缓冲区没有等待处理事件为止。*/
MSGpkt=(afIncomingMSGPacket_t *)osal_msg_receive(SampleApp_TaskID);
}
//return unprocessed events
/* 返回未处理的事件，返回到 osal_start_system() 下的 events =(tasksArr[idx])(idx,events) 语句中，重新在 osal_start_system() 下轮询再进入 tasksArr[idx] 函数进行处理。*/
return(events ^ SYS_EVENT_MSG);
}
//Send a message out-This event is generated by a timer
/* 下面是处理周期性消息事件的代码，利用 SampleApp_SendPeriodic-Message() 处理完当前的周期性消息事件，然后启动定时器开启下一个周期性消息事件，这样循环下去。*/
//  (setup in SampleApp_Init())
if(events & SAMPLEAPP_SEND_PERIODIC_MSG_EVT)  // 周期性消息事件
{
//Send the periodic message  发送周期性消息
SampleApp_SendPeriodicMessage();
//Setup to send message again in normal period(+ a little jitter)
osal_start_timerEx(SampleApp_TaskID,
SAMPLEAPP_SEND_PERIODIC_MSG_EVT,
(SAMPLEAPP_SEND_PERIODIC_MSG_TIMEOUT +(osal_rand()&0x00FF)));
//return unprocessed events
return(events ^ SAMPLEAPP_SEND_PERIODIC_MSG_EVT);
}
}
```

至此为止，当协调器收到数据后，用户只需要从消息队列中接收消息，然后从消息中取得所需要的数据即可，其他工作都由 ZigBee 协议栈自动完成。

接收方接收成功，协议栈将触发数据包接收事件(AF_INCOMING_MSG_CMD)，调用收包处理函数 SampleApp_MessageMSGCB(MSGpkt)，具体如下：

```
//Received when a messages is received (OTA) for this endpoint
case AF_INCOMING_MSG_CMD:
     SampleApp_MessageMSGCB(MSGpkt);  // 收包处理函数
     break;
```

为了便于读者理解 ZigBee 无线传感器网络数据通信的流程，下面从数据包接收事件测试、协调器接收数据包处理和发送数据设置三个方面进行阐述。

1. 数据包接收事件测试

代码具体如下：

```
uint16 SampleApp_ProcessEvent(uint8 task_id,uint16 events)
{
  afIncomingMSGPacket_t *MSGpkt;
  (void)task_id;  //Intentionally unreferenced parameter
  if(events & SYS_EVENT_MSG)
  {
    MSGpkt=(afIncomingMSGPacket_t *)osal_msg_receive (SampleApp_TaskID);
    while(MSGpkt)
    {
      switch(MSGpkt->hdr.event)
      {
        //Received when a key is pressed
        case KEY_CHANGE:
         …
         break;
        //Received when a messages is received (OTA) for this endpoint
        case AF_INCOMING_MSG_CMD:  //数据包接收事件到来
         HalLedSet(HAL_LED_2,HAL_LED_MODE_BLINK);
         //协议栈的闪灯函数,LED2 闪烁
         SampleApp_MessageMSGCB(MSGpkt);  //数据包的接收处理
         break;
       //Received whenever the device changes state in the network
       case ZDO_STATE_CHANGE:
       …
         break;
       default:
         break;
    }
     …
    }
    //return unprocessed events
    return(events ^ SYS_EVENT_MSG);
  }
  if(events & SAMPLEAPP_SEND_PERIODIC_MSG_EVT)
  {
    …
  }
  //Discard unknown events
  return 0;
}
```

```
/* 数据包的接收处理：终端节点/路由节点收到的数据如何处理？协调器收到的数据如何处理？ */
void SampleApp_MessageMSGCB(afIncomingMSGPacket_t *pkt)
{
  uint16 flashTime;
  switch(pkt->clusterId)
  {
    case SAMPLEAPP_PERIODIC_CLUSTERID:
      break;
    case SAMPLEAPP_FLASH_CLUSTERID:
      flashTime = BUILD_UINT16(pkt->cmd.Data[1],pkt->cmd.Data[2]);
      HalLedBlink(HAL_LED_4,4,50,(flashTime/4));
      break;
  }
}
```

2. 协调器接收数据包处理

协调器收到的数据包的格式为 afIncomingMSGPacket_t，具体如下：

```
typedef struct
{
  osal_event_hdr_t hdr;  /*OSAL Message header*/
  uint16 groupId;        /*Message's group ID-0 if not set*/
  uint16 clusterId;      /*Message's cluster ID*/
  afAddrType_t srcAddr;  /*Source Address,if endpoint is STUBAPS_
                          INTER_PAN_EP,it's an InterPAN message*/
  uint16 macDestAddr;    /*MAC header destination short address*/
  uint8 endPoint;        /*destination endpoint*/
  uint8 wasBroadcast;    /*TRUE if network destination was a broadcast
                          address*/
  uint8 LinkQuality;     /*The link quality of the received data frame*/
  uint8 correlation;     /*The raw correlation value of the received
                          data frame*/
  int8 rssi;             /*The received RF power in units dBm*/
  uint8 SecurityUse;     /*deprecated*/
  uint32 timestamp;      /*receipt timestamp from MAC*/
  afMSGCommandFormat_t cmd;/*Application Data*/
                         //收到的数据包的具体内容结构体
}afIncomingMSGPacket_t;
typedef struct
{
```

```
    byte  TransSeqNumber;
    uint16 DataLength;        //收到的数据包的大小
    byte  *Data;              //收到的数据包的具体内容
  } afMSGCommandFormat_t;
```

终端节点或路由节点发送数据给协调器,协调器通过串口利用 PC 串口助手显示接收到的数据。在 ZigBee 无线传感器网络数据通信过程中,主要涉及以下两个问题。

① 对方传递上来的是什么类型的数据? 数据的事件类型(簇 ID)由 pkt->clusterId 决定。

② 传递上来的数据内容是什么? 数据内容由 pkt->cmd.Data 决定。

协调器修改例程如下。

① 修改 SampleApp_ProcessEvent(uint8 task_id,uint16 events)函数,将蓝灯闪烁的功能关闭,具体如下:

```
  case AF_INCOMING_MSG_CMD:         //数据包接收事件到来
  //HalLedSet(HAL_LED_2,HAL_LED_MODE_BLINK);
  //协议栈的闪灯函数,LED2 闪烁 -----> 在该行代码前加注释符
  SampleApp_MessageMSGCB(MSGpkt);//数据包的接收处理
  break;
```

② 添加数据包分析控灯功能,具体如下:

```
  void SampleApp_MessageMSGCB(afIncomingMSGPacket_t *pkt)
  {
    uint16 flashTime;
    switch(pkt->clusterId)
    {
    case SAMPLEAPP_PERIODIC_CLUSTERID:  //匹配数据包发送的事件类型
  /* 数据包内容分析:当接收的数据包长度不确定时,需要分析 pkt->cmd.DataLength;
当接收的数据包长度确定时,直接操作 Data。*/
  /* 协议栈默认发送的是 1 个字节,内容为 SampleAppPeriodicCounter,根据值进行
LED 控制操作。*/
    if(pkt->cmd.Data[0]==0)
    HalLedSet(HAL_LED_2,HAL_LED_MODE_OFF);  //蓝灯灭
    else
    HalLedSet(HAL_LED_2,HAL_LED_MODE_ON);   //蓝灯亮
    break;
    case SAMPLEAPP_FLASH_CLUSTERID:
          flashTime = BUILD_UINT16(pkt->cmd.Data[1],pkt->cmd.Data[2]);
          HalLedBlink(HAL_LED_4,4,50,(flashTime/4));
          break;
    }
  }
```

3. 发送数据设置

下面通过设置发送的内容，实现对协调器 LED 的控制操作。

在 SampleApp.c 文件中，修改变量 SampleAppPeriodicCounter 的值，利用 SampleApp_SendPeriodicMessage( )函数将其发送给协调器，具体如下：

```
//SampleAppPeriodicCounter = 0;  //让协调器灭蓝灯
SampleAppPeriodicCounter = 1;    //让协调器亮蓝灯
void SampleApp_SendPeriodicMessage(void)
{
  if(AF_DataRequest(&SampleApp_Periodic_DstAddr,&SampleApp_epDesc,
                    SAMPLEAPP_PERIODIC_CLUSTERID,
                    1,
                    (uint8 *)&SampleAppPeriodicCounter,
                    &SampleApp_TransID,
                    AF_DISCV_ROUTE,
                    AF_DEFAULT_RADIUS)==afStatus_SUCCESS)
  {
  }
  else
  {
    //Error occurred in request to send
  }
}
```

4.2 ZigBee 数据包

4.2.1 ZigBee 数据包结构

从 Texas Instruments SmartRF Packet Sniffer 软件中抓取的数据包可以看出，每个数据包(每一行表示一个数据包)由很多段组成，这与 ZigBee 协议是对应的。由于 ZigBee 协议栈是采用分层结构实现的，所以数据包显示时也是不同的层使用不同的颜色。下面分析图 4.7 所示的数据包。

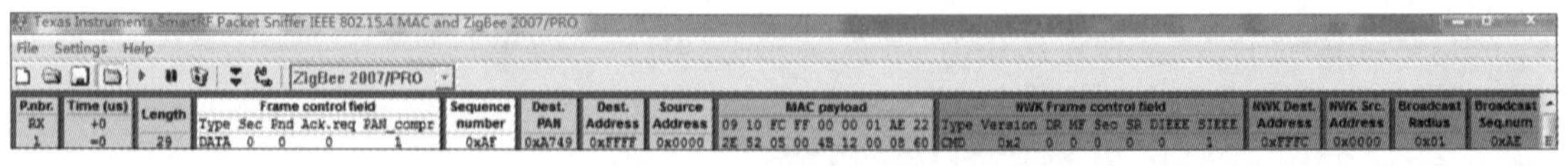

图 4.7 数据包分析实例

由图 4.7 可以看到，该数据包含 Frame control field、Sequence number、Dest. PAN、Dest. Address 等不同的数据段。

ZigBee 协议中介质访问控制层(MAC 层)的数据包结构如表 4.2 所示。

表 4.2 介质访问控制层(MAC 层)数据包结构

字节长度	2	1	0/2	0/2/8	0/2	0/2/8
域名	帧控制域	序列号	目标 PAN_ID	目标地址	源 PAN_ID	源地址

4.2.2 ZigBee 数据传输流程

SampleApp 例程由协调器和终端节点两个模块组成。当两个模块都上电后,如果一切正常,绿色灯会点亮。这时,按终端节点上的 SW1 键,就可以从终端节点发送一条消息“LED”;再按协调器上的 SW1 键,就可以发送给终端节点一条消息“Thank you!”。当接收到数据时,两个模块的红色灯会闪烁。

在 ZigBee 无线传感器网络中,每个设备都必须在加入网络之后才能完成数据通信,所以,加入网络是每一个设备首先要做的事情。

ZigBee 协议分析仪捕获的数据包如图 4.8 所示。

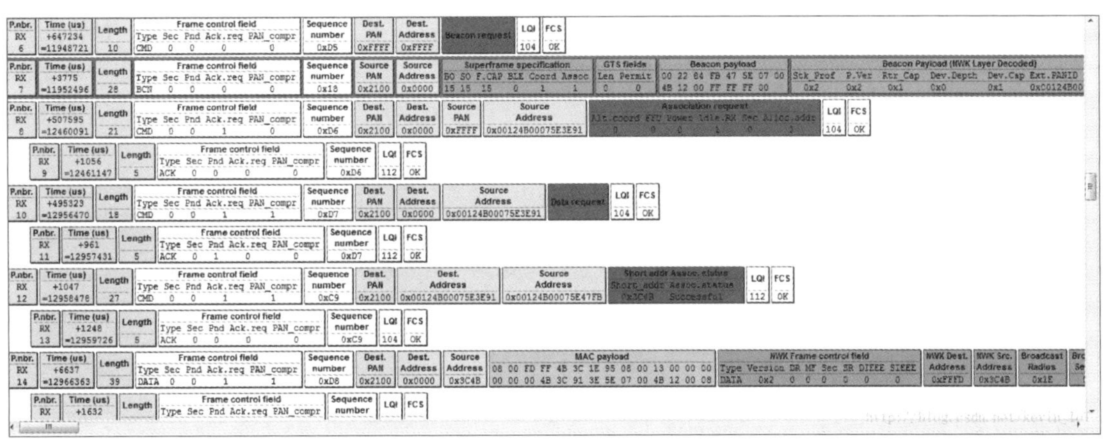

图 4.8 ZigBee 协议分析仪捕获的数据包

协议分析仪中显示的数据是协调器建立 ZigBee 无线传感器网络和终端节点加入该网络的过程。

第 1 行,终端节点发送信标请求(Beacon request)。

第 2 行,协调器建立了 ZigBee 无线传感器网络。在 ZigBee 无线传感器网络中,协调器的网络地址必定是 0x0000,第 2 行所示数据包的 Source Address 就是协调器的网络地址。

第 3 行,终端节点发送加入网络请求(Association request)。

第 4 行,协调器对终端节点加入网络的请求做出应答。这一点可通过观察第 3、4 行的序列号(Sequence number)得知,这两行数据包的序列号相同,都是 0xD6。

第 5 行,终端节点收到协调器的应答后,发送数据请求(Data request),请求协调器分配网络地址。从该数据包还可以得到的信息是:终端节点的 IEEE 地址是 0x0000。

注意:当终端节点未加入网络时,网络地址是 0xFFFF,为什么不使用这个地址作为源地址呢?

如果有几个节点同时加入网络,而这几个节点的网络地址均默认为 0xFFFF,则如果将网络地址作为源地址,当协调器收到加入网络请求后需要做出应答时就会出现问题,以 0xFFFF 为源地址的节点有好几个,协调器无法确定应该对哪个节点发送应答。

但是，每个节点都有自己的 IEEE 地址，如果未加入网络时使用该地址作为源地址，则协调器收到加入网络请求后通过该地址就可以唯一地确定到底是哪个节点发送的网络请求，然后就可以对其做出应答。

第 6 行，协调器对终端节点的数据请求做出应答（其序列号与第 5 行相同）。

第 7 行，协调器将分配的网络地址发送给终端节点。通过 Short_addr 可以看到，协调器为终端节点分配的网络地址是 0x3C4B。

从第 9 行开始，终端节点就可以使用自己的网络地址 0x3C4B 与协调器进行通信了。

MAC 帧格式如表 4.3 所示。其中帧控制域中各字段含义如表 4.4 所示。帧值的描述如表 4.5 所示。

表 4.3 MAC 帧格式

<table>
<tr><th>字节长度(octet):2</th><th>1</th><th>0/2</th><th>0/2/8</th><th>0/2</th><th>0/2/8</th><th>可变</th><th>2</th></tr>
<tr><td rowspan="2">帧控制域</td><td rowspan="2">序列号</td><td>目标 PAN_ID</td><td>目标地址</td><td>源 PAN_ID</td><td>源地址</td><td rowspan="2">帧净荷</td><td rowspan="2">帧校验序列</td></tr>
<tr><td colspan="4">地址域</td></tr>
<tr><td colspan="6">MHR</td><td>MAC 净荷</td><td>MFR</td></tr>
</table>

表 4.4 帧控制域中各字段含义

位(bit):0~2	3	4	5	6	7~9	10~11	12~13	14~15
帧数据类型	开启加密	框架	确认	PAN_ID	保留	目标寻址模式	保留	源寻址模式

表 4.5 帧值的描述

帧值	描述
000	信标
001	数据
010	确认
011	命令
100~111	保留

全部数据包格式如图 4.9 所示。

在终端节点上按 SW1 键，以广播的形式发送一条消息“LED”。由于是广播发送，所以在发送完成以后，网络中的每一个设备都能收到数据。广播深度（Broadcast Radius）为 0x0A，所以协调器收到数据以后，会以路由的方式转发数据。协调器收到并转发数据以后，在路由器上按 SW1 键，将发送一条应答消息“Thank you!”。

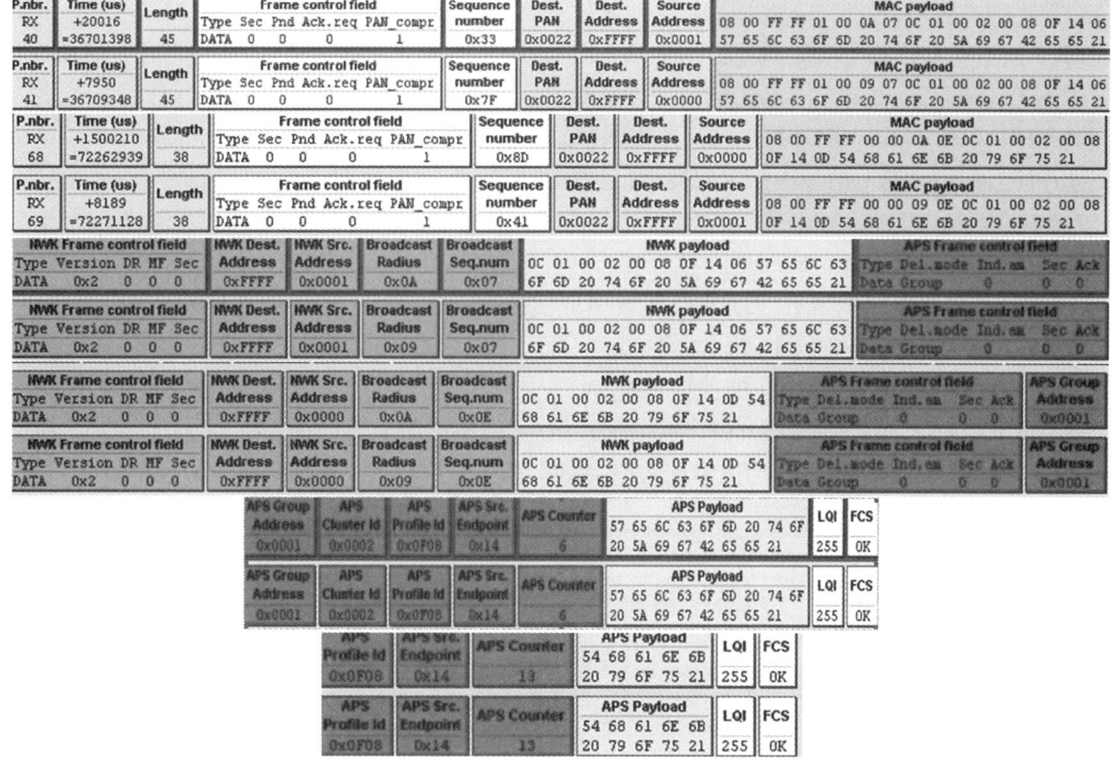

图 4.9　全部数据包格式

知识链接

在 ZigBee 无线传感器网络中，节点的 IEEE 地址是 64 位的，而节点的网络地址是 16 位的。为什么不使用节点的 IEEE 地址作为源地址进行通信呢？对于无线通信而言，数据长度越长，发送数据所需要的功率就越大，同时由于每个数据包的最大长度是确定的，如果节点地址占据的位数增多，每个数据包携带的有效数据必将减少。因此，一般节点成功加入网络后，数据通信过程中会使用节点的网络地址作为源地址。

4.2.3　ZigBee 数据包格式

在 ZigBee 无线网络中，通常是将命令或者数据按照特定的格式组成数据包，以便在不同的节点之间进行无线通信。ZigBee 数据包格式如图 4.10 所示。

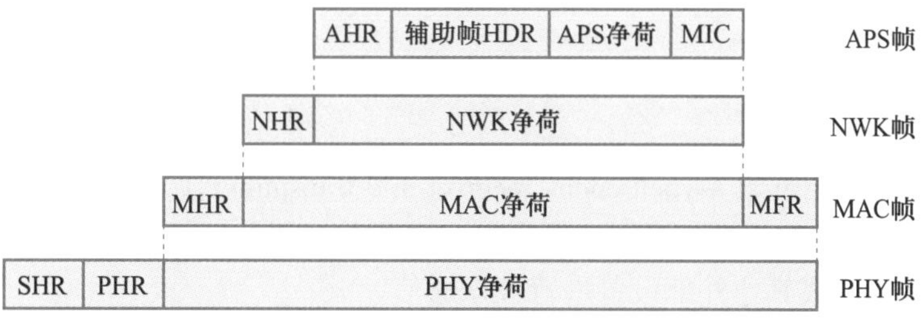

图 4.10　ZigBee 数据包格式

1. PHY 帧

PHY 帧主要包括三个组成部分。

① SHR（synchronization header，同步头）：主要用于接收端的时钟同步。

② PHR（PHY header，物理层头）：包含数据帧的长度信息。

③ PHY 净荷（PHY payload）：由上层提供，包含接收端所需要的数据或者命令信息。

2. MAC 帧

MAC 帧主要包括三个组成部分。

① MHR（MAC header，MAC 头）：主要包含地址信息和安全信息。

② MAC 净荷（MAC payload）：包含数据或者命令。MAC 净荷的数据长度是可变化的，按照具体的数据传输要求来确定 MAC 净荷的数据长度。

③ MFR（MAC footer，MAC 尾）：包含数据校验信息，通常称为 FCS（frame check sequence）。数据包中的 MAC 帧如图 4.11 所示。在构成数据包时，MAC 帧是作为 PHY 帧的 PHY 净荷存在的。

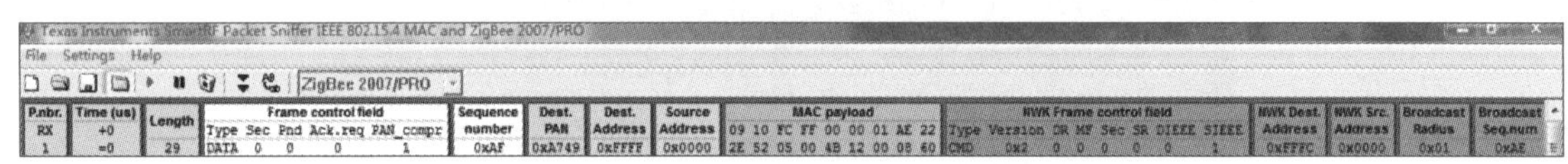

图 4.11 MAC 帧

3. NWK 帧

NWK 帧主要包括两个组成部分。

① NHR（MWK header，NWK 头）：主要包含一些网络层级别的地址信息和控制信息。

② NWK 净荷（NWK payload）：由 APS 帧提供。

4. APS 帧

APS 帧包括四个组成部分。

① AHR（APS header，应用程序支持子层头）：主要包含一些应用层级别的地址信息和控制信息。

② 辅助帧 HDR（auxiliary frame header，辅助帧头）：主要用于向数据帧中添加安全信息以及安全密钥等。

③ APS 净荷（APS payload）：包含应用程序需要发送的命令或者数据信息。

④ MIC（message integrity code，消息完整性码）：为数据帧提供安全特性支持，主要用于检测消息是否经过认证。

4.3 利用串口收发数据

4.3.1 串口概述

1. 通用异步收发器

微课

ZigBee 串口通信

通用异步收发器（universal asynchronous receiver and transmitter，UART）是用硬件实现异步串行通信的接口电路。UART 异步串行通信接口是嵌入式系统最常用的接口，可用来与上位机或其他外部设备进行数据通信。

UART 是异步串行通信的总称，它允许在串行链路上进行全双工的通信，输入/

输出电平为 TTL 电平。一般来说,全双工 UART 定义了一个串行发送引脚(TxD)和一个串行接收引脚(RxD),可以在同一时刻发送和接收数据。

RS-232 是美国电子工业协会(Electronic Industries Association,EIA)制定的串行通信标准,又称为 RS-232-C(C 代表公布的版本)。它早期被应用于计算机和调制解调器的连接控制,调制解调器再通过电话线进行远距离的数据传输。RS-232 是一个全双工的通信标准,可以同时进行数据的接收和发送工作。RS-232 标准包括一个主通道和一个辅助通道,在多数情况下主要使用主通道,即 RxD、TxD、GND 等。

严格来讲,RS-232 接口是数据终端设备(date terminal equipment,DTE)和数据通信设备(date circuit-terminating equipment,DCE)之间的一个接口。DTE 包括计算机、终端和串口打印机等设备,DCE 通常只有调制解调器和交换机等。

2. 同步串行口 SPI 和 I^2C

① SPI(serial peripheral interface)是一种同步串行外设接口,它与各种外设以串行方式进行通信并交换信息。SPI 支持全双工同步传输,可选择以 8 位或 16 位传输帧格式进行传输,支持多种模式。

② I^2C 总线是一个多主机的总线,可以连接多个能控制它的器件。

4.3.2 收发数据的实现方法

串口通信是 ZigBee 模块和 PC 交互的一种重要方式,正确地使用串口对于 ZigBee 无线网络的学习具有较大的促进作用。使用串口的步骤具体如下。

① 初始化串口,包括设置波特率、中断等。

② 向发送缓冲区发送数据或者从接收缓冲区读取数据。

上述方法是使用串口的常用方法,但是 ZigBee 协议栈的存在使得串口的使用略有不同。ZigBee 协议栈中已经对初始化串口所需要的函数进行了实现,用户只需根据通信需要配置几个主要参数即可。此外,ZigBee 协议栈还提供了串口的读取函数和写入函数。因此,用户在使用串口时,只需要掌握 ZigBee 协议栈提供的与串口操作相关的函数即可。ZigBee 协议栈提供的与串口操作相关的三个函数如下。

1. HalUARTOpen( )

函数原型:uint8 HalUARTOpen(uint8 port,halUARTCfg_t *config)。

功能描述:打开串口,对串口进行初始化。

注意:ZigBee 协议栈对串口的配置是通过一个结构体来实现的,该结构体为 halUARTCfg_t,在此不必关心结构体的具体形式,只需要对其功能有所了解即可。该结构体将与串口初始化有关的参数集合在一起,如波特率、是否打开串口、是否使用流控等,用户只需要对各个参数进行初始化即可。

使用 HalUARTOpen( )函数对串口进行初始化,其实质是函数将 halUARTCfg_t 类型的结构体变量作为参数,因为该结构体变量中已经包含了与串口初始化相关的参数。HalUARTOpen( )函数的原型代码如下:

```
uint8 HalUARTOpen(uint8 port,halUARTCfg_t *config)
{
  (void)port;
  (void)config;
```

```
#if(HAL_UART_DMA == 1)
  if(port == HAL_UART_PORT_0)  HalUARTOpenDMA(config);
  //串口 0 使用 DMA 传输，那么串口 1 只能使用 ISP（在线系统可编程）
#endif
#if(HAL_UART_DMA == 2)
  if(port == HAL_UART_PORT_1)  HalUARTOpenDMA(config);
#endif
#if(HAL_UART_ISR == 1)
  if(port == HAL_UART_PORT_0)  HalUARTOpenISR(config);
#endif
#if(HAL_UART_ISR == 2)
  if(port == HAL_UART_PORT_1)  HalUARTOpenISR(config);
#endif
#if(HAL_UART_USB)
  HalUARTOpenUSB(config);
#endif
  return HAL_UART_SUCCESS;
}
```

该函数实际上调用了 HalUARTOpenDMA 函数，该函数的原型代码如下：

```
static void HalUARTOpenDMA(halUARTCfg_t *config)
{
  dmaCfg.uartCB = config->callBackFunc;
  //Only supporting subset of baudrate for code size-other is possible
  HAL_UART_ASSERT((config->baudRate == HAL_UART_BR_9600)||
                  (config->baudRate == HAL_UART_BR_19200)||
                  (config->baudRate == HAL_UART_BR_38400)||
                  (config->baudRate == HAL_UART_BR_57600)||
                  (config->baudRate == HAL_UART_BR_115200));
  if(config->baudRate == HAL_UART_BR_57600 ||
     config->baudRate == HAL_UART_BR_115200)
  {
   UxBAUD = 216;
  }
  else
  {
   UxBAUD = 59;
  }
  switch(config->baudRate)
  {
```

```
      case HAL_UART_BR_9600:
        UxGCR = 8;
        dmaCfg.txTick = 35;//(32768 Hz/((9600 bit/s)/(10 bits)))
                             //10 bits include start and stop bits
        break;
      case HAL_UART_BR_19200:
        UxGCR = 9;
        dmaCfg.txTick = 18;
        break;
      case HAL_UART_BR_38400:
        UxGCR = 10;
        dmaCfg.txTick = 9;
        break;
      case HAL_UART_BR_57600:
        UxGCR = 10;
        dmaCfg.txTick = 6;
        break;
      default:
        //HAL_UART_BR_115200
        UxGCR = 11;
        dmaCfg.txTick = 3;
        break;
     }
     //8 bitsar;no parity;1 stop bit;stop bit hi
     if(config->flowControl)
     {
       UxUCR = UCR_FLOW | UCR_STOP;
       PxSEL |= HAL_UART_Px_CTS;
      //DMA Rx is always on(self-resetting).So flow must be controlled
by the S/W polling the Rx buffer level.Start by allowing flow
       PxOUT &= ~HAL_UART_Px_RTS;
       PxDIR |=  HAL_UART_Px_RTS;
     }
     else
     {
       UxUCR = UCR_STOP;
     }
     dmaCfg.rxBuf[0]=*(volatile uint8 *)DMA_UDBUF;
     //Clear the DMA Rx trigger
     HAL_DMA_CLEAR_IRQ(HAL_DMA_CH_RX);
```

```
    HAL_DMA_ARM_CH(HAL_DMA_CH_RX);
    osal_memset(dmaCfg.rxBuf,(DMA_PAD ^ 0xFF),HAL_UART_DMA_RX_MAX*2);
    UxCSR |= CSR_RE;
    //Initialize that TX DMA is not pending
    dmaCfg.txDMAPending = FALSE;
    dmaCfg.txShdwValid = FALSE;
  }
```

需要注意的是，在 ZigBee 协议栈中，TI 采用的方法是将串口和 DMA 结合起来使用，这样可以降低 CPU 的负担。

结构体 halUARTCfg_t 的定义如下：

```
typedef struct
{
  bool                 configured;
  uint8                baudRate;
  bool                 flowControl;
  uint16               flowControlThreshold;
  uint8                idleTimeout;
  halUARTBufControl_t rx;
  halUARTBufControl_t tx;
  bool                 intEnable;
  uint32               rxChRvdTime;
  halUARTCBack_t       callBackFunc;
  }halUARTCfg_t;
```

其中，halUARTCBack_t 为 typedef void(*halUARTCBack_t)(uint8 port,uint8 event)，这显然是一个函数指针。

结构体 halUARTCfg_t 较为复杂，一般不需要使用串口的硬件流控，所以很多与流控相关的参数都不需要关注(因为要跟早期版本的协议栈保持兼容，所以该结构体中保留了很多无关的参数)，一般的应用只需要关注通过回调函数实现的 port、buf 和 len 这三个参数即可。

在 HalUARTOpenDMA( ) 函数中对串口的波特率进行了初始化，同时对 DMA 接收缓冲区进行了初始化。

在波特率初始化过程中，可以从 CC2530 数据手册中查找 UxBAUD 和 UxGCR 的初始化值。常用波特率的设置如表 4.6 所示。

根据结构体 halUARTCfg_t 中的成员变量 baudRate 在初始化时设定的波特率，参考表 4.6 中的 UxBAUD 和 UxGCR 的值，使用 switch-case 语句就可以完成串口波特率的初始化。

2. HalUARTRead( )

函数原型：uint8 HalUARTRead(uint8 port,uint8 *buf,uint16 len)。

功能描述：从串口读取数据，并将其存放在 buf 数组中。

表 4.6 常用波特率的设置

波特率 /(bit/s)	UxBAUD	UxGCR	误差 /%
2 400	59	6	0.14
4 800	59	7	0.14
9 600	59	8	0.14
14 400	216	8	0.03
19 200	59	9	0.14
28 800	216	9	0.03
38 400	59	10	0.14
57 600	216	10	0.03
76 800	59	11	0.14
115 200	216	11	0.03
230 400	216	12	0.03

在 ZigBee 协议栈中，开辟了 DMA 发送缓冲区和接收缓冲区。用户通过串口调试助手向串口发送数据时，数据首先存放在 DMA 接收缓冲区。然后，用户调用 HalUARTRead( )函数进行数据读取时，实际上是去读取 DMA 接收缓冲区中的数据。HalUARTRead( )函数的原型代码如下：

```
uint16 HalUARTRead(uint8 port,uint8 *buf,uint16 len)
{
  (void)port;
  (void)buf;
  (void)len;
#if(HAL_UART_DMA == 1)
   if(port == HAL_UART_PORT_0) return HalUARTReadDMA(buf,len);
#endif
#if(HAL_UART_DMA == 2)
   if(port == HAL_UART_PORT_1) return HalUARTReadDMA(buf,len);
#endif
#if(HAL_UART_ISR == 1)
   if(port == HAL_UART_PORT_0) return HalUARTReadISR(buf,len);
#endif
#if(HAL_UART_ISR == 2)
   if(port == HAL_UART_PORT_1) return HalUARTReadISR(buf,len);
#endif
#if HAL_UART_USB
  return HalUARTRx(buf,len);
#else
  return 0;
```

```
#endif
}
```

该函数实际上调用了 HalUARTReadDMA( )函数。

3. HalUARTWrite( )

函数原型:uint8 HalUARTWrite(uint8 port,uint8 *buf,uint len)。

功能描述:写信息到串口。

当用户调用 HalUARTWrite( )函数发送数据时,实际上是将数据写入 DMA 发送缓冲区。然后,DMA 自动将发送缓冲区中的数据通过串口发送给 PC。HalUARTWrite( )函数的原型代码如下:

```
uint16 HalUARTWrite(uint8 port,uint8 *buf,uint16 len)
{
  (void)port;
  (void)buf;
  (void)len;
#if(HAL_UART_DMA == 1)
   if(port == HAL_UART_PORT_0) return HalUARTWriteDMA(buf,len);
#endif
#if(HAL_UART_DMA == 2)
   if(port == HAL_UART_PORT_1) return HalUARTWriteDMA(buf,len);
#endif
#if(HAL_UART_ISR == 1)
   if(port == HAL_UART_PORT_0) return HalUARTWriteISR(buf,len);
#endif
#if(HAL_UART_ISR == 2)
   if(port == HAL_UART_PORT_1) return HalUARTWriteISR(buf,len);
#endif
#if HAL_UART_USB
  HalUARTTx(buf,len);
  return len;
#else
  return 0;
#endif
}
```

该函数实际上调用了 HalUARTWriteDMA( )函数。

参数 port 一般为 HAL_UART_PORT_0 或 HAL_UART_PORT_1,字符串的长度应该如何计算呢?字符串通常被认为是常量,是保存在一段固定的内存中的,这段内存以 '\0' 为结束符,通常只能通过一个指针来找到。字符数组和其他数组没什么区别,只是保存的数据类型为字符类型(char),不强制要求最后的元素是否为 '\0'。那么,osal_strlen( )函数计算出的长度是否包含 '\0'?长度究竟为多少呢?计算字符串长度的程序代码如图 4.12 所示。

```
char theMessageData[] = "Hello World";

if ( AF_DataRequest( &MyApp_DstAddr, (endPointDesc_t *)&MyApp_epDesc,
                     MyApp_CLUSTERID,
                     (byte)osal_strlen( theMessageData ) + 1,
                     (byte *)&theMessageData,
                     &MyApp_TransID,
                     AF_DISCV_ROUTE, AF_DEFAULT_RADIUS ) == afStatus_SUCCESS )
```

图 4.12 计算字符串长度的程序代码

可以看到，这里使用了 osal_strlen(theMessageData)+1 来计算长度，也就是说，加入了默认的 '\0'。

4.3.3 协议栈中的串口操作

ZigBee 协议栈中的串口操作主要分为串口初始化、登记任务号和串口发送数据三个步骤。

1. 串口初始化

打开 SampleApp.eww 工程，如图 4.13 所示。

此电脑 › 系统 (C:) › Texas Instruments › ZStack-CC2530-2.5.1a › Projects › zstack › Samples › SampleApp › CC2530DB

名称	修改日期	类型	大小
Source	2022/4/13 17:03	文件夹	
SampleApp.ewd	2011/6/2 11:33	EWD 文件	67 KB
SampleApp.ewp	2011/6/2 11:33	EWP 文件	138 KB
SampleApp.eww	2010/10/28 13:16	IAR IDE Worksp...	1 KB

图 4.13 打开 SampleApp.eww 工程

工程目录下有两个比较重要的文件夹，即 Zmain 和 App。用户主要用到的是 App，即用户添加自己代码的文件夹，主要在 SampleApp.c 和 SampleApp.h 两个文件中添加用户代码即可，如图 4.14 所示。

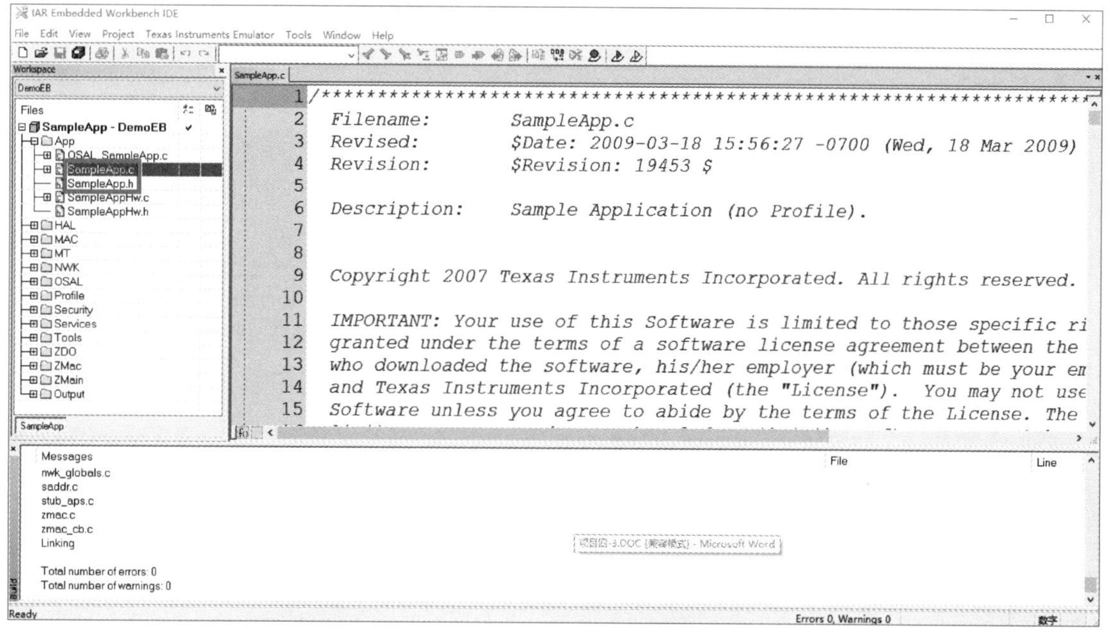

图 4.14 工程目录布局

串口初始化就是配置串口号、波特率、流控、校验位等。找到 HAL\Target\CC2530EB\Drivers 下的 hal_uart.c 文件，可以看到里面已经包括了串口初始化、发送、接收等函数，如图 4.15 所示。

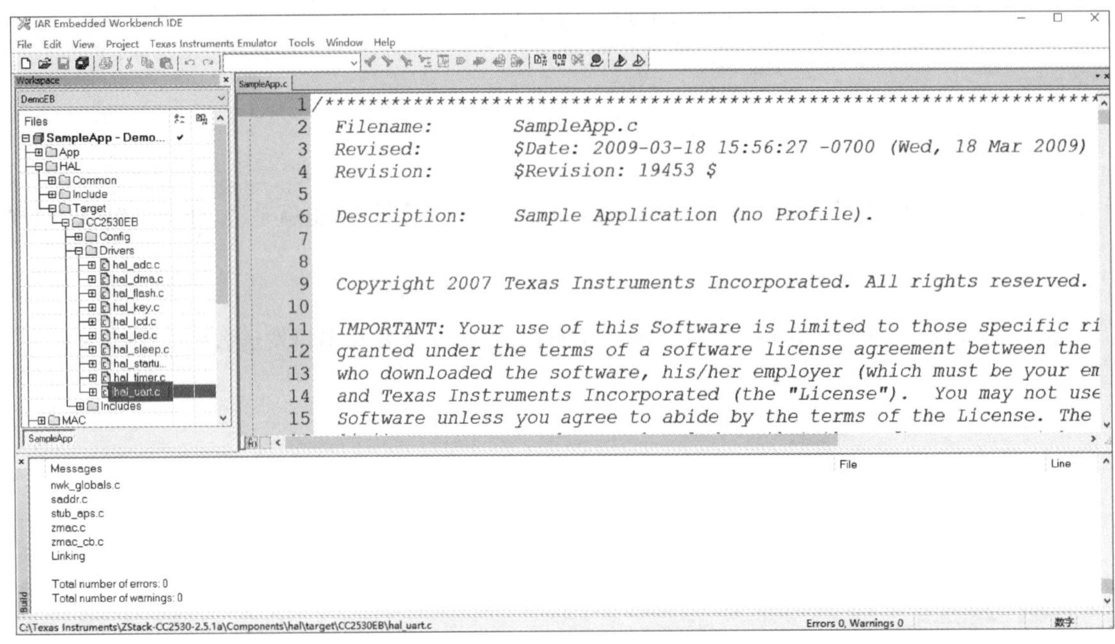

图 4.15 hal_uart.c 文件

打开 App 目录下的 SampleApp.c 文件，找到 SampleApp_Init( ) 函数，进行 MT 层串口初始化，如图 4.16 和图 4.17 所示。

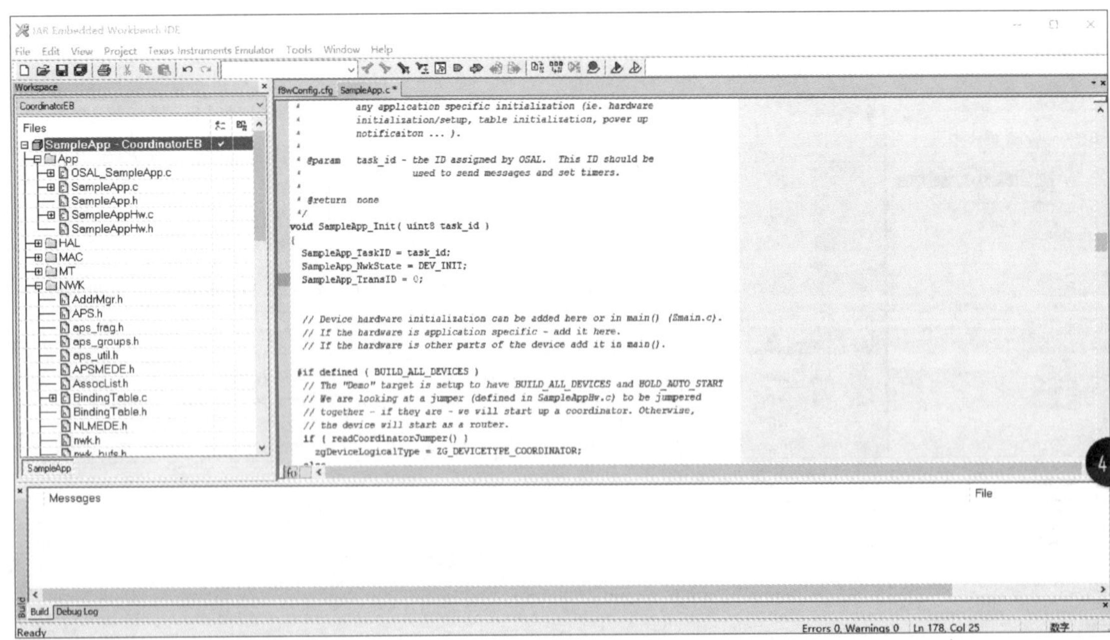

图 4.16 串口初始化(1)

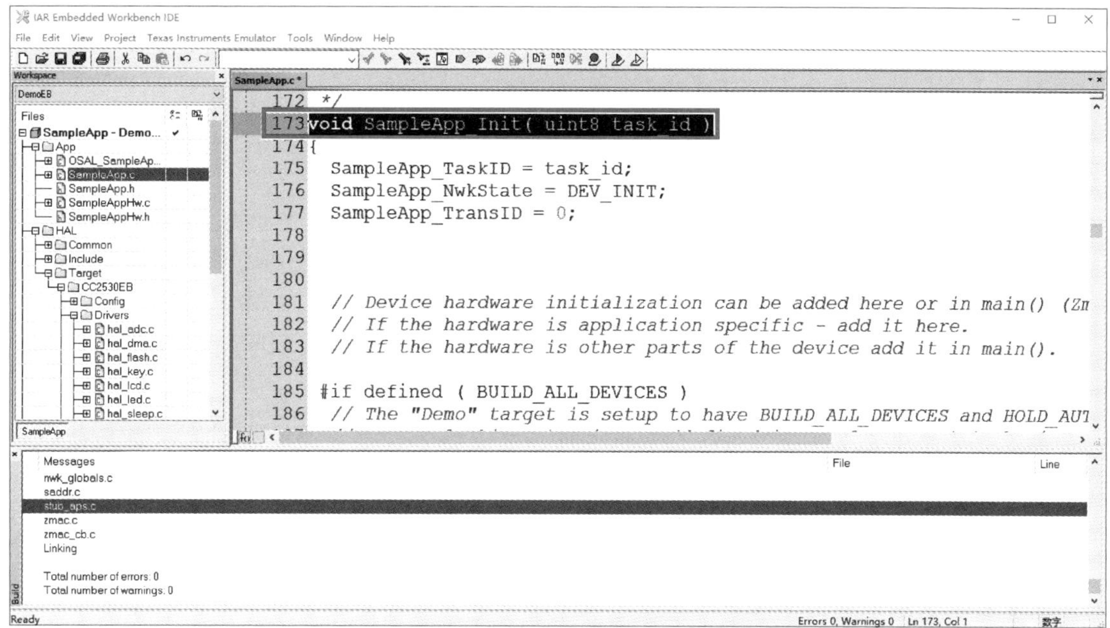

图 4.17 串口初始化(2)

在函数第 4 行加入语句“MT_UartInit( );”,如图 4.18 所示。

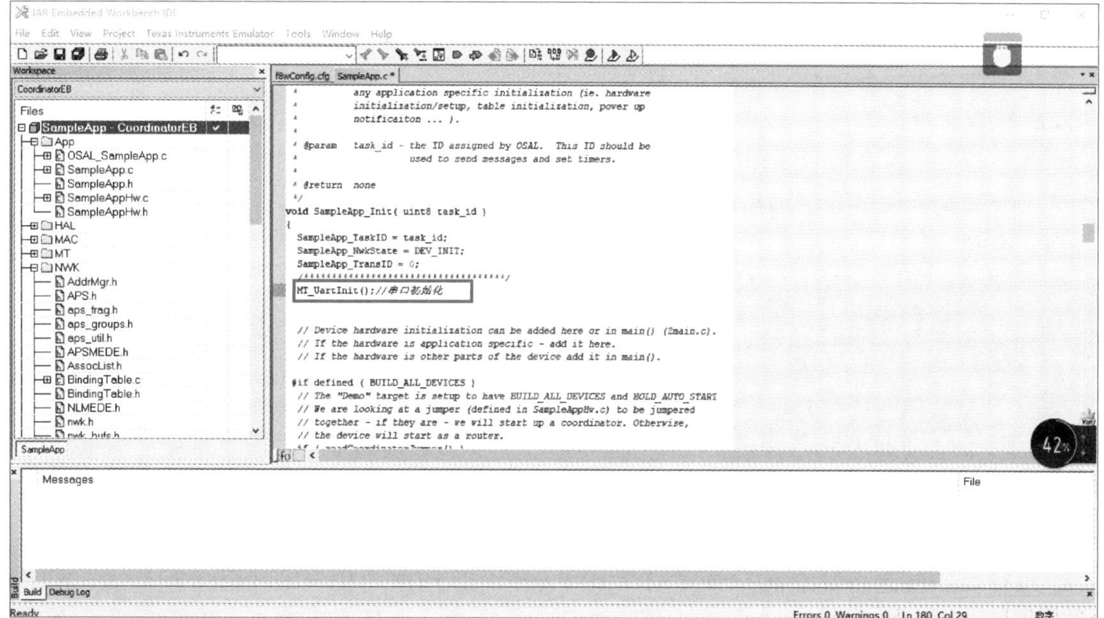

图 4.18 串口初始化(3)

进入 MT_UartInit( )函数,修改自己想要的初始化配置。函数代码如下:

```
void MT_UartInit()
{
```

```
③ halUARTCfg_t uartConfig;
④ /*Initialize APP ID*/
⑤ App_TaskID = 0;
⑥ /*UART Configuration*/
⑦ uartConfig.configured  = TRUE;
⑧ uartConfig.baudRate    = MT_UART_DEFAULT_BAUDRATE;
⑨ uartConfig.flowControl  = MT_UART_DEFAULT_OVERFLOW;
⑩ uartConfig.flowControlThreshold  = MT_UART_DEFAULT_THRESHOLD;
⑪ uartConfig.rx.maxBufSize = MT_UART_DEFAULT_MAX_RX_BUFF;
⑫ uartConfig.tx.maxBufSize = MT_UART_DEFAULT_MAX_TX_BUFF;
⑬ uartConfig.idleTimeout  = MT_UART_DEFAULT_IDLE_TIMEOUT;
⑭ uartConfig.intEnable   = TRUE;
⑮ #if defined(ZTOOL_P1)||defined(ZTOOL_P2)
⑯ uartConfig.callBackFunc  = MT_UartProcessZToolData;
⑰ #elif defined(ZAPP_P1)||defined(ZAPP_P2)
⑱ uartConfig.callBackFunc = MT_UartProcessZAppData;
⑲ #else
⑳ uartConfig.callBackFunc  = NULL;
㉑ #endif
㉒ /*Start UART*/
㉓ #if defined(MT_UART_DEFAULT_PORT)
㉔ HalUARTOpen(MT_UART_DEFAULT_PORT,&uartConfig);
㉕ #else
㉖ /*Silence IAR compiler warning*/
㉗ (void)uartConfig;
㉘ #endif
㉙ /*Initialize for ZApp*/
㉚ #if defined(ZAPP_P1)|| defined(ZAPP_P2)
㉛ /*Default max bytes that ZAPP can take*/
㉜ MT_UartMaxZAppBufLen  = 1;
㉝ MT_UartZAppRxStatus  = MT_UART_ZAPP_RX_READY;
㉞ #endif
㉟ }
```

第⑧行“uartConfig.baudRate=MT_UART_DEFAULT_BAUDRATE;”语句用于配置波特率。选择 go to definition of MT_UART_DEFAULT_BAUDRATE 命令，进入函数定义，可以看到 #define MT_UART_DEFAULT_BAUDRATE HAL_UART_BR_38400，即默认的波特率是 38 400 bit/s，现将其修改为 115 200 bit/s，具体如下：

```
#define MT_UART_DEFAULT_BAUDRATE  HAL_UART_BR_115200
```

第⑨行“uartConfig.flowControl=MT_UART_DEFAULT_OVERFLOW;”语句用于配置流控。进入

函数定义可以看到 #define MT_UART_DEFAULT_OVERFLOW TRUE，即默认是打开串口流控的。如果只连接了 TX/RX 两根线，务必要关闭串口流控。关闭串口流控的语句为 #define MT_UART_DEFAULT_OVERFLOW FALSE。

注意：两根线的通信连接务必关闭串口流控，否则永远收发不了信息。

第 ⑯~㉒ 行语句是预编译，即根据预先定义的 ZTOOL 或者 ZAPP 选择不同的数据处理函数，P1 和 P2 代表串口 0 和串口 1。使用 ZTOOL、串口 0，可以选择 Project → Option 命令，在弹出的对话框中单击左侧的 C/C++ Compiler 选项，在 Defined symbols 列表框中加入以下内容，如图 4.19 所示。

```
ZIGBEEPRO
ZTOOL_P1
MT_TASK
MT_SYS_FUNC
MT_ZDO_FUNC
```

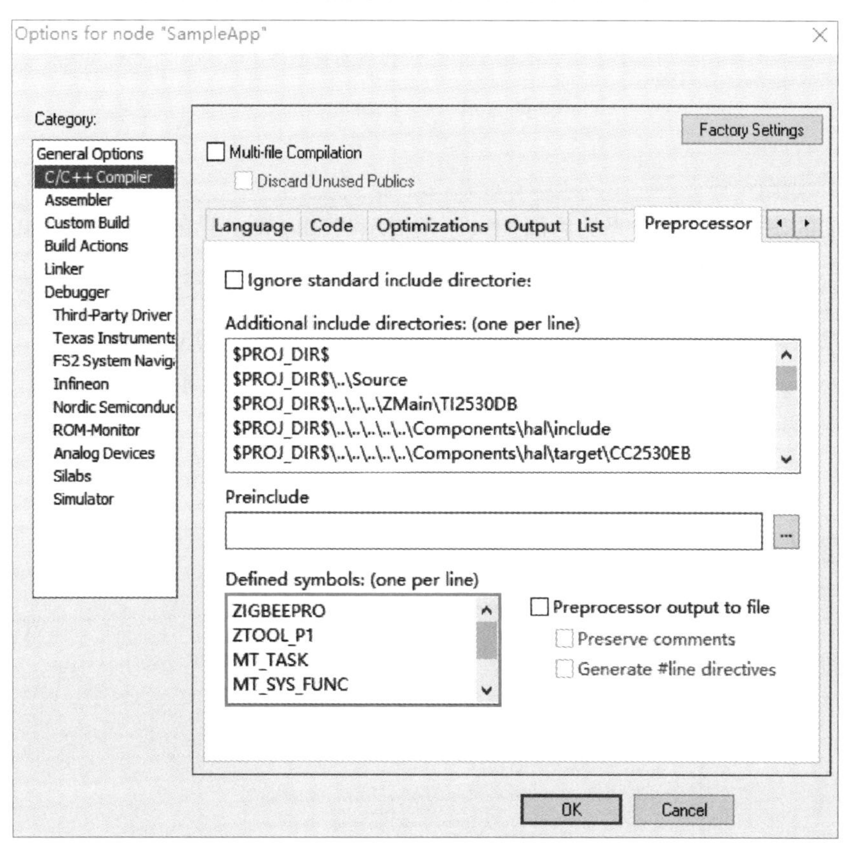

图 4.19 预编译设置

2. 登记任务号

在 SampleApp_Init( ) 函数中添加串口初始化代码，如图 4.20 所示，即把串口事件通过 task_id 登记在 SampleApp_Init( ) 中，代码如下：

```
MT_UartRegisterTaskID(task_id);// 登记任务号
```

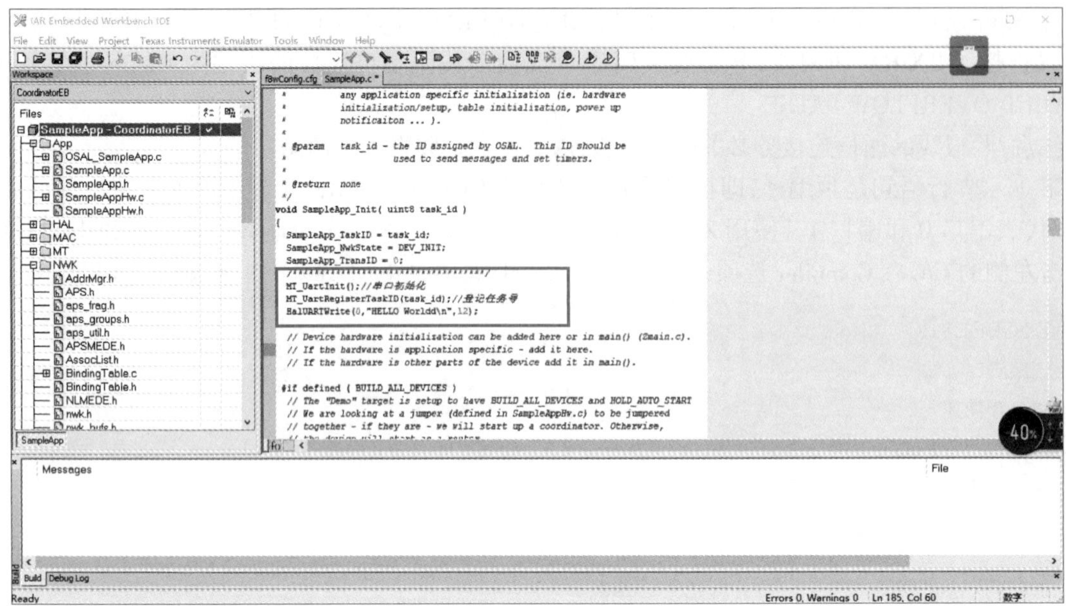

图 4.20 登记任务号

3. 串口发送数据

在刚刚添加的串口初始化代码的后面加入一条提示“Hello World”的语句，具体如下：

```
HalUARTWrite(0,"Hello World\n",12);//(串口 0，字符串，字符个数)
```

提示：需要在 SampleApp.c 文件中加入头文件语句 #include "MT_UART.h"。

连接 CC Debugger 和 USB 转串口线，选择 CoordinatorEB，下载并调试，全速运行，可以看到串口调试助手接收到信息，如图 4.21 和图 4.22 所示。

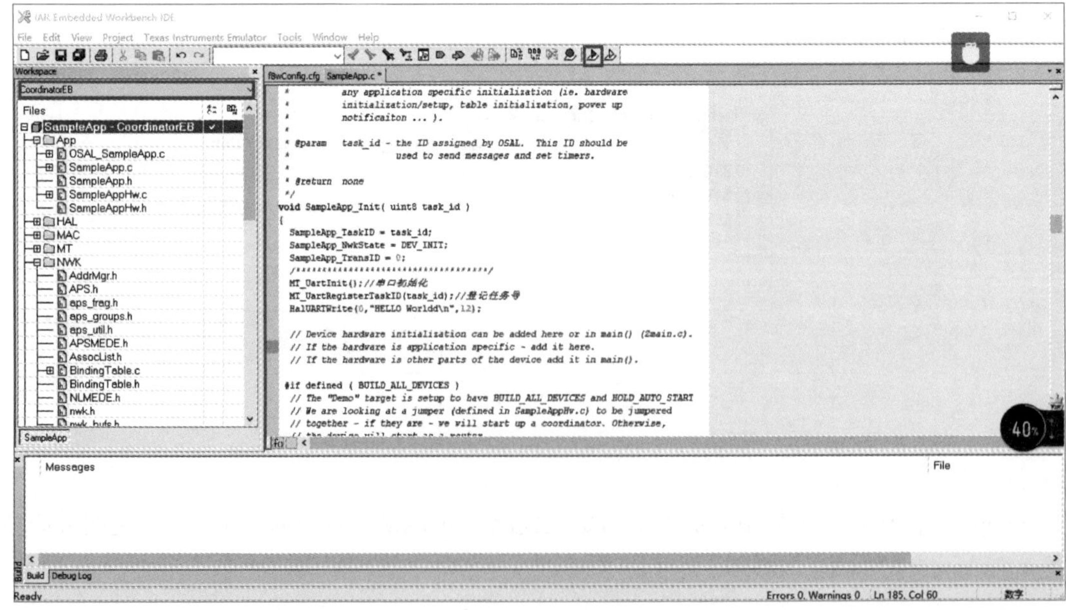

图 4.21 下载模块

图 4.22 显示可以接收到信息，但“Hello World”前面有一小段乱码，下面还会用十六进制显示 Z-Stack MT 层定义的串口发送格式，以 FE 开头。此时可以在预编译设置处将与 MT 相关的内容注释掉，如图 4.23 所示。

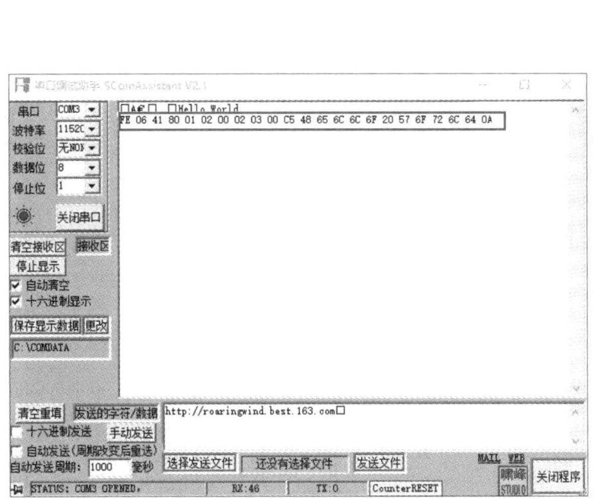

图 4.22 接收到的信息

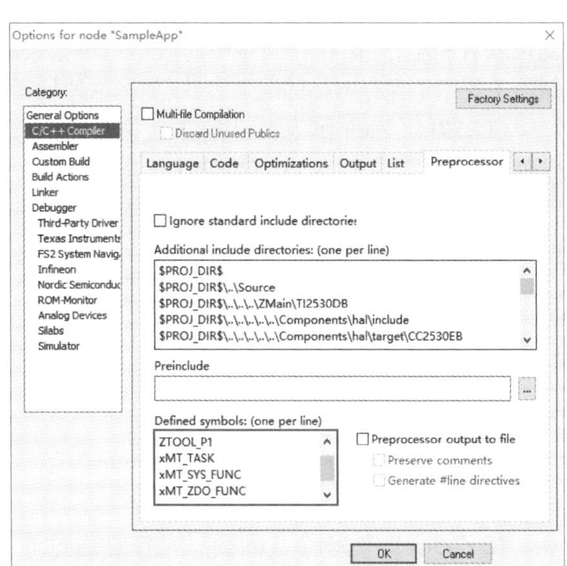

图 4.23 注释掉与 MT 相关的内容

图中的 xMT_TASK 表示没有定义 MT_TASK，其他几项也类似。重新编译再下载，按复位键，可以观察到串口接收到的信息已经没有乱码了，如图 4.24 所示。

图 4.24 接收信息最终效果

4.4 非易失性存储器操作

非易失性(non volatile,NV)存储器是指能够永久保存信息的存储器,即使设备意外复位或者断电,存储在存储器中的数据也不会丢失。在 ZigBee 协议栈中,非易失性存储器主要用于保存网络的配置参数(如网络地址等)。

CC2530 以 Flash 作为自己的非易失性存储器。不同型号的 CC2530 的 Flash 大小不同。CC2530F32、CC2530F64、CC2530F128、CC2530F256 的 Flash 空间分别为 32 KB、64 KB、128 KB 和 256 KB。

协议栈在 OSAL 文件夹下有 OSAL_Nv.h 和 OSAL_Nv.c 文件,如图 4.25 所示。

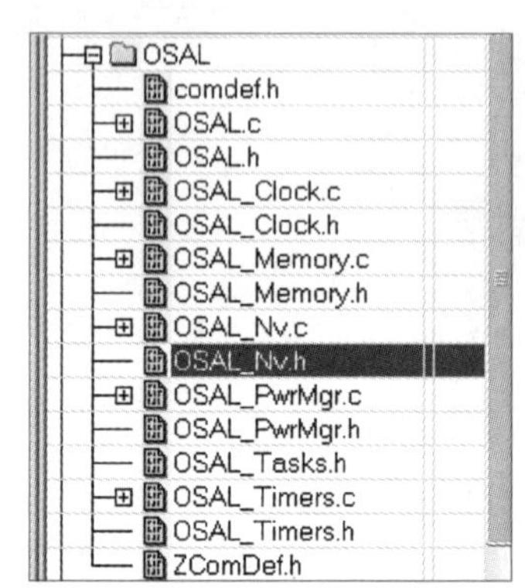

图 4.25 协议栈中的 NV 操作文件

4.4.1 NV 操作函数

在 ZigBee 协议栈中,NV 操作函数主要有三个。

1. osal_nv_item_init( )

函数原型:uint osal_nv_item_init(uint16 id,uint16 len,void *buf)。

功能描述:NV 条目初始化函数。

在 Z-Stack 中,对 NV 的读写操作是通过非易失性存储器来实现的。每一个非易失性存储器都有一个独立的 ID 号,根据 ID 号的范围被划分为几个区域,实现不同的应用。其中,0x0201~0x0FFF 是应用层的使用范围。NV 的 ID 分配如表 4.7 所示。

表 4.7 NV 的 ID 分配

ID 值	应用类型
0x0000	保留
0x0001~0x0020	OSAL
0x0021~0x0040	NWK
0x0041~0x0060	APS
0x0061~0x0080	安全
0x0081~0x00A0	ZDO
0x00A1~0x0200	保留
0x0201~0x0FFF	应用层
0x1000~0xFFFF	保留

在 ZComDef.h 中可以找到宏定义,如图 4.26 所示。这些都是系统预定义的条目,用户可以添加自己定义的条目。用户应用程序定义的条目地址范围为 0x0201~0x0FFF。

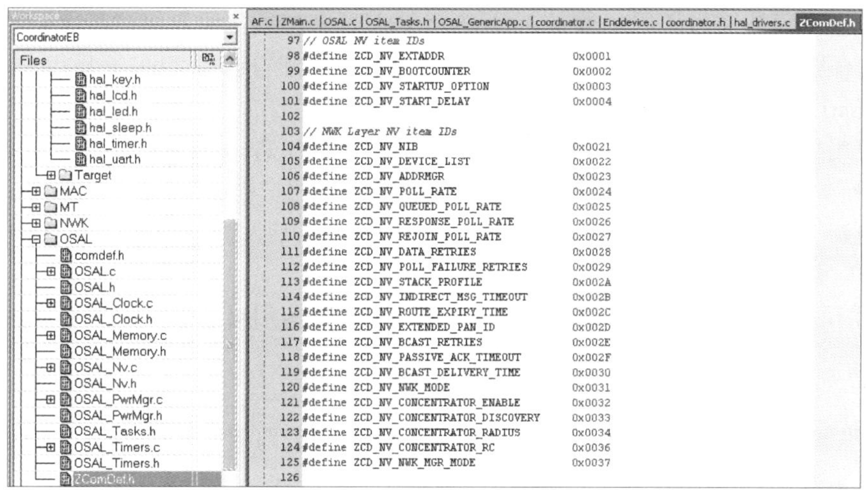

图 4.26 ZComDef.h 文件中的宏定义

2. osal_nv_write( )

函数原型：uint8 osal_nv_write(uint16 id, uint16 ndx, uint16 len, void *buf)。

功能描述：NV 写入函数。uint16 id 表示 NV 条目 ID 号；uint16 ndx 表示距离条目开始地址的偏移量；uint16 len 表示要写入的数据长度；void *buf 表示指向存放写入数据缓冲区的指针。

3. osal_nv_read( )

函数原型：uint8 osal_nv_read(uint16 id, uint16 ndx, uint16 len, void *buf)。

功能描述：NV 读取函数。uint16 id 表示 NV 条目 ID 号；uint16 ndx 表示距离条目开始地址的偏移量；uint16 len 表示要读取的数据长度；void *buf 表示指向存放读取数据缓冲区的指针。

4.4.2 NV 基本操作

1. 网络层非易失性存储器

Z-Stack 将一些与网络相关的重要信息都存储到非易失性存储器中，保证在 ZigBee 设备意外复位或者断电后重新启动时，设备能够自动恢复到原来的网络中。

为了启用这个功能，需要包含 NV_RESTORE 编译选项。

注意：在一个最终的 ZigBee 无线传感器网络中，这个选项必须始终启用。关闭这个选项的功能主要是为了开发调试。

ZDO 层负责保存和恢复网络层最重要的信息，包括最基本的网络信息(network information base, NIB)、子节点和父节点的列表、应用程序绑定表。

当一个设备复位后，网络信息被存储到设备 NV 中。当设备重新启动时，这些信息可以帮助设备重新恢复到网络当中。在 ZDO 层的初始化函数 ZDApp_Init 中，调用了函数 NLME_RestoreFromNV( )，使网络层通过保存在 NV 中的数据重新恢复网络。如果存储这些网络信息所需的 NV 空间还没有建立，这个函数将建立并初始化这部分 NV 空间。

2. 应用层非易失性存储器

NV 除了用于保存网络信息外，也可以用来保存应用程序的特定信息，用户描述符就是一个很好的例子。NV 中的用户描述符 ID 项是 ZDO_NV_UserDesc(在 ZComDef.h 文件中定义)。

ZDApp_Init( )函数通过调用函数 osal_nv_item_init( )来初始化用户描述符所需要的 NV 空间。如果之前还没有建立这个 NV 空间，该初始化函数将为用户描述符保留空间，并且将它设置为默认值 ZDO_DefaultUserDescriptor。

当需要使用保存在 NV 中的用户描述符时，就可以像 ZDO_ProcessUserDescReq( )(在 ZDObject.c 文件中定义)函数一样，调用 osal_nv_read( )函数从 NV 中获取用户描述符。

如果要更新 NV 中的用户描述符，就可以像 ZDO_ProcesssUserDescSet( )(在 ZDObject.c 文件中定义)函数一样，调用 osal_nv_write( )函数来实现。

注意：如果用户应用程序要创建自己的 NV 项，那么必须从应用层范围 0x0201~0x0FFF 中选择 ID。

4.4.3 NV 基础实验

NV 存储器主要的操作有初始化 NV 存储器、读 NV 存储器、写 NV 存储器。它们都在 OSAL 文件夹下的 OSAL_Nv.h 和 OSAL.h 文件中定义和实现。

实验基本功能：通过串口调试助手发送命令"nvread"，开发板接收到该命令后读取 NV 存储器中的数据并发送给 PC 端的串口调试助手。

首先，在 OSAL 文件夹下的 ZComDef.h 文件中添加一行代码，具体如下：

```
//NV Items Reserved for APS Link Key Table entries
//0x0201-0x02FF
#define ZCD_NV_APS_LINK_KEY_DATA_START  0x0201//APS key data
#define TEST_NV 0x0202// 添加该行，表示测试条目
#define ZCD_NV_APS_LINK_KEY_DATA_END  0x02FF
```

在 SampleApp.c 中添加或修改代码，具体如下：

```
//SampleApp.c
#include "OSAL.h"
#include "ZGlobals.h"
#include "AF.h"
#include "aps_groups.h"
#include "ZDApp.h"
#include "SampleApp.h"
#include "SampleAppHw.h"
#include "OnBoard.h"
/*HAL*/
#include "hal_lcd.h"
#include "hal_led.h"
#include "hal_key.h"
#include "hal_uart.h"
#include "osal_Nv.h"// 添加该行，使用 NV 操作函数，需要包含头文件
#include "MT_Uart.h"// 添加该行，使用串口操作函数，需要包含头文件
```

```
//This list should be filled with Application specific Cluster IDs
const cId_t SampleApp_ClusterList[SAMPLEAPP_MAX_CLUSTERS]=
{
  SAMPLEAPP_PERIODIC_CLUSTERID,
  SAMPLEAPP_FLASH_CLUSTERID
};
const SimpleDescriptionFormat_t SampleApp_SimpleDesc =
{
  SAMPLEAPP_ENDPOINT,             //int Endpoint;
  SAMPLEAPP_PROFID,               //uint16 AppProfId[2];
  SAMPLEAPP_DEVICEID,             //uint16 AppDeviceId[2];
  SAMPLEAPP_DEVICE_VERSION,       //int  AppDevVer:4;
  SAMPLEAPP_FLAGS,                //int AppFlags:4;
  SAMPLEAPP_MAX_CLUSTERS,         //uint8  AppNumInClusters;
  (cId_t *)SampleApp_ClusterList, //uint8 *pAppInClusterList;
  SAMPLEAPP_MAX_CLUSTERS,          //uint8 AppNumInClusters;
  (cId_t *)SampleApp_ClusterList  //uint8 *pAppInClusterList;
};
endPointDesc_t SampleApp_epDesc;
uint8 SampleApp_TaskID;//Task ID for internal task/event processing
                       //This variable will be received when
                       //SampleApp_Init()is called.
devStates_t SampleApp_NwkState;
uint8 SampleApp_TransID;//This is the unique message ID (counter)
afAddrType_t SampleApp_Periodic_DstAddr;
afAddrType_t SampleApp_Flash_DstAddr;
aps_Group_t SampleApp_Group;
uint8 SampleAppPeriodicCounter = 0;
uint8 SampleAppFlashCounter = 0;
void SampleApp_HandleKeys(uint8 shift,uint8 keys);
void SampleApp_MessageMSGCB(afIncomingMSGPacket_t *pckt);
void SampleApp_SendPeriodicMessage(void);
void SampleApp_SendFlashMessage(uint16 flashTime);
void Receive_From_Uart(uint8 port,uint8 event);//用户添加回调函数声明
```

在 SampleApp_Init( )函数中添加关于协议栈串口初始化的代码,具体如下:

```
void SampleApp_Init(uint8 task_id)
{
SampleApp_TaskID = task_id;
SampleApp_NwkState = DEV_INIT;
SampleApp_TransID = 0;
  /******** 串口初始化 ********/
  MT_UartInit();//初始化
  /*UART Configuration*/
  halUARTCfg_t uartConfig;        //该结构体变量是实现串口的配置
  uartConfig.configured = TRUE;
  uartConfig.baudRate = HAL_UART_BR_115200;
  //串口初始化波特率为 115200 bit/s
  uartConfig.flowControl = FALSE;           //流控制
  uartConfig.callBackFunc = Receive_From_Uart;
  //定义串口接收响应函数
  HalUARTOpen(0,&uartConfig);  //打开并初始化串口 0
  MT_UartRegisterTaskID(task_id);           //登记串口任务号
//Device hardware initialization can be added here or in main()
(Zmain.c)
//If the hardware is application specific-add it here
//If the hardware is other parts of the device add it in main()
#if defined(BUILD_ALL_DEVICES)
//The "Demo" target is setup to have BUILD_ALL_DEVICES and HOLD_
AUTO_START
//We are looking at a jumper (defined in SampleAppHw.c) to be jumpered
//together-if they are-we will start up a coordinator.Otherwise,
//the device will start as a router
if(readCoordinatorJumper())
  zgDeviceLogicalType = ZG_DEVICETYPE_COORDINATOR;
else
  zgDeviceLogicalType = ZG_DEVICETYPE_ROUTER;
#endif//BUILD_ALL_DEVICES
#if defined(HOLD_AUTO_START)
//HOLD_AUTO_START is a compile option that will surpress ZDApp
//from starting the device and wait for the application to
//start the device
ZDOInitDevice(0);
#endif
```

```
//Setup for the periodic message's destination address
//Broadcast to everyone
SampleApp_Periodic_DstAddr.addrMode =(afAddrMode_t)AddrBroadcast;
SampleApp_Periodic_DstAddr.endPoint = SAMPLEAPP_ENDPOINT;
SampleApp_Periodic_DstAddr.addr.shortAddr = 0xFFFF;
//Setup for the flash command's destination address-Group 1
SampleApp_Flash_DstAddr.addrMode =(afAddrMode_t)afAddrGroup;
SampleApp_Flash_DstAddr.endPoint = SAMPLEAPP_ENDPOINT;
SampleApp_Flash_DstAddr.addr.shortAddr = SAMPLEAPP_FLASH_GROUP;
//Fill out the endpoint description
SampleApp_epDesc.endPoint = SAMPLEAPP_ENDPOINT;
SampleApp_epDesc.task_id = &SampleApp_TaskID;
SampleApp_epDesc.simpleDesc
      =(SimpleDescriptionFormat_t *) &SampleApp_SimpleDesc;
SampleApp_epDesc.latencyReq = noLatencyReqs;
//Register the endpoint description with the AF
afRegister(&SampleApp_epDesc);
}
```

下面介绍的Receive_From_Uart函数是回调函数,回调函数是通过函数指针(函数地址)调用的函数。如果把函数指针作为参数传递给另一个函数,当通过该指针调用其所指向的函数时,称为函数的回调。

回调函数不是由该函数的实现方直接调用的,而是在特定的事件或条件下,由另一方调用的,用于对该事件或条件进行响应。

回调函数机制提供了系统对异步事件的处理能力。

Receive_From_Uart( )函数的原型设计如下:

```
//回调函数机制提供了系统对异步事件的处理能力。
void Receive_From_Uart(unsigned char port,unsigned char event)
{
//HalLedBlink(HAL_LED_2,0,50,500); //LED1 闪烁
//HalUARTRead(0,uartbuf,10);          //从串口读取数据放在uartbuf缓冲区中
uint8 value_read;                     //用于存储从NV存储器中读取的数据
uint8 value=9;                        //写入NV条目的数据
uint8 uartbuf[2];                     //存放读取的数据(ASCII码)
uint8 cmd[6];                         //从串口读取命令
HalUARTRead(0,cmd,6);
if(osal_memcmp(cmd,"nvread",6))
//判断接收到的数据是否为nvread,如果是,函数返回TURE
{
```

```
    osal_nv_item_init(TEST_NV,1,NULL);        //初始化 NV 条目
    osal_nv_write(TEST_NV,0,1,&value);        //向 NV 条目写入数据
    osal_nv_read(TEST_NV,0,1,&value_read);//从 NV 条目读取数据
    uartbuf[0]=value_read/10+'0';
    uartbuf[1]=value_read%10+'0';
    HalUARTWrite(0,uartbuf,2);                //将接收到的数字输出到串口
    HalLedBlink(HAL_LED_1,0,50,500);          //LED2 闪烁
  }
}
//消息处理函数
UINT16 SampleApp_ProcessEvent(byte task_id,UINT16 events)
{
}
```

NV 基础实验的效果如图 4.27 所示(ASCII 中十六进制的 39 表示字符 9)。

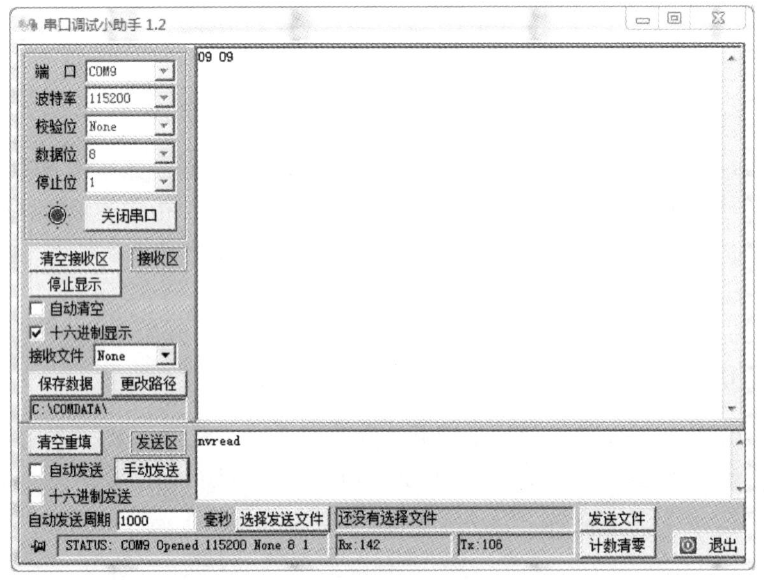

图 4.27 NV 基础实验效果

在 ZigBee 协议栈中,其他需要保存的一些常量数据都是使用上述方法存储到非易失性存储器中的,这样就可以实现一些关键数据的保存,特别是网络参数的保存。

4.5 组网验证

4.5.1 帧格式介绍

在无线传感器网络应用中,协调器中汇集了各个节点的采集数据,为了将采集的数据通过 RS-

232 串口传至上位机进行处理,MT 传输协议是必需的。该传输协议可使发送和接收的数据包消息以帧的格式进行传输,从而保证信息的完整性。在物理传输中,数据包消息以 8 位数据位 +1 位停止位(无校验位)的帧格式进行传输,传输速率可以是 38.4 kbit/s、57.6 kbit/s、115.2 kbit/s。在 PC 和 ZigBee 设备之间传输串行数据包时,这些数据包被封装成的帧格式为 SOF(start of frame,帧起始)、MT 数据包(可变长度的数据包)和 FCS(frame check sequence,帧校验序列),如表 4.8 所示。

表 4.8 帧 格 式

SOF	MT 数据包	FCS
1 字节	3~256 字节	1 字节

其中,SOF 部分为 1 字节,代表 1 个帧的开始,一般为 0XFE;MT 数据包部分为 3~256 字节;FCS 部分为 1 字节,用于确保数据包的完整性。

MT 数据包的格式如表 4.9 所示。

表 4.9 MT 数据包的格式

LEN	CMD	DATA
1 字节	2 字节	0~250 字节

其中,LEN 表示 DATA 的数据长度,如果 DATA 中无数据传输,LEN 为 0 ;CMD 代表消息的命令 ID,根据不同的命令 ID,可以执行不同的操作;DATA 表示实际传输的数据。其中,CMD 中的命令 CMD0 包含了命令类型和子系统的信息,而 CMD1 中的 ID 与接口消息相对应。

4.5.2 组网测试

当终端节点加入网络以后,协调器会给终端节点分配 16 位的短地址。当协调器收到终端节点发送的数据信息后,会通过串口向 PC 发送收到的数据信息。其中,串口传输设置为 115 200 bit/s,1 位停止位,无校验位。

项目小结

① Z-Stack 中使用串口接收和发送数据,先进行串口初始化,接着登记任务包,最后串口向 PC 发送数据。

② 回调函数机制提供了系统对异步事件的处理能力。

③ 端口 0 用于整个 ZigBee 设备的配置和管理,用户应用程序可以通过端口 0 与 ZigBee 协议栈的应用程序支持子层、网络层进行通信,从而实现这些层的初始化工作,在端口 0 上运行的应用程序成为 ZigBee 设备对象。

主要概念

ZigBee 无线传感器网络数据包的结构、串口收发数据、传感器节点、NV 操作。

实训任务

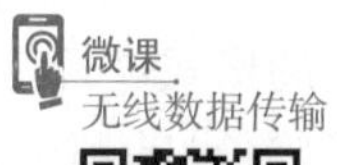

任务　无线数据传输

任务目标

① 认识协议栈中的串口。

② 理解无线数据传输运作流程：终端节点发送信息给协调器，协调器利用上位机显示接收到的信息，实现无线数据传输。

③ 培养学生协作与交流的意识与能力，让学生进一步认识 ZigBee 无线传感器网络构架。

任务内容与要求

① 终端节点发送信息给协调器。

② 协调器利用上位机显示接收到的信息。

任务考核

任务考核表见表 4.10。

表 4.10　任务考核表

考核要素	评价标准	分值	评分			
			自评(10%)	小组(10%)	教师(80%)	小计(100%)
协议栈中的终端节点发送信息	协议栈中的终端节点与协调器能够正常通信	40				
协议栈中的协调器接收信息	协调器能够与串口正常通信	30				
分析总结		30				
合计						
评语(主要是建议)						

任务参考

1. 无线通信的操作

打开 SampleApp.eww 工程，工程目录下有两个比较重要的文件夹，即 Zmain 和 App。这里主要用到 App，即用户自己添加代码的文件夹，主要在 SampleApp.c 和 SampleApp.h 两个文件中添加代码，如图 4.28 所示。

打开 SampleApp.c 文件搜索 void SampleApp_MessageMSGCB(afIncomingMSGPacket_t *pkt) 函数，在"case SAMPLEAPP_PERIODIC_CLUSTERID:"代码下面加入"HalUARTWrite(0,"I get data\n",11);"语句。前提是代码中已经添加了串口初始化等设置，这里不再重复。

选择 CoordinatorEB，下载到开发板 1(作为协调器串口跟电脑连接)，如图 4.29 所示。

选择 EndDeviceEB，下载到开发板 2(作为终端节点无线发送数据给协调器)，如图 4.30 所示。

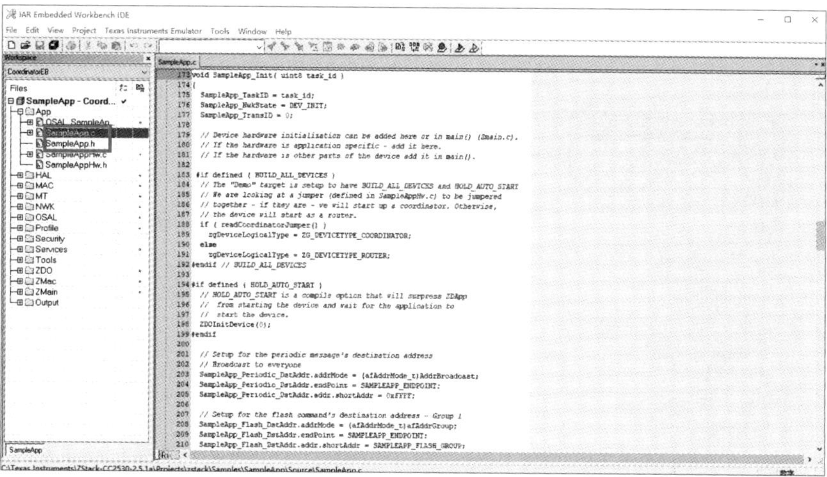

图 4.28　App 文件夹

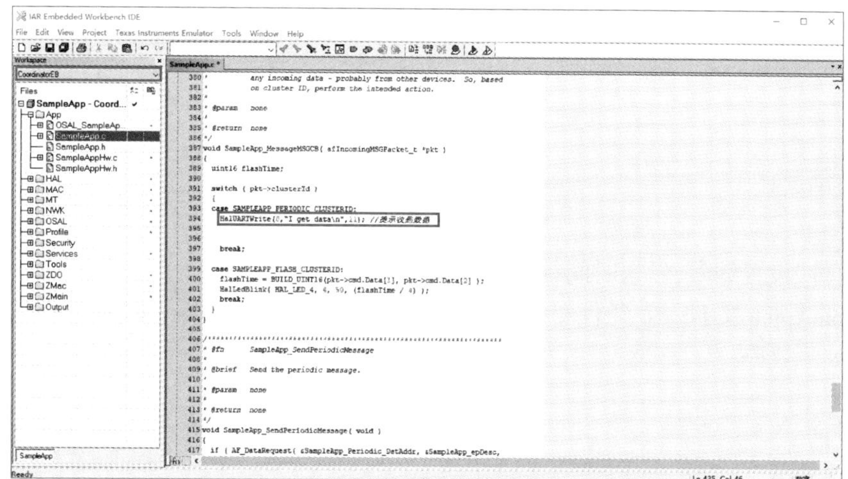

图 4.29　协调器下载

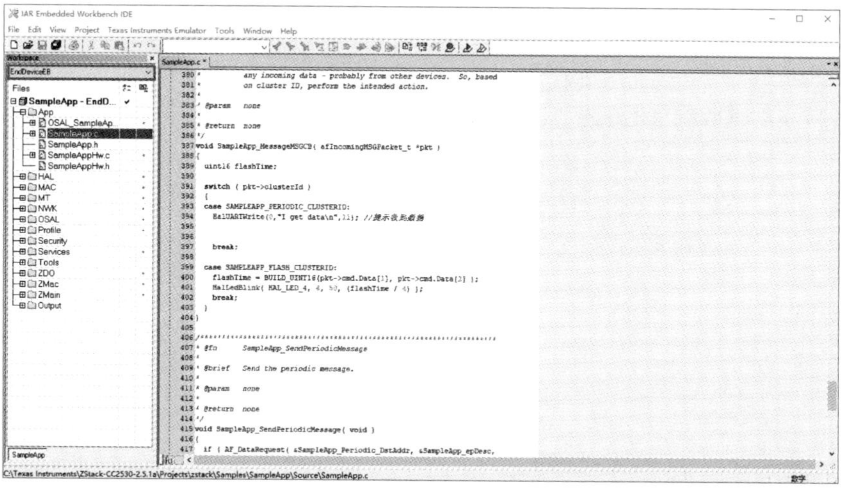

图 4.30　终端节点下载

给开发板上电，打开串口调试助手，可以看到 5 s 后会收到 I get data 的内容，如图 4.31 所示。

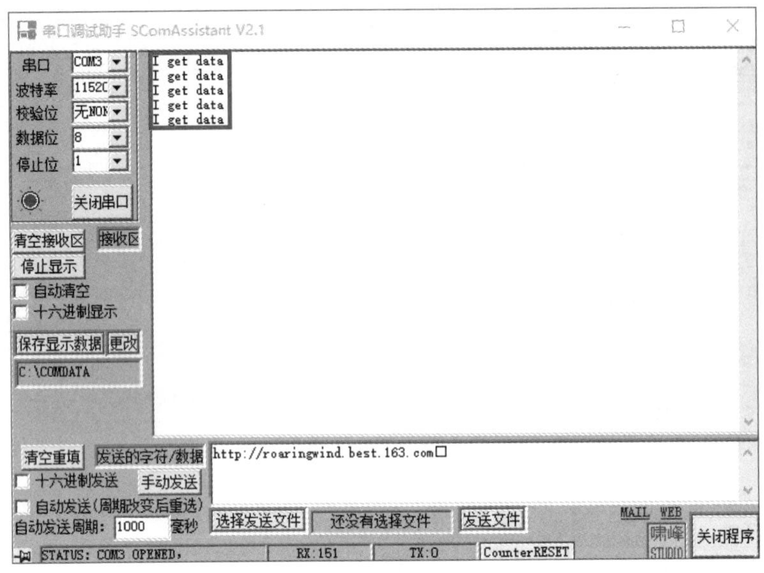

图 4.31　接收数据串口助手显示

2. 程序代码修改

发送部分如下。

(1) 登记事件，设置编号、发送时间等

打开 SampleApp.c 文件，在事件处理函数 uint16 SampleApp_ProcessEvent(uint8 task_id,uint16 events)中找到如下代码：

```
//Received whenever the device changes state in the network
        case ZDO_STATE_CHANGE:// 网络状态改变，如从未连上网络
          SampleApp_NwkState =(devStates_t)(MSGpkt->hdr.status);
          if((SampleApp_NwkState == DEV_ZB_COORD)
            ||(SampleApp_NwkState == DEV_ROUTER)
            ||(SampleApp_NwkState == DEV_END_DEVICE))
          // 协调器、路由器或者终端都执行
           {
            //Start sending the periodic message in a regular interval
            osal_start_timerEx(SampleApp_TaskID,
                              SAMPLEAPP_SEND_PERIODIC_MSG_EVT,
                              SAMPLEAPP_SEND_PERIODIC_MSG_TIMEOUT);
           }
          else
          {
          //Device is no longer in the network
```

```
⑭         }
⑮         break;
⑯         default:
⑰         break;
⑱       }
```

第⑨行:代码的关键部分。下面三个参数决定了周期性发送数据的命脉。

a. 用户自定义的任务 ID 号。SampleApp 初始化的任务 ID 号利用 SampleApp_TaskID = task_id 进行定义。

b. 用户自定义事件的编号。同一个任务下可以有多个事件,可以定义用户事件,但是编号不能重复,十六进制最多只能有 16 个任务。利用如下代码对用户自定义事件进行编号:

```
SAMPLEAPP_SEND_PERIODIC_MSG_EVT;
#define SAMPLEAPP_SEND_PERIODIC_MSG_EVT 0x0001
```

c. 周期性发送数据的时间。周期性发送数据的时间利用 #define SAMPLEAPP_SEND_PERIODIC_MSG_TIMEOUT 5000 进行定义。事件重复执行的时间以 ms 为单位,5000 ms 是 5 s,这也就是前述实验中 5 s 后收到数据的原因。这里可以修改为需要发送数据的时间间隔。

登记好事件后,看第②行代码可以知道如果网络一直连接,就不会再次进入这个函数,所以此处相当于初始化,只执行一次。

(2) 设置发送内容,自动周期性地发送

在同一个函数下找到如下代码:

```
① //Send a message out-This event is generated by a timer
② //(setup in SampleApp_Init())
③ if(events&SAMPLEAPP_SEND_PERIODIC_MSG_EVT)
④  {
⑤   //Send the periodic message
⑥   SampleApp_SendPeriodicMessage();
⑦   //Setup to send message again in normal period(+ a little jitter)
⑧   osal_start_timerEx(SampleApp_TaskID,SAMPLEAPP_SEND_PERIODIC_
MSG_EVT,
⑨         (SAMPLEAPP_SEND_PERIODIC_MSG_TIMEOUT+(osal_rand()
&0x00FF)));
⑩   //return unprocessed events
⑪   return(events ^ SAMPLEAPP_SEND_PERIODIC_MSG_EVT);
⑫ }
```

第③行:判断 #define SAMPLEAPP_SEND_PERIODIC_MSG_EVT 0x0001 有没有发生,如果有,就执行下面的语句。

第⑥行:SampleApp_SendPeriodicMessage( )函数是编写需要发送的内容的地方,可进行修改。其源代码如下：

```
/************************** 周期性发送数据函数 **************************/
① void SampleApp_SendPeriodicMessage(void)
②{
③   if(AF_DataRequest(&SampleApp_Periodic_DstAddr,&SampleApp_epDesc,
④                     SAMPLEAPP_PERIODIC_CLUSTERID,
⑤                     1,
⑥                     (uint8 *)&SampleAppPeriodicCounter,
⑦                     &SampleApp_TransID,
⑧                     AF_DISCV_ROUTE,
⑨                     AF_DEFAULT_RADIUS)==afStatus_SUCCESS)
⑩  {
⑪  }
⑫  else
⑬  {
⑭    //Error occurred in request to send
⑮  }
⑯  }
```

第④行：SAMPLEAPP_PERIODIC_CLUSTERID 的定义如下：

```
#define SAMPLEAPP_PERIODIC_CLUSTERID 1
```

这条语句的作用是和接收方建立联系，协调器收到该参数，如果是 1，就表示消息是由周期性广播方式发送过来的。

第⑤行：1 指数据长度。

第⑥行：(uint8 *)&SampleAppPeriodicCounter 指要发送的内容。

将该函数修改如下：

```
/************************** 周期性发送数据函数 **************************/
  void SampleApp_SendPeriodicMessage(void)
  {
    uint8 data[10]={0,1,2,3,4,5,6,7,8,9};
    if(AF_DataRequest(&SampleApp_Periodic_DstAddr,
                      &SampleApp_epDesc,
                      SAMPLEAPP_PERIODIC_CLUSTERID,10,
                      data,//指针
                      &SampleApp_TransID,
                      AF_DISCV_ROUTE,
                      AF_DEFAULT_RADIUS)==afStatus_SUCCESS)
```

```
    {
    }
    else
    {
    //Error occurred in request to send
    }
    }
```

到此，发送部分代码修改完成。上电后 CC2530 会周期性（5 s）地广播发送数据 0~9。

接收部分需要完成的任务是读取接收到的数据，并将数据通过串口发送给 PC。

在事件处理函数 uint16 SampleApp_ProcessEvent（uint8 task_id，uint16 events）中找到如下代码：

```
//Received when a messages is received (OTA) for this endpoint
     case AF_INCOMING_MSG_CMD:
       SampleApp_MessageMSGCB(MSGpkt);
       break;
```

其中，SampleApp_MessageMSGCB（MSGpkt）是将接收到的数据包进行处理的函数，其代码如下：

```
① void SampleApp_MessageMSGCB(afIncomingMSGPacket_t *pkt)
② {
③  uint16 flashTime;
④  switch(pkt->clusterId)
⑤  {
⑥    case SAMPLEAPP_PERIODIC_CLUSTERID:
⑦    HalUARTWrite(0,"I get data\n",11);// 提示收到数据
⑧      break;
⑨  case SAMPLEAPP_FLASH_CLUSTERID:
⑩    flashTime = BUILD_UINT16(pkt->cmd.Data[1],pkt->cmd.Data[2]);
⑪    HalLedBlink(HAL_LED_4,4,50,(flashTime/4));
⑫    break;
⑬  }
⑭  }
```

第⑥行：读取发来的数据包的 ID 号，如果是 SAMPLEAPP_PERIODIC_CLUSTERID，就执行 HalUARTWrite 函数，提示已收到自己定义的周期性广播。

所有数据和信息都在函数变量 afIncomingMSGPacket_t *pkt 中，该结构体具体如下：

```
ypedef struct
{
  osal_event_hdr_t hdr;   /*OSAL Message header*/
  uint16 groupId;         /*Message's group ID-0 if not set*/
```

```
  uint16 clusterId;          /*Message's cluster ID*/
  afAddrType_t srcAddr;      /*Source Address,if endpoint is STUBAPS_
                              INTER_PAN_EP,it's an InterPAN message*/
  uint16 macDestAddr;        /*MAC header destination short address*/
  uint8 endPoint;            /*destination endpoint*/
  uint8 wasBroadcast;        /*TRUE if network destination was broadcast
                              address*/
  uint8 LinkQuality;         /*The link quality of the received data
                              frame*/
  uint8 correlation;         /*The raw correlation value of the received
                              data frame*/
  int8 rssi;                 /*The received RF power in units dBm*/
  uint8 SecurityUse;         /*deprecated*/
  uint32 timestamp;          /*receipt timestamp from MAC*/
  afMSGCommandFormat_t cmd;  /*Application Data*/
}afIncomingMSGPacket_t;
```

该结构体中包含了数据包的所有内容(长地址、短地址、RSSI 等),而数据在 afMSGCommandFormat_t cmd 中。接着,继续进入一个结构体,具体如下:

```
typedef struct
{
  osal_event_hdr_t hdr;
  byte endpoint;
  byte transID;
}afDataConfirm_t;
```

(3) 将数据通过串口发送给 PC

下面给出一个串口读取的方法,仅供参考:

```
void SampleApp_MessageMSGCB(afIncomingMSGPacket_t *pkt)
{
  uint16 flashTime;
  switch(pkt->clusterId)
  {
    case SAMPLEAPP_PERIODIC_CLUSTERID:
    HalUARTWrite(0,"I get data\n",11);// 提示收到数据
    HalUARTWrite(0,&pkt->cmd.Data[0],10);// 打印收到的数据
    HalUARTWrite(0,"n",10);// 换行
      break;
  case SAMPLEAPP_FLASH_CLUSTERID:
```

```
        flashTime = BUILD_UINT16(pkt->cmd.Data[1],pkt->cmd.Data[2]);
        HalLedBlink(HAL_LED_4,4,50,(flashTime/4));
        break;
    }
  }
```

分别选择 CoordinatorEB 和 EndDeviceEB,编译后对应下载到协调器和终端节点,协调器通过串口连接到 PC,显示结果如图 4.32 所示。

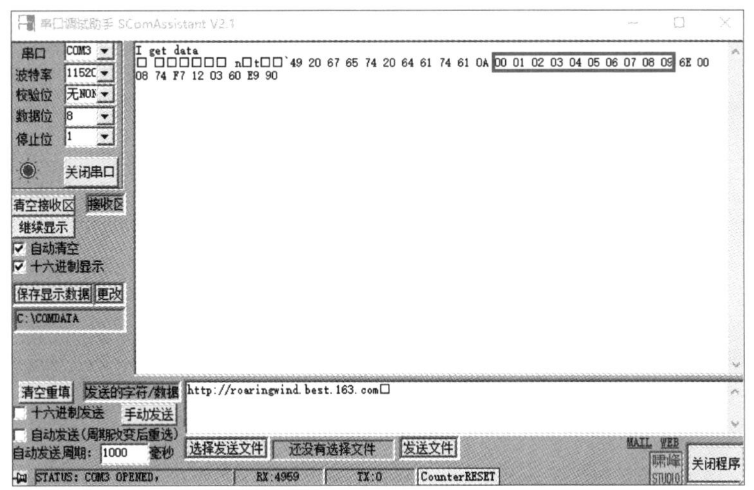

图 4.32　显示结果(1)

又出现了乱码。用十六进制显示时数据是对的,而串口显示 ASCII 码时出现了乱码。将十六进制转成 ASCII 码,具体如下:

```
void SampleApp_MessageMSGCB(afIncomingMSGPacket_t *pkt)
{
  /*十六进制转 ASCII 码表*/
  uint8 asc_16[16]={'0','1','2','3','4','5','6','7','8','9','A','B','C',
'D','E','F'};
  uint16 flashTime;
  switch(pkt->clusterId)
  {
    case SAMPLEAPP_PERIODIC_CLUSTERID:
     HalUARTWrite(0,"I get data\n",11);//提示收到数据
     for(i=0,i<10,i++)
  HalUARTWrite(0,&asc_16[pkt->cmd.Data[i]],1);//打印收到的数据
    HalUARTWrite(0,"n",10);//换行
     break;
```

```
   case SAMPLEAPP_FLASH_CLUSTERID:
    flashTime = BUILD_UINT16(pkt->cmd.Data[1],
                            pkt->cmd.Data[2]);
   HalLedBlink(HAL_LED_4,4,50,(flashTime/4));
   break;
  }
  }
```

再次下载,显示结果如图 4.33 所示。

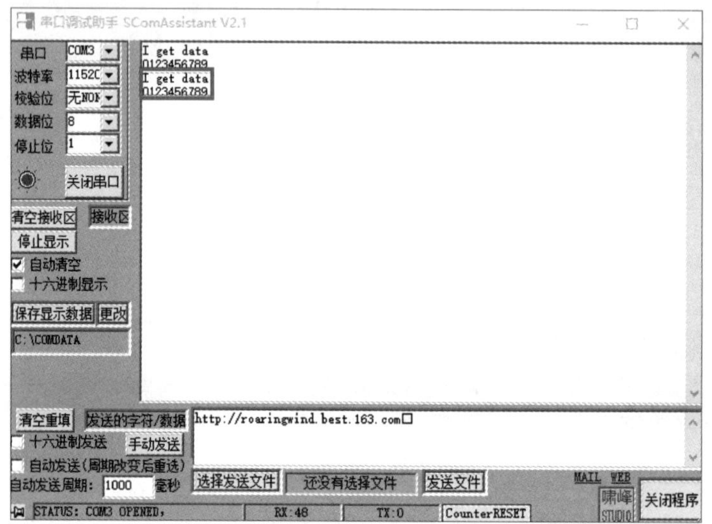

图 4.33 显示结果(2)

课后练习

一、填空题

(1) ZigBee 无线传感器网络中存在三种逻辑设备类型,分别是________、________和________。

(2) 2.4 GHz 的射频频段被分为 16 个独立的信道。-DDEFAULT_CHANLIST 指定的默认信道集为________。

(3) 与信道选择、网络标识符等有关的链接命令在________文件中进行定义。

(4) NV 存储器在 OSAL 文件夹下的________和________文件中进行定义。

二、简答题

(1) 协调器与路由器的主要区别是什么?

(2) NV 的主要作用是什么? NV 操作的主要函数是什么?

项目五
ZigBee 无线传感器网络管理

项目目标

知识目标	技能目标	素质目标
(1) 了解 Z-Stack 协议栈的地址分配机制 (2) 了解 Z-Stack 协议栈的管理	(1) 掌握基于 Z-Stack 协议栈实现点播和组播通信组网的方法 (2) 能够实现基于 Z-Stack 协议栈点播和组播通信的数据可视化	通过导入案例“捞到‘硬核海产’,中国渔民立功”,培养爱国主义精神和国家安全意识 导入案例

思维导图

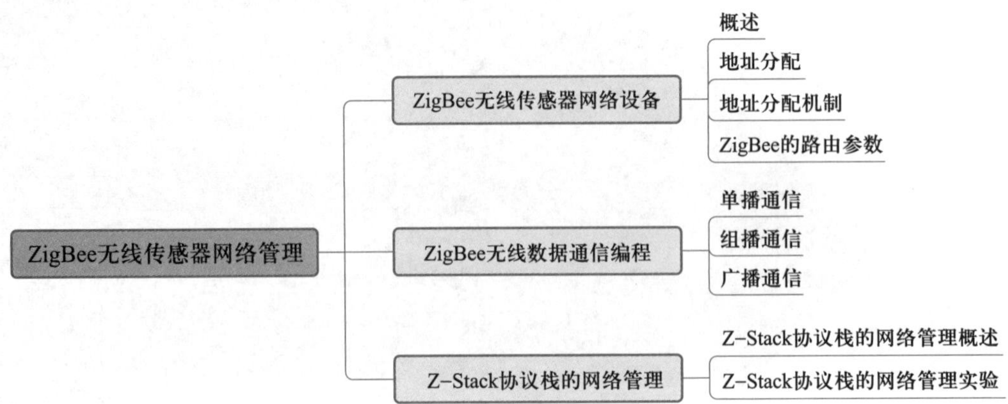
ZigBee无线传感器网络管理
ZigBee无线传感器网络设备
概述
地址分配
地址分配机制
ZigBee的路由参数
ZigBee无线数据通信编程
单播通信
组播通信
广播通信
Z-Stack协议栈的网络管理
Z-Stack协议栈的网络管理概述
Z-Stack协议栈的网络管理实验

5.1 ZigBee 无线传感器网络设备

5.1.1 概述

ZigBee 设备有两种网络地址：一种是 64 位的 IEEE 地址，通常也叫作 MAC 地址或者扩展地址（extended address）；另一种是 16 位的网络地址，也叫作逻辑地址（logical address）或者短地址。64 位长地址是全球唯一的地址，并且终身分配给设备。这个地址可由制造商设定或者在安装的时候设置，由 IEEE 来提供。当设备加入 ZigBee 网络时会被分配一个短地址，该地址在其所在的网络中是唯一的。这个地址主要用来在网络中辨识设备、传递信息等。

协调器首先在某个频段发起一个网络，网络频段的定义放在 -DDEFAULT_CHANLIST 参数里（在 Tools 文件夹下的 f8wConfig.cfg 文件中定义）。如果 -DZDAPP_CONFIG_PAN_ID 定义的 PAN_ID 是 0xFFFF（代表所有的 PAN_ID），则协调器根据它的 IEEE 地址随机确定一个 PAN_ID。否则，根据 -DZDAPP_CONFIG_PAN_ID 的定义建立 PAN_ID。当节点为路由器或者终端设备时，其将会试图加入 -DDEFAULT_CHANLIST 所指定的工作频段。如果 -DZDAPP_CONFIG_PAN_ID 不为 0xFFFF，则路由器或者终端设备会加入 -DZDAPP_CONFIG_PAN_ID 所定义的 PAN_ID。

设备上电之后会自动地形成或加入网络，如果想在设备上电之后不马上加入网络或者在加入网络之前先处理其他事件，可以通过定义 HOLD_AUTO_START 来实现。通过调用 ZDApp_StartUpFromApp( ) 函数可以手动定义多长时间之后开始加入网络。设备如果成功地加入网络，会将网络信息存储在非易失性存储器中，掉电后仍然保存，再次上电后，设备会自动读取网络信息，这样设备对网络就有一定的记忆功能。对非易失性存储器的操作，可通过 NV_RESTORE( ) 和 NV_ITNT( ) 函数来执行。

Z-Stack 采用无线自组网按需平面距离矢量路由协议（AODV）建立一个 Hoc 网络，支持节点的移动，对于链接失败和数据丢失，能够自组织和自修复。当一个路由器接收到一个信息包之后，网络层将会进行以下工作：首先，确认目标地址，如果目标地址就是这个路由器的邻居，信息包将会直接传输给目标设备；否则，路由器将会确认和目标地址相应的路由表条目，如果通过目标地址能找到有效的路由表条目，信息包将会被传递到该条目中存储的下一个 hop 地址；如果找不到有效的路由表条目，路由探测功能将会被启动，信息包将会被缓存，直到发现一个新的路由信息。

终端设备不会执行任何路由函数，它只是简单地将信息传送给前面可以执行路由功能的父设备。因此，如果终端设备想发送信息给另外一个终端设备，在发送信息之前将会启动路由探测功能，找到相应的父路由节点。

5.1.2 地址分配

直接寻址是指发送数据包时需要指定数据包的目标地址值。在网络中进行通信，需要标识每个设备的地址。在 ZigBee 无线传感器网络中，设备的目标地址主要有 MAC 地址和网络地址两种。如前所述，64 位的 IEEE 地址称为 MAC 地址或扩展地址。每个 CC2530 的 MAC 地址都在出厂时就已经定义好了，并且是全球唯一的。16 位的 IEEE 地址称为网络地址、逻辑地址或短地址，是设备加入网络时，按照一定的算法计算得到并分配给加入网络的设备的地址。网络地址在某个网络中是唯一的。网络地址的主要功能是在网络中标识不同的设备，在进行网络数据传输时作为目标地址和源地址。

ZigBee 无线传感器网络中的地址类型如表 5.1 所示。

表 5.1 ZigBee 无线传感器网络中的地址类型

地址类型	位数 /bit	别称
IEEE 地址	64	MAC 地址
		扩展地址
网络地址	16	逻辑地址
		短地址

间接寻址是使用本地绑定表(local binding table)进行寻址的方式。协调器或者数据包发送方会保存本地绑定表,其中能保存多个目标地址。当需要传输数据包时,可通过查询本地绑定表来进行投递。

5.1.3 地址分配机制

ZigBee 有两种地址分配机制,即随机分配机制和分布式分配机制。

1. 随机分配机制

随机分配机制是指当 NIB(网络层信息数据库,应用程序的主 NIB 包含主菜单,常常也包含窗口和其他对象)中的 nwkAddrAlloc(网络层地址分配)参数值为 0x02 时,地址随机选择。在这种情况下,nwkMaxRouter(网络层最大路由器节点数)参数就无意义了。随机地址分配应符合 NIST(随机性测试)中的描述。当一个设备加入网络时使用的是 MAC 地址,其父设备应选择一个尚未分配过的随机地址。一旦设备被分配一个地址,它就没有理由放弃该地址,并应予以保留,除非它收到声明,提示其地址与另一个设备冲突。此外,设备可能自我指派随机地址,如利用加入命令帧加入一个网络。

2. 分布式分配机制

每个 ZigBee 设备都应该拥有一个唯一的物理地址。协调器在建立网络以后使用 0x0000 作为自己的短地址。路由器和终端设备加入网络以后,会使用父设备给它分配的 16 位的短地址来通信。那么,这些短地址是如何分配的呢?

16 位的地址意味着可以分配给 65 536 个节点,地址的分配取决于整个网络的架构,而整个网络的架构主要由下面三个值来决定。

① 网络的最大深度(L_m)。

② 每个父设备拥有的子设备数(C_m)。

③ 每个父设备拥有的子设备中路由器的最大数目(R_m)。

有了这三个值,就可以根据以下公式来计算出某父设备的路由器子设备之间的短地址间隔 $C_{skip}(d)$:

$$C_{skip}(d)=\begin{cases}1+C_m(L_m-d-1) & (R_m=1)\\ \dfrac{1+C_m-R_m-C_m\times R_m^{L_m-d-1}}{1-R_m} & (R_m\neq 1)\end{cases}$$

式中,d 为父设备的深度。

上面这个公式可用于计算位于深度 d 的父设备所分配的路由器子设备之间的短地址间隔。该父设备分配的第 1 个路由器的地址 = 父设备地址 +1，第 2 个路由器的地址 = 父设备地址 +1+ $C_{\text{skip}}(d)$，第 3 个路由器的地址 = 父设备地址 +1+ $2\times C_{\text{skip}}(d)$，依次类推。

计算终端设备地址的公式为

$$A_n=A_{\text{parent}}+C_{\text{skip}}(d)\times R_{\text{m}}+n。$$

这个公式可用于计算 A_{parent} 这个父设备分配的第 n 个终端设备的地址 A_n。例如，有一个网络，最大深度 $L_{\text{m}}=3$，每个父设备拥有的子设备数 $C_{\text{m}}=5$，子设备中路由器的最大数目 $R_{\text{m}}=3$，如图 5.1 所示。

由图 5.1 可知，协调器的 $C_{\text{skip}}(d)$ 为

$$C_{\text{skip}}(d)=\frac{1+5-3-5\times 3^{3-0-1}}{1-3}=21$$

所以协调器的第 1 个路由器的地址是 1，第 2 个路由器的地址是 22，换算成十六进制就是 0x0016。协调器的第 1 个终端设备的地址 =0x0000+21 × 3+1=64=0x0040，第 2 个终端设备的地址是 0x0041。由此可见，同一父设备的所有终端设备的短地址都是连续的。

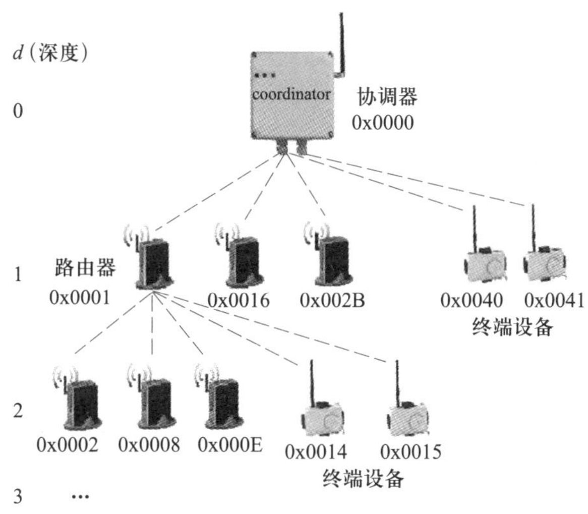

图 5.1 其 ZigBee 无线传感器网络

不难看出，只要 L_{m}、C_{m} 和 R_{m} 这三个值确定了，整个网络中的设备地址也就确定下来了。所以，知道了某个设备的短地址，就可以计算出其设备类型和其父设备的地址。

因此，在每个 ZigBee 无线传感器网络中，协调器在建立网络以后会使用 0x0000 作为自己的网络地址。在路由器和终端设备加入网络以后，父设备会自动为其分配 16 位网络地址。

知识链接

同一父设备下的终端设备的网络地址是连续的，但是同一父设备下的路由器的网络地址通常是不连续的。

在 ZigBee 无线传感器网络中，Z-Stack 协议栈提供了 MAX_DEPTH、MAX_ROUTERS 和 MAX_CHILDREN 三个参数，分别对应于 L_{m}、R_{m} 和 C_{m}。

5.1.4 ZigBee 的路由参数

ZigBee 无线传感器网络中设备的最大数量由网络允许情况决定，路由器的最大数量和终端设备的最大数量由网络架构决定。一个 ZigBee 无线传感器网络必须至少包括 1 个协调器。

协调器是网络的发起者，它的网络深度为 0。直接与协调器相连的子设备的网络深度为 1，每向下一级，网络深度加 1。网络最大负载量由网络最大深度与每一个路由器允许的最大子设备数量决定。

例如，在图 5.2 所示的网络拓扑结构中，节点 8 的网络深度 d 为 1，节点 9 的网络深度 d 为 2，节点 3 的网络深度 d 也为 2。

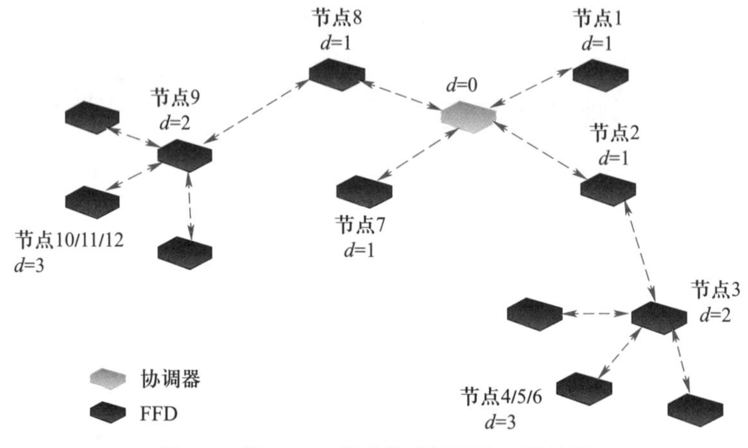

图 5.2 某 ZigBee 无线传感器网络拓扑结构

5.2 ZigBee 无线数据通信编程

在 ZigBee 无线传感器网络中，数据通信主要有广播（broadcast）、单播（unicast）和组播（multicast）三种类型。

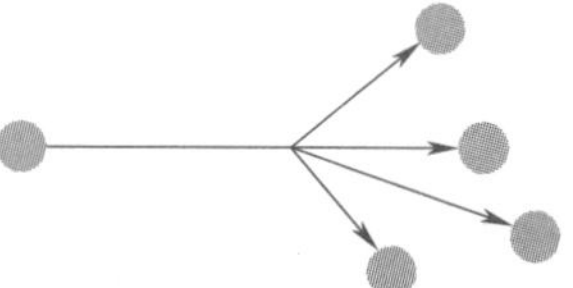

图 5.3 广播示意图

广播如图 5.3 所示，描述的是一个节点发送的数据包，网络中的所有节点都可以收到。广播在网络中的应用较多，如客户机通过 DHCP（动态主机配置协议）自动获得 IP 地址的过程就是通过广播实现的。但是同单播和组播相比，广播几乎占用了子网内网络的所有带宽，会产生“广播风暴”。以开会为例，在会场上只能有一个人发言，如果所有人同时用麦克风发言，那会场就会乱成一锅粥。集线器由于其工作原理决定了不可能过滤广播风暴；一般的交换机也没有这一功能，不过现在有的网络交换机（如全向的 QS 系列交换机）已经拥有了过滤广播风暴的功能；而路由器本身就有隔离广播风暴的作用。

广播风暴不能完全杜绝，但其只能在同一子网内传播，就好像扬声器的声音只能在同一会场内传播一样。因此，在由几百台甚至上千台计算机构成的大中型局域网中进行子网划分，就像将一个大厅用墙壁隔离成许多小厅一样，可以达到隔离广播风暴的目的。

在 IP 网络中，广播地址用 IP 地址 255.255.255.255 来表示，这个 IP 地址代表同一子网内所有的 IP 地址。

单播如图 5.4 所示，描述的是网络中两个节点之间进行数据包的收发过程。如果一个人对另外一个人说话,那么用网络技术的术语来描述就是“单播”,此时信息的接收和传递只在两个节点之间进行。单播在网络中得到了广泛的应用,网络上绝大部分的数据都是以单播的形式传输的,只是一般的网络用户不知道而已。例如,人们在收发电子邮件、浏览网页时,必须与邮件服务器、Web 服务器建立连接,此时使用的就是单播数据传输方式。但是通常会使用点对点(point to point)通信代替单播,因为单播一般与组播和广播相对应使用。

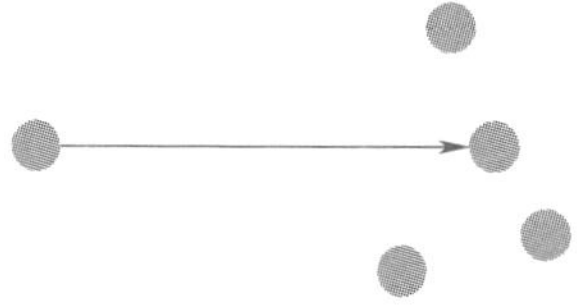

图 5.4 单播示意图

组播如图 5.5 所示,描述的是一个节点发送的数据包,只有和该节点属于同一组的节点才能收到,不属于该组的节点不需要接收。组播也称为“多播”,在网络技术上的应用并不是很多。网上视频会议、网上视频点播特别适合采用多播的方式。如果采用单播的方式,逐个节点传输,有多少个目标节点,就会有多少次传送过程,这种方式显然效率极低,是不可取的;如果采用不区分目标、全部发送的广播方式,虽然一次可以传送完数据,但是显然达不到区分特定数据接收对象的目的;采用多播方式,既可以一次传送所有目标节点的数据,也可以达到只对特定对象传送数据的目的。

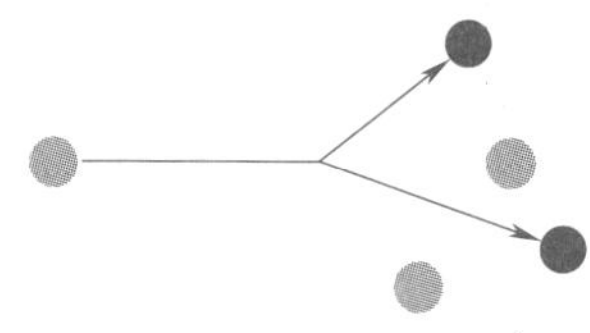

图 5.5 组播示意图

IP 网络的多播一般通过多播 IP 地址来实现。多播 IP 地址就是 D 类 IP 地址,即 224.0.0.0~239.255.255.255 之间的 IP 地址。Windows 10 中的 DHCP 管理器支持多播 IP 地址的自动分配。

那么,ZigBee 协议栈如何实现上述通信方式呢?

ZigBee 协议栈将数据通信过程高度抽象,使用一个函数来完成数据的发送,以不同的参数来选择数据发送方式(广播、单播、组播)。ZigBee 协议栈数据发送函数 AF_DataRequest( )的原型如下:

```
afStatus_t  AF_DataRequest(afAddrType_t *dstAddr,endPointDesc_t *srcEP,
                uint16 cID,uint16 len,uint8 *buf,uint8 *transID,
                uint8 options,uint8 radius)
```

在 AF_DataRequest( )函数中,第 1 个参数是一个指向 afAddrType_t 类型的结构体的指针,该结构体的定义如下:

```
typedef struct
{
  union
  {
  uint16 shortAddr;
  }addr;
  afAddrMode_t addrMode;//afAddrMode_t 是一个枚举类型的模式参数
  byte endPoint;// 指定的端点号，241~254 为保留端点，1~240 为可用端点
}afAddrType_t;
```

afAddrMode_t 的定义如下:

```
typedef enum
{
```

```
    afAddrNotPresent = AddrNotPresent,// 按照绑定表进行绑定传输
    afAddr16Bit = Addr16Bit,// 指定目标网络地址进行单播传输 ,16 位
    afAddrGroup = AddrGroup,// 组播传输
    afAddrBroadcast = AddrBroadcast// 广播传输
}afAddrMode_t;
```

可见,afAddrMode_t 是一个枚举类型的模式参数,即:

- 当 addrMode=AddrBroadcast 时,就对应地以广播方式发送数据;
- 当 addrMode=AddrGroup 时,就对应地以组播方式发送数据;
- 当 addrMode=Addr16Bit 时,就对应地以单播方式发送数据。

上面使用的 AddrGroup、Addr16Bit 和 AddrBroadcast 是常数,在 ZigBee 协议栈中的定义如下:

```
enum
{
    AddrNotPresent = 0,
    AddrGroup = 1,
    Addr16Bit = 2,
    Addr64Bit = 3,// 指定 IEEE 地址进行单播传输 ,64 位
    AddrBroadcast= 15
};
```

第 2 个参数 endPointDesc_t *srcEP 也是一个指向结构体的指针,代表源网络地址的描述,每个终端都必须要有一个 ZigBee 的简单描述,具体如下:

```
typedef struct
{
    byte endPoint;// 端点号
    byte *task_id;// 指向应用程序任务 ID 位置的指针
    SimpleDescriptionFormat_t *simpleDesc;// 目标设备的简单描述
    afNetworkLatencyReq_t latencyReq;// 枚举类型 , 必须用 noLate-ncyReqs 填充
}endPointDesc_t;
```

其中,SimpleDescriptionFormat_t 的定义如下:

```
typedef struct
{
    byte EndPoint;//EP ID(EP=End Point)
    uint16 AppProfId;//Profile ID( 剖面 ID)
    uint16 AppDeviceId;//Device ID
    byte AppDevVer:4;//Device Version,0x00 为 Version 1.0
```

```
    byte Reserved:4;//AF_V1_SUPPORT uses for AppFlags:4.
    byte AppNumInClusters;// 终端支持的输入簇的个数
    cId_t *pAppInClusterList;// 指向输入簇 ID 列表的指针
    byte AppNumOutClusters;// 输出簇的个数
    cId_t *pAppOutClusterList;// 指向输出簇 ID 列表的指针
}SimpleDescriptionFormat_t;
```

afNetworkLatencyReq_t 的定义如下：

```
typedef enum
{
  noLatencyReqs,
  fastBeacons,
  slowBeacons
}afNetworkLatencyReq_t;
```

第 3 个参数：uint16 cID，命令 ID。

第 4 个参数：uint16 len，发送数据的长度。

第 5 个参数：uint8 *buf，指向存放发送数据的缓冲区的指针。

第 6 个参数：uint8 *transID，指向发送序号的指针。如果消息缓存发送，该参数将会增加。

第 7 个参数：uint8 options，发送选项，可以由下面一项或几项相“或”得到。

- AF_ACK_REQUEST 0x10 ：要求 APS 应答，这是应用层的应答，只在直接发送（单播）时使用。
- AF_DISCV_ROUTE 0x20: 总要包含该选项。
- AF_SKIP_ROUTING 0x80: 设置该选项将导致设备跳过路由而直接发送消息。终端设备将不向其父设备发送消息。在直接发送（单播）和广播消息时经常使用。

第 8 个参数：uint8 radius，传输跳数或传输半径，默认值为 10。

AF_DataRequest 函数的返回值为 afStatus_t，为枚举类型，其定义如下：

```
typedef enum
{
  afStatus_SUCCESS,
  afStatus_FAILED = 0x80,
  afStatus_MEM_FAIL,
  afStatus_INVALID_PARAMETER
}afStatus_t;
```

AF_DataRequest 函数的完整源代码如下：

```
afStatus_t AF_DataRequest(afAddrType_t *dstAddr,endPointDesc_t *srcEP,
                          uint16 cID,uint16 len,uint8 *buf,uint8 *transID,
                          uint8 opti-ons,uint8 radius)
```

```
{
  pDescCB pfnDescCB;
  ZStatus_t stat;
  APSDE_DataReq_t req;
  afDataReqMTU_t mtu;
  //判断源节点是否为空
  if(srcEP == NULL)
  {
    return afStatus_INVALID_PARAMETER;
  }
#if !defined(REFLECTOR)
  if(dstAddr->addrMode == afAddrNotPresent)
  {
    return afStatus_INVALID_PARAMETER;
  }
#endif
  //判断目标地址
  req.dstAddr.addr.shortAddr = dstAddr->addr.shortAddr;
  //判断地址模式
  if((dstAddr->addrMode == afAddr16Bit)||
     (dstAddr->addrMode == afAddrBroadcast))
  {
  //核对有效的广播值
  if(ADDR_NOT_BCAST!= NLME_IsAddressBroadcast(dstAddr->addr.
shortAddr))
  {
  //强制转换成广播模式
  dstAddr->addrMode = afAddrBroadcast;
  }
  else
  {
  //地址不是一个有效的广播地址类型
  if(dstAddr->addrMode == afAddrBroadcast)
   {
    return afStatus_INVALID_PARAMETER;
   }
  }
 }
```

```
  else if(dstAddr->addrMode != afAddrGroup&&
          dstAddr->addrMode != afAddrNotPresent)
  {
    return afStatus_INVALID_PARAMETER;
  }
  req.dstAddr.addrMode = dstAddr->addrMode;
  req.profileID = ZDO_PROFILE_ID;
  if((pfnDescCB = afGetDescCB(srcEP)))
  {
    uint16 *pID =(uint16 *)(pfnDescCB(AF_DESCRIPTOR_PROFILE_ID,
srcEP->endPoint));
    if(pID)
    {
      req.profileID = *pID;
      osal_mem_free(pID);
    }
  }
  else if(srcEP->simpleDesc)
  {
    req.profileID = srcEP->simpleDesc->AppProfId;
  }
  req.txOptions = 0;
  if((options&AF_ACK_REQUEST)&&
      (req.dstAddr.addrMode != AddrBroadcast)&&
      (req.dstAddr.addrMode != AddrGroup))
  {
    req.txOptions |= APS_TX_OPTIONS_ACK;
  }
  if(options&AF_SKIP_ROUTING)
  {
    req.txOptions |= APS_TX_OPTIONS_SKIP_ROUTING;
  }
  if(options&AF_EN_SECURITY)
  {
    req.txOptions |= APS_TX_OPTIONS_SECURITY_ENABLE;
    mtu.aps.secure = TRUE;
  }
  else
```

```
{
  mtu.aps.secure = FALSE;
}
mtu.kvp = FALSE;
req.transID = *transID;
req.srcEP = srcEP->endPoint;
req.dstEP = dstAddr->endPoint;
req.clusterID = cID;
req.asduLen = len;
req.asdu = buf;
req.discoverRoute = TRUE;
//(uint8)((options & AF_DISCV_ROUTE) ? 1 :0);
req.radiusCounter = radius;
if(len > afDataReqMTU(&mtu))
{
  if(apsfSendFragmented)
  {
    req.txOptions |= AF_FRAGMENTED | APS_TX_OPTIONS_ACK;
    stat =(*apsfSendFragmented)(&req);
  }
  else
  {
    stat = afStatus_INVALID_PARAMETER;
  }
}
else
{
    stat = APSDE_DataReq(&req);
}
  if((req.dstAddr.addrMode == Addr16Bit)&&
     (req.dstAddr.addr.shortAddr == NLME_GetShortAddr()))
  {
    afDataConfirm(srcEP->endPoint,*transID,stat);
  }
   if(stat == afStatus_SUCCESS)
  {
    (*transID)++;
  }
```

```
    return(afStatus_t)stat;
}
```

注意:AF_DataRequest 函数的第 1 个参数决定了以哪种数据发送方式发送数据,下面举例说明调用方法。

① 定义一个 afAddrTpye_t 类型的变量:

```
afAddrTpye_t SendDataAddr;
```

② 将其 addrMode 参数设置为 Addr16Bit:

```
SendDataAddr.addrMode=(afAddrMode_t) Addr16Bit;
SendDataAddr.addr.shortAddr=××××;
```

其中,"××××"代表目标节点的网络地址,如协调器的网络地址为 0x0000。

③ 调用 AF_DataRequest 函数发送数据:

```
AF_DataRequest(&SendDataAddr,…)
```

知识链接

ZigBee 无线传感器网络中的传感器是物与用户(包括人、组织和其他系统)的接口。它与行业需求相结合,实现传感器网络的智能应用。

1. 单播通信

工作原理:协调器周期性地以广播的形式向终端设备发送数据(每隔 5 s 广播一次),终端设备收到数据后,使开发板上的 LED 灯状态翻转(如果 LED 灯原来是亮的,则熄灭;如果 LED 灯原来是灭的,则点亮),同时向协调器发送字符串"LED"。协调器收到终端设备的数据后,将其通过串口输出到 PC,用户可以通过串口调试助手查看该信息。

单播通信工作原理如图 5.6 所示。

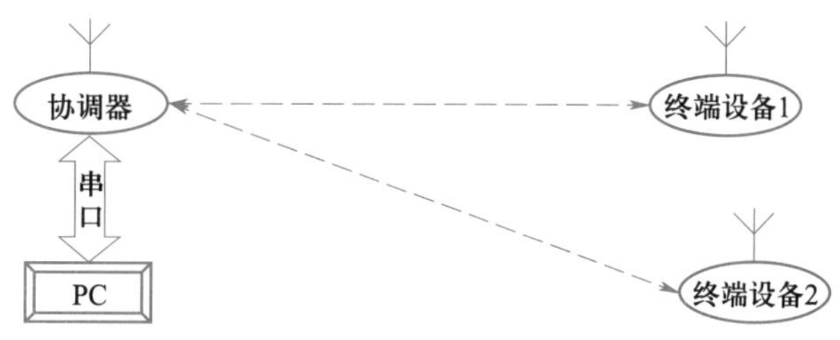

图 5.6 单播通信工作原理

单播通信协调器程序流程如图 5.7 所示,终端设备程序流程如图 5.8 所示。

协调器周期性地以广播的形式向终端设备发送数据。为了实现周期性地发送数据,需要使用定时函数 osal_start_timerEx( ),定时时间为 5 s,达到定时时间后,协调器向终端设备发送数据,发送完成后再定时 5 s,以此类推。

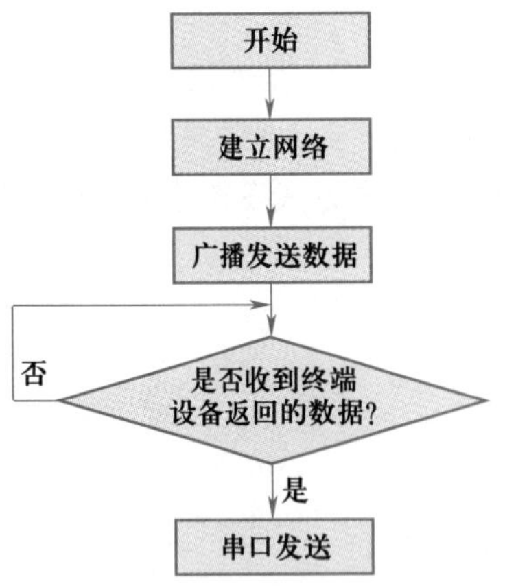

图 5.7 单播通信协调器程序流程

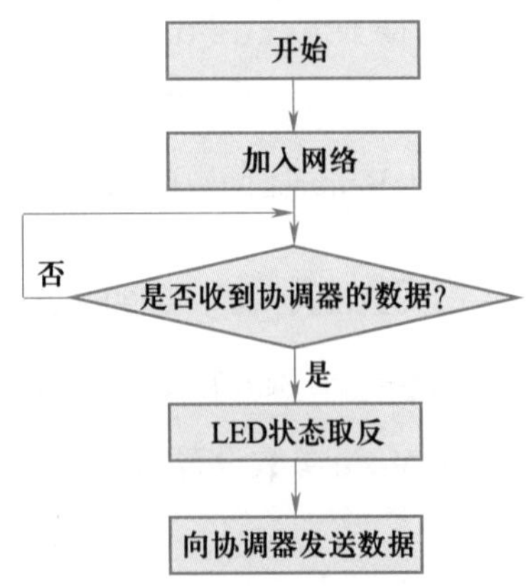

图 5.8 单播通信终端设备程序流程

利用 SampleApp 点播程序进行修改,具体如下:

```
/* 组网成功测试 SampleApp  ZDO_STATE_CHANGE  点灯 */
uint16 SampleApp_ProcessEvent(uint8 task_id,uint16 events)
{
  afIncomingMSGPacket_t *MSGpkt;
  (void)task_id;//Intentionally unreferenced parameter
  if(events&SYS_EVENT_MSG)
  {
  MSGpkt=(afIncomingMSGPacket_t *)osal_msg_receive(SampleApp_TaskID);
  while(MSGpkt)
  {
    switch(MSGpkt->hdr.event)
    {
     //Received when a messages is received (OTA) for this endpoint
     case AF_INCOMING_MSG_CMD:
        SampleApp_MessageMSGCB(MSGpkt);
        break;
     //Received whenever the device changes state in the network
     case ZDO_STATE_CHANGE:
          // 点灯
          P1SEL &= ~0x3;
          P1DIR |= 0x3;// 定义 P10、P11 为输出
          P1_0 = 1;
 if(events&SAMPLEAPP_SEND_PERIODIC_MSG_EVT)
  {
  p1_0^=1;// 反转灯
```

```
//Send the periodic message
SampleApp_SendPeriodicMessage();
```

点播前，在 SampleApp_SendPeriodicMessage( )函数中选中 SampleAppPeriodicCounter，右击，在弹出的快捷菜单中选择 go to definition of SampleAppPeriodicCounter 命令，修改变量 uint8 SampleAppPeriodicCounter 的值为 1。

(1) 添加点播地址结构

利用 afAddrType_t SampleApp_Point_to_Point_DstAddr 来实现。

(2) 用户自定义任务

用户自定义任务在 SampleApp_Init(uint8 task_id)中初始化，具体如下：

```
//point to point
SampleApp_Point_to_Point_DstAddr.addrMode=(afAddrMode_t)Addr16Bit;
SampleApp_Point_to_Point_DstAddr.endPoint=SAMPLEAPP_ENDPOINT;
SampleApp_Point_to_Point_DstAddr.addr.shortAddr=0x0000;
```

(3) 禁止协调器向自己发送数据

修 改 uint16 SampleApp_ProcessEvent(uint8 task_id,uint16 events)，删 除“(SampleApp_NwkState == DEV_ZB_COORD)||”，具体如下：

```
case ZDO_STATE_CHANGE:
   //点灯移到这个位置
   P1SEL &= ~0x3;
   P1DIR |= 0x3;//定义 P10、P11 为输出
   P1_0 = 1;
 SampleApp_NwkState =(devStates_t)(MSGpkt->hdr.status);
  if((SampleApp_NwkState == DEV_ROUTER)||
     (SampleApp_NwkState == DEV_END_DEVICE))
   /*去除对协调器的支持，只有路由器及终端设备可以调用定时事件，删除
(SampleApp_NwkState == DEV_ZB_COORD)||*/
 {
//Start sending the periodic message in a regular interval
osal_start_timerEx(SampleApp_TaskID,
                   SAMPLEAPP_SEND_PERIODIC_MSG_EVT,
                   SAMPLEAPP_SEND_PERIODIC_MSG_TIMEOUT);
 }
 else
 {
   //Device is no longer in the network
 }
 break;
```

```
    default:
      break;
```

(4) 自行修改代码

在 SampleApp_SendPeriodicMessage( )中添加发送的数据内容(后期添加传感器的数据发送功能)。

知识链接

使用广播通信时,网络地址可以有 0xFFFF、0xFFFD 和 0xFFFC 三种类型。其中,0xFFFF 表示数据包将全网广播,包括处于休眠状态的节点;0xFFFD 表示数据包将只发往未处于休眠状态的节点;0xFFFC 表示数据包将发往网络中的所有路由器节点。

2. 组播通信

工作原理:协调器周期性地以组播的形式向路由器发送数据(每隔 5 s 发送一次组播数据),路由器收到数据后,使开发板上的 LED 灯状态翻转(如果 LED 灯原来是亮的,则熄灭;如果 LED 灯原来是灭的,则点亮),同时向协调器发送字符串“LED”。协调器收到路由器发回的数据后,将其通过串口输出到 PC,用户可以通过串口调试助手查看该信息。

组播通信工作原理如图 5.9 所示。

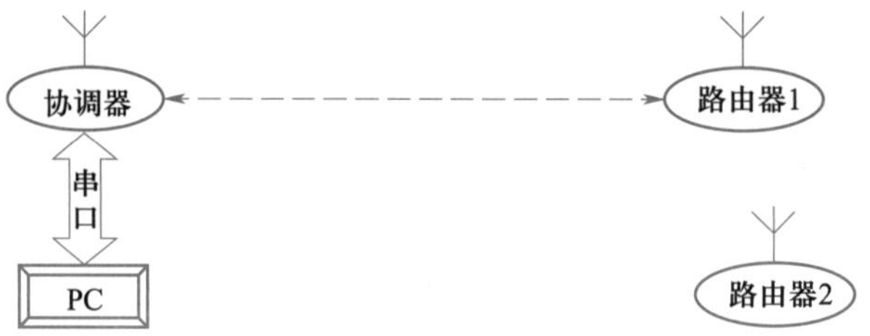

图 5.9 组播通信工作原理

组播通信协调器程序流程如图 5.10 所示,路由器程序流程如图 5.11 所示。

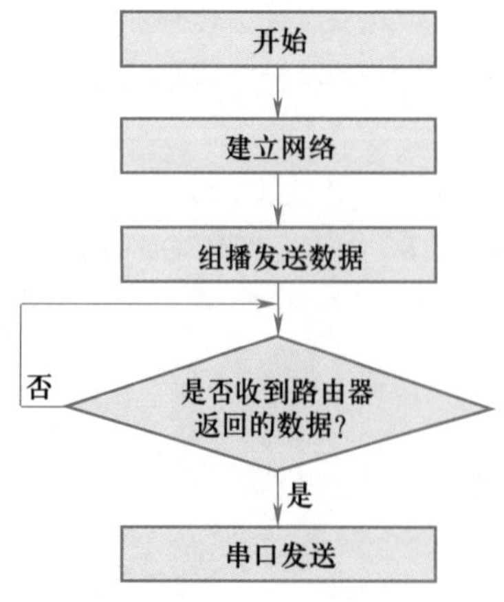

图 5.10 组播通信协调器程序流程

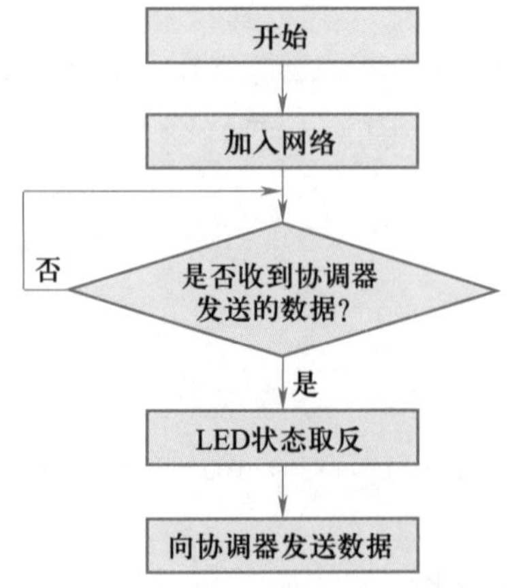

图 5.11 组播通信路由器程序流程

使用组播的方式发送数据时,需要加入特定的组中。

apsgroups.h 文件中有 aps_Group_t 结构体的定义,具体如下:

```
#define APS_GROUP_NAME_LEN 16
typddef struct
{
 uint16 ID;
 uint8 name[APS_GROUP_NAME_LEN];
}aps_Group_t;
```

每个组有一个特定的 ID,组名存放在 name 数组中。

注意:name 数组的第 1 个元素是组名的长度,从第 2 个元素开始存放真正的组名字符串。

组播实验(在同一 PAN_ID 的网络中建立不同组)的实现方法如下。

(1) 添加组播地址结构

在 SampleApp.h 中添加如下代码:

```
#define SAMPLEAPP_TEST_GROUP  0x0002
```

在 SampleApp.c 中添加如下代码:

```
afAddrType_t SampleApp_Group_DstAddr;
aps_Group_t test_Group;
```

(2) 在 SampleApp_Init(uint8 task_id)中初始化

具体如下:

```
//Group
SampleApp_Group_DstAddr.addrMode = (afAddrMode_t)afAddrGroup;
SampleApp_Group_DstAddr.endPoint = SAMPLEAPP_ENDPOINT;
SampleApp_Group_DstAddr.addr.shortAddr = SAMPLEAPP_TEST_GROUP;
//组播号
//注册组播
test_Group.ID = SAMPLEAPP_TEST_GROUP;
osal_memcpy(test_Group.name,"Group 2",7);
aps_AddGroup(SAMPLEAPP_ENDPOINT,&test_Group);
```

或将组播文件夹中的 SampleApp.c 文件粘贴到"C:\Texas Instruments\ZStack-CC2530-2.5.1a\Projects\zstack\Samples\SampleApp\source"中。

(3) 禁止协调器向自己发送数据

具体可参考"单播通信"中的相应代码。

(4) 自行修改代码

可以自行修改 SampleApp_SendPeriodicMessage( ),添加发送的数据内容(后期添加传感器的数据发送功能),具体如下:

```
void SampleApp_SendPeriodicMessage(void)
{
  if(AF_DataRequest(&SampleApp_Group_DstAddr,
  //修改该地址为组播地址，只发给 SAMPLEAPP_TEST_GROUP
                    &SampleApp_epDesc,
                    SAMPLEAPP_PERIODIC_CLUSTERID,
                    1,
                    (uint8 *)&SampleAppPeriodicCounter,
                    &SampleApp_TransID,
                    AF_DISCV_ROUTE,
                    AF_DEFAULT_RADIUS) == afStatus_SUCCESS)
  {
  }
  else
  {
    //Error occurred in request to send
  }
}
```

3. 广播通信

(1) 添加广播地址结构

利用 afAddrType_t Broadcast_DstAddr 实现。

(2) 在 SampleApp_Init(uint8 task_id)中初始化

具体如下：

```
Broadcast_DstAddr.addrMode = (afAddrMode_t)AddrBroadcast;
Broadcast_DstAddr.endPoint = SAMPLEAPP_ENDPOINT;
Broadcast_DstAddr.addr.shortAddr = 0xFFFF;
```

(3) 禁止协调器向自己发送数据

具体可参考“单播通信”中的相应代码。

(4) 自行修改代码

可以自行修改 SampleApp_SendPeriodicMessage( ),添加发送的数据内容(后期添加传感器的数据发送功能),具体如下：

```
void SampleApp_SendPeriodicMessage(void)
{
  if(AF_DataRequest(&Broadcast_DstAddr,//修改该地址为广播地址
                   &SampleApp_epDesc,
                   SAMPLEAPP_PERIODIC_CLUSTERID,
```

```
                    1,
                    (uint8 *)&SampleAppPeriodicCounter,
                    &SampleApp_TransID,
                    AF_DISCV_ROUTE,
                    AF_DEFAULT_RADIUS) == afStatus_SUCCESS)
      {
      }
      else
      {
        //Error occurred in request to send
      }
    }
```

5.3 Z-Stack 协议栈的网络管理

5.3.1 Z-Stack 协议栈的网络管理概述

Z-Stack 协议栈的网络管理主要包括查询与本节点有关的地址信息和查询与网络中其他节点有关的地址信息。

1. 查询与本节点有关的地址信息

查询与本节点有关的地址信息主要包括查看节点的网络地址、MAC 地址、父节点的网络地址以及父节点的 MAC 地址等内容。

(1) NLME_GetShortAddr( )

函数原型:uint16 NLME_GerShortAddr(void)。

功能描述:返回该节点的网络地址。

(2) NLME_GetExtAddr( )

函数原型:byte *NLME_GetExtAddr(void)。

功能描述:返回指向该节点 MAC 地址的指针。

(3) NLME_GetCoordShortAddr( )

函数原型:uint16 NLME_GetCoordShortAddr(void)。

功能描述:返回父节点的网络地址。

(4) NLME_GetCoordExtAddr( )

函数原型:void NLME_GetCoordExtAddr(byte *buf)。

参数描述:指向存放父节点 MAC 地址的缓冲区的指针。

2. 查询与网络中其他节点有关的地址信息

查询与网络中其他节点有关的地址信息主要包括已知节点的 16 位网络地址查询该节点的 IEEE 地址、已知节点的 IEEE 地址查询该节点的网络地址。下面仅介绍 ZDP_IEEEAddrReq( )函数。

函数原型:afStatus_t ZDP_IEEEAddrReq(uint16 shortAddr,byte ReqType,byte StartIndex,byte Security-

Enable)。

功能描述:已知节点的 16 位网络地址查询该节点的 IEEE 地址。

因为协调器的网络地址是 0x0000,因此可以从路由器发送地址请求来得到协调器的 IEEE 地址。首先路由器调用 ZDP_IEEEAddrReq(0x0000,0,0,0)函数,然后该函数进一步调用协议栈中的一些函数,最终通过天线发送 IEEE 地址请求。

网络中网络地址为 0x0000 的节点会对该请求做出响应,路由器或终端设备会将一些自己的或父(子)节点的物理地址和网络地址封装在一个数据包中发送给路由器。路由器收到该数据包后,各层进行校验,最终给应用层发送一个消息 ZDO_CB_MSG,该消息中包含了协调器的 IEEE 地址信息。

在应用层中调用 ZDO_ParseAddrRsp( )函数对消息包进行解析,最终即可得到协调器的 IEEE 地址。

5.3.2 Z-Stack 协议栈的网络管理实验

无线网络是由协调器建立的,当其他节点加入网络中时,如果网络中只有两个节点,则一个是协调器,另一个是路由器。对路由器而言,协调器就是其父节点,可以在路由器中调用获取父节点的函数来完成 Z-Stack 协议栈的网络管理。

Z-Stack 协议栈网络管理实验的基本思路是:协调器上电后建立网络,路由器自动加入网络,然后路由器调用相关函数获取本身的网络地址、父节点的网络地址和 MAC 地址。

下面使用 SampleApp.eww 工程来进行管理。要实现协调器收集数据的功能,可以使用点播方式传输数据,点播地址为协调器地址(0x0000),这样避免了路由器和终端设备之间的互传,减少了网络数据的拥塞。本实验是在点播例程的基础上进行的,下面在点播程序的基础上完成这个实验。

在 SampleApp.c 文件中修改点播发送程序,具体如下:

```
void SampleApp_SendPointToPointMessage(void)
{
  uint8 device;// 设备类型变量
  if(SampleApp_NwkState == DEV_ROUTER)
     device=0x01;// 编号 1 表示路由器
  else if(SampleApp_NwkState == DEV_END_DEVICE)
     device=0x02;// 编号 2 表示终端设备
  else
     device=0x03;// 编号 3 表示出错
if(AF_DataRequest(&Point_To_Point_DstAddr,// 发送设备类型编号
                  &SampleApp_epDesc,
                  SAMPLEAPP_POINT_TO_POINT_CLUSTERID,
                  1,
                  &device,
                  &SampleApp_TransID,
                  AF_DISCV_ROUTE,
                  AF_DEFAULT_RADIUS) == afStatus_SUCCESS)
```

```
  {
  }
  else
  {
    //Error occurred in request to send
  }
  }
```

修改完成后，烧写相应的程序代码，节点上电组网后，系统设备自动检测自己烧写的类型，然后发送对应的编号，路由器编号为 1，终端设备编号为 2。

对接收到的数据进行判断，可区分路由器和终端设备；然后在数据包中取出 16 位短地址，通过串口打印出来。

先来看短地址在数据包里的存放位置，依次是 pkt-srcAddr-shortAddr，如图 5.12 和图 5.13 所示。

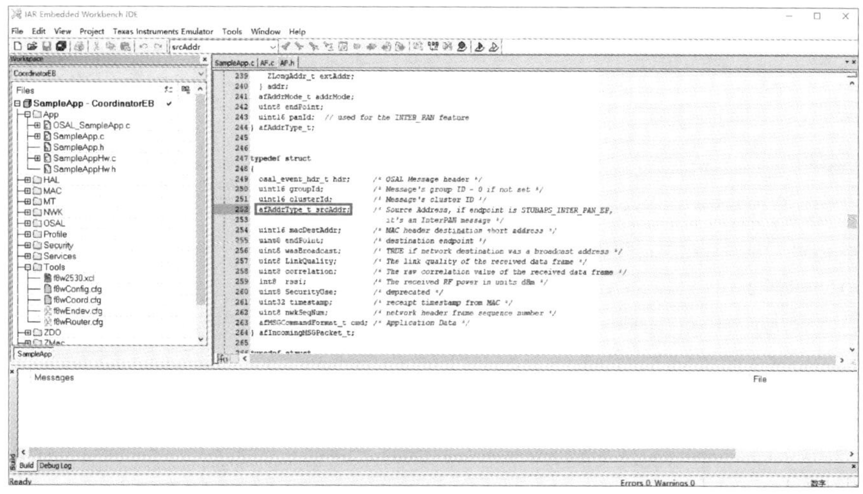

图 5.12 数据包中的 srcAddr 地址

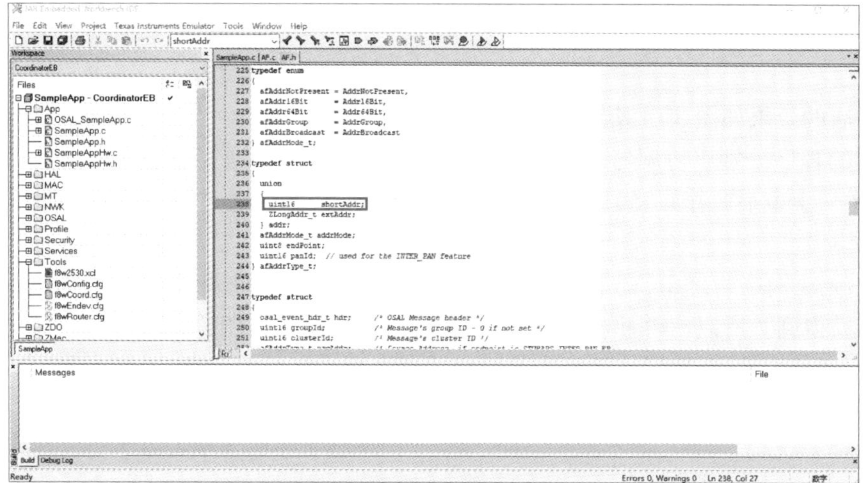

图 5.13 数据包中的 shortAddr 地址

可以在点播通信的接收函数中加入以下代码：

```
    void SampleApp_MessageMSGCB(afIncomingMSGPacket_t *pkt)
    {
      /*16 进制转 ASCII 码表 */
      uint8
asc_16[16]={'0','1','2','3','4','5','6','7','8','9','A','B','C','D','E','F'};
    uint16 flashTime,temp;
    switch(pkt->clusterId)
    {
      case SAMPLEAPP_POINT_TO_POINT_CLUSTERID:
        temp=pkt->srcAddr.addr.shortAddr;// 读出数据包的 16 位短地址
        if(pkt->cmd.Data[0]==1)// 路由器
          HalUARTWrite(0,"ROUTER ShortAddr:0x",19);// 提示接收到数据
        if(pkt->cmd.Data[0]==2)// 终端设备
        HalUARTWrite(0,"ENDDEVICE ShortAddr:0x",22);// 提示接收到数据
        /**** 将短地址分解，打印 ASCII 码 *****/
        HalUARTWrite(0,&asc_16[temp/4096],1);
        HalUARTWrite(0,&asc_16[temp%4096/256],1);
        HalUARTWrite(0,&asc_16[temp%256/16],1);
        HalUARTWrite(0,&asc_16[temp%16],1);
        HalUARTWrite(0,"\n",1);                   // 换行
        break;
      case SAMPLEAPP_FLASH_CLUSTERID:
        flashTime=BUILD_UINT16(pkt->cmd.Data[1],pkt->cmd.Data[2]);
        HalLedBlink(HAL_LED_4,4,50,(flashTime/4));
        break;
      }
    }
```

添加代码后的效果如图 5.14 所示。

将修改后的程序分别以协调器、路由器、终端设备的方式下载到 3 个或 3 个以上设备中，并将协调器连接到 PC。上电后每个设备往协调器发送自身编号，协调器通过串口将其打印出来，如图 5.15 所示。

在 ZigBee 无线网络管理中，如果可以获取每个节点的网络地址及其父节点的网络地址，那么网络拓扑将很容易得到。所以，获得网络拓扑的方法是：获得每个节点的网络地址及其父节点的网络地址，然后将其发送给协调器，这样协调器中就汇集了整个网络拓扑的信息。

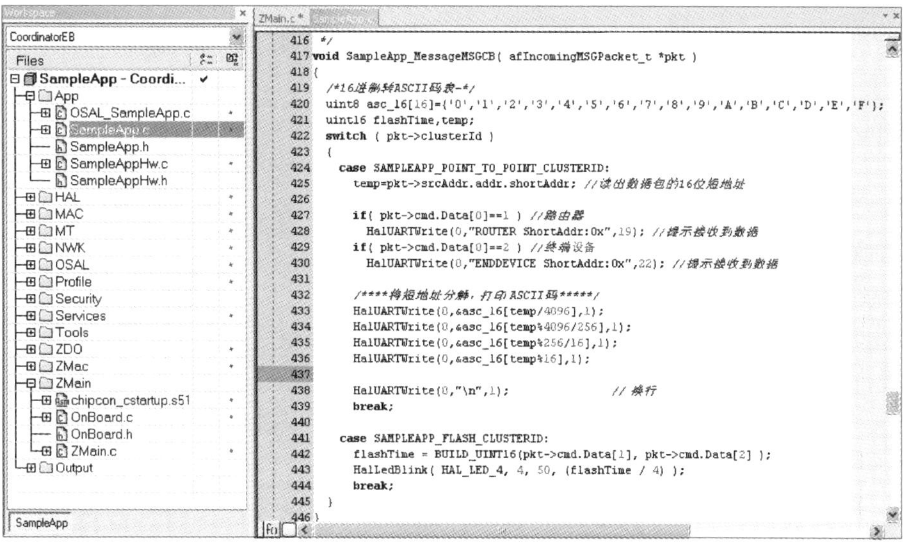

图 5.14　添加代码后的效果

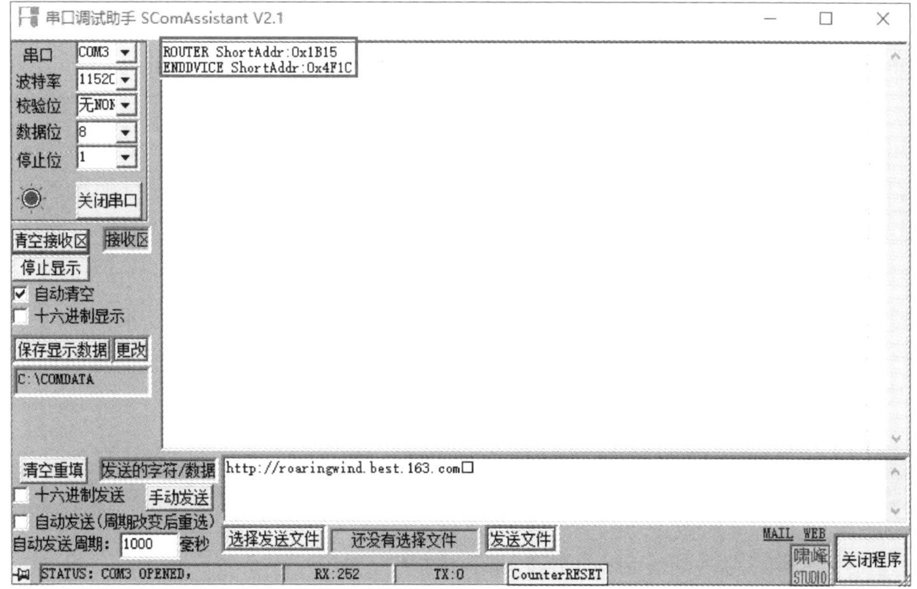

图 5.15　无线网络管理实验效果

项目小结

(1) 单播

只要联网成功(网络中有路由器或者协调器),所有设备均有单播和接收的功能。

(2) 组播

① 终端设备、路由器、协调器均可以进行组播发送。

② 默认只有全功能设备可以进行组播接收,精简功能设备默认不能接收(可配置打开接收:在 f8wConfig.cfg 文件中设置 -DRFD_RCVC_ALWAYS_ON=TRUE)。

③ 默认的发送端不能接收自己的数据。

(3) 广播

① 终端设备、路由器、协调器均可以进行广播发送。

② 默认只有全功能设备可以进行广播接收。

③ 默认的发送端不能接收自己的数据。

路由器是全工设备,实验时要关闭发送函数。关闭发送函数后,只有点播的路由器才能转发信息,广播、组播的路由器不会转发信息。路由器编程时必须屏蔽终端设备定义和协调器功能。

广播、组播的协调器不会将信息转发给自己,只有路由器可以接收信息。

(4) 常见的关于物理地址和网络地址的函数

得到父节点的网络地址:uint16 NLME_GetCoordShortAddr(void)。

得到父节点的物理地址:void NLME_GetCoordExtAddr(byte *buf)。

得到自己的网络地址:uint16 NLME_GetShortAddr(void)。

得到自己的物理地址:byte *NLME_GetExtAddr(void)。

根据已知的物理地址查询远程设备的网络地址,作为一个广播信息发送给网络中的所有设备:afStatus_t ZDP_NwkAddrReq(byte *IEEEAddress,byte ReqType,byte StartIndex,byte SecurityEnable)。

根据已知的网络地址查询远程设备的物理地址,作为一个广播信息发送给网络中的所有设备:afStatus_t ZDP_IEEEAddrReq(uint16 shortAddr,byte ReqType,byte StartIndex,byte SecurityEnable)

快速查询[不启动无线查询,而是根据已存储于地址管理器中的网络(物理)地址查询物理(网络)地址]的方式如下。

查找基于网络地址的物理地址:uint8 APSME_LookupExtAddr(uint16 nwkAddr,uint8 *extAddr)。

查找基于物理地址的网络地址:uint8 APSME_LookupNwkAddr(uint8 *extAddr,uint16 *nwkAddr)。

一般情况下,使用物理地址和网络地址都可以发送消息,但最好使用网络地址,使用物理地址时可能会因为传送数据位数较多而出现问题。

主要概念

ZigBee 无线传感器的网络地址分配、分配机制、网络管理。

实训任务

任务一 点播实验

任务目标

① 认识 Z-Stack 协议栈的串口通信。

② 了解 Z-Stack 协议栈的单播组网通信。

③ 培养学生协作与交流的意识与能力,让学生进一步了解 Z-Stack 协议栈的构架。

任务内容与要求

① 根据实际应用要求，进行点播发送和接收函数参数修改，完成二次开发任务。

② 修改程序代码，实现数据通信可视化。

任务考核

任务一考核表见表 5.2。

表 5.2 任务一考核表

考核要素	评价标准	分值	评分			
			自评(10%)	小组(10%)	教师(80%)	小计(100%)
点对点通信的定义和点对点发送函数	了解点对点发送函数的参数，能够根据实际应用进行二次开发	40				
协调器收到终端设备发送的信息	能够实现数据通信可视化	30				
分析总结		30				
合计						
评语（主要是建议）						

任务参考

一、实验设备

任务一所用实验设备见表 5.3。

表 5.3 任务一所用实验设备

实验设备	数量	备注
ZigBee Debugger 仿真器	1	下载和调试程序
CC2530 节点	3	调试程序
USB 线	1	连接 PC、网关板、调试器
RS-232 串口连接线	1	调试程序
SmartRF Flash Programmer 软件	1	烧写物理地址软件
电源	1	供电
Z-Stack-CC2530-2.5.1a	1	协议栈软件

二、实验步骤

点播描述的是网络中两个节点相互通信的过程，用于确定通信对象的就是节点的短地址。下面利用 SampleApp 例程通过简单的修改完成点播实验。

在 Profile 文件夹中打开 AF.h 文件，找到图 5.16 所示的代码。

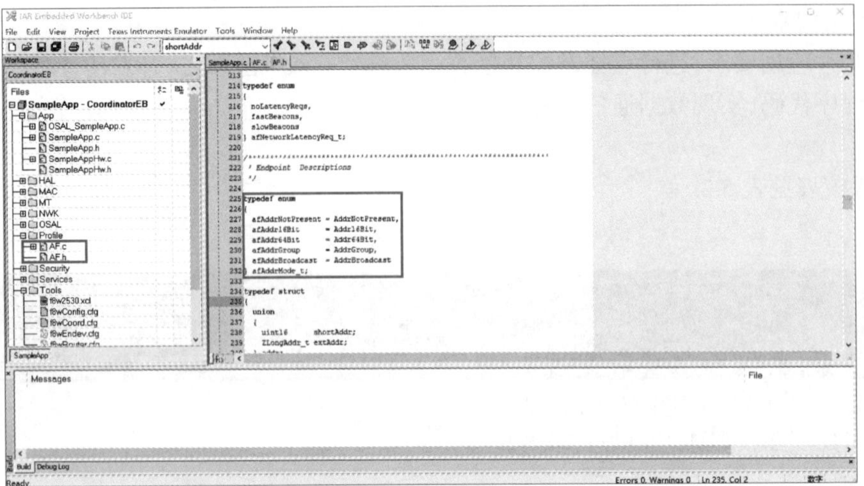

图 5.16 AF.h 文件

打开 SampleApp.c 文件,可发现已经存在如下代码:

```
afAddrType_t SampleApp_Periodic_DstAddr;
afAddrType_t SampleApp_Flash_DstAddr;
```

下面按照格式来添加自己的点播地址结构代码。点对点通信定义利用 afAddrType_t Point_To_Point_DstAddr 来实现,如图 5.17 所示。右击,在弹出的快捷菜单中选择 go to definition of afAddrType_t 命令,可以找到对应的枚举内容。

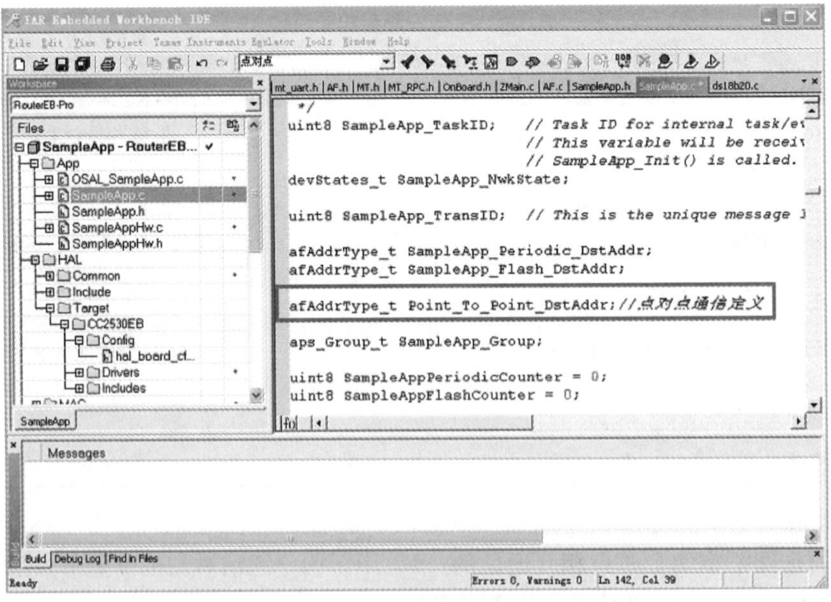

图 5.17 点对点通信定义

在 SampleApp.c 文件中找到 SampleApp_Init(uint8 task_id)函数进行初始化,添加的代码如图 5.18

所示，对 Point_to_Point_DstAddr 的参数进行配置，具体代码如下：

```
//点对点通信定义
Point_to_Point_DstAddr.addrMode =(afAddrMode_t)Addr16Bit;//点播
Point_to_Point_DstAddr.endPoint = SAMPLEAPP_ENDPOINT;
Point_to_Point_DstAddr.addr.shortAddr= 0x0000;//发给协调器
```

第 3 行代码的意思是点播的发送对象是 0x0000，也就是协调器的地址。节点和协调器是点对点通信。

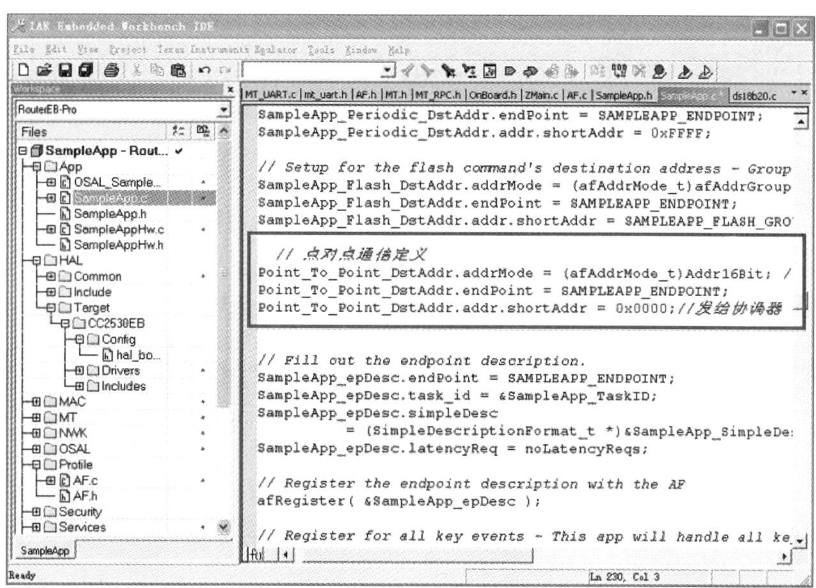

图 5.18　点对点通信定义初始化

继续添加自己的点对点发送函数，如图 5.19 所示，具体代码如下：

```
void SampleApp_SendPointToPointMessage(void)
{
    uint8 data[10]={0,1,2,3,4,5,6,7,8,9};
    if(AF_DataRequest(&Point_To_Point_DstAddr,
                      &SampleApp_epDesc,
                      SAMPLEAPP_POINT_TO_POINT_CLUSTERID,
                      10,
                      data,
                      &SampleApp_TransID,
                      AF_DISCV_ROUTE,
                      AF_DEFAULT_RQDIUS)==afStatus_SUCCESS)
    {
    }
```

```
    else
    {
    //Error occurred in request to send
    }
}
```

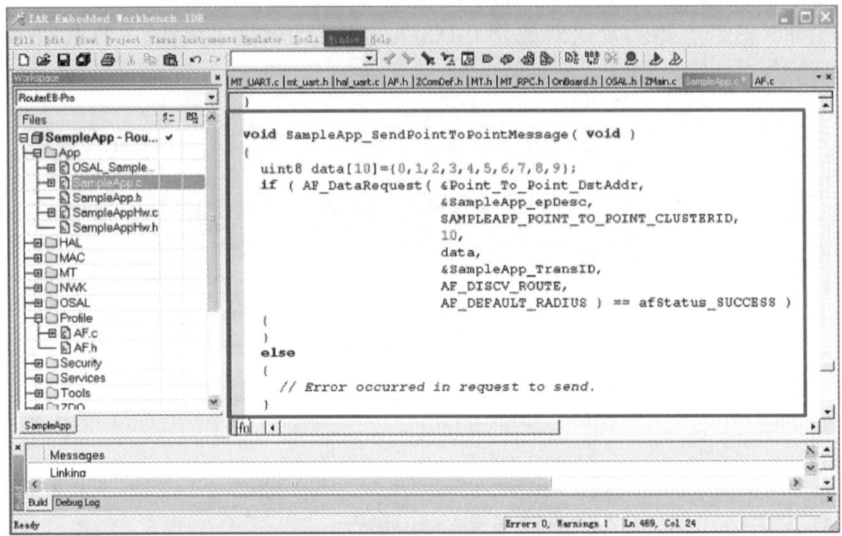

图 5.19 添加点对点发送函数

在 SampleApp.h 中加入 SAMPLEAPP_POINT_TO_POINT_CLUSTERID 的定义，如图 5.20 所示，具体代码如下：

```
#define SAMPLEAPP_POINT_TO_POINT_CLUSTERID 4// 传输编号
```

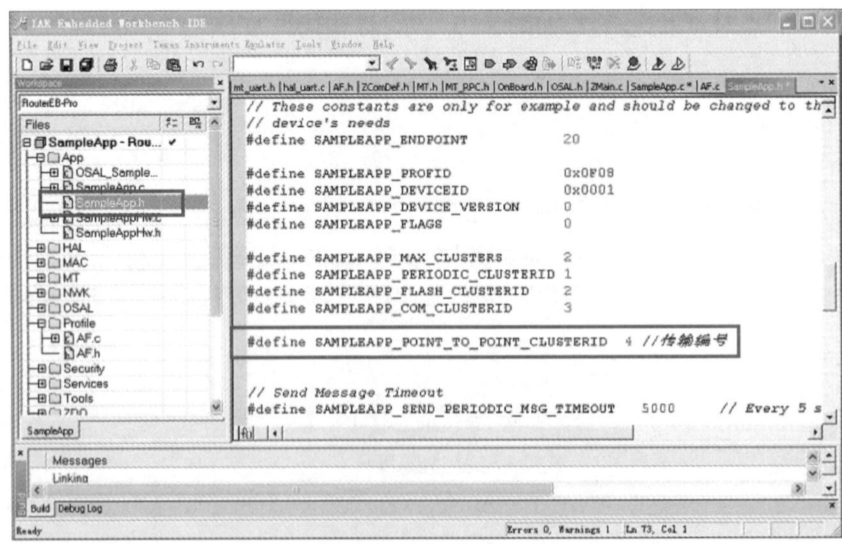

图 5.20 添加点播传输编号

为了测试程序，将 SampleApp.c 文件中的 SampleApp_SendPeriodicMessage( ) 函数替换成刚刚建立的点对点发送函数 SampleApp_SendPointToPointMessage( )，这样就能实现周期性点播发送数据了，如图 5.21 所示。

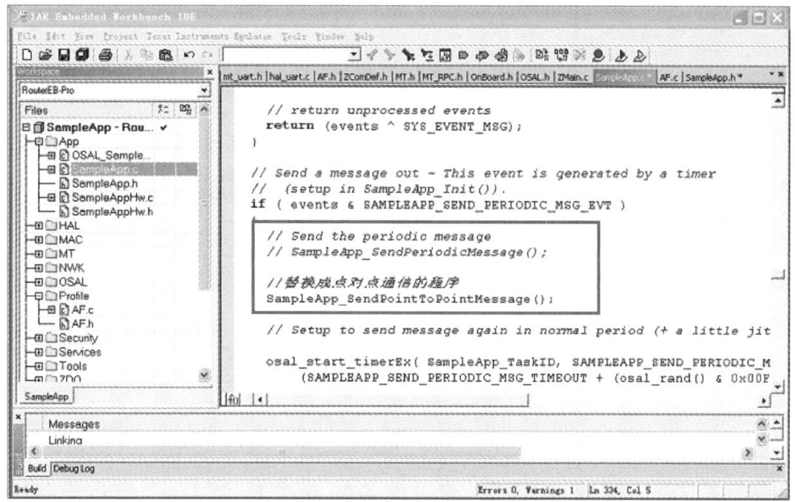

图 5.21 周期性点播发送数据程序代码

在接收方面进行如下修改：将接收 ID 改成刚才定义的 SAMPLEAPP_POINT_TO_POINT_CLUSTERID，如图 5.22 所示。

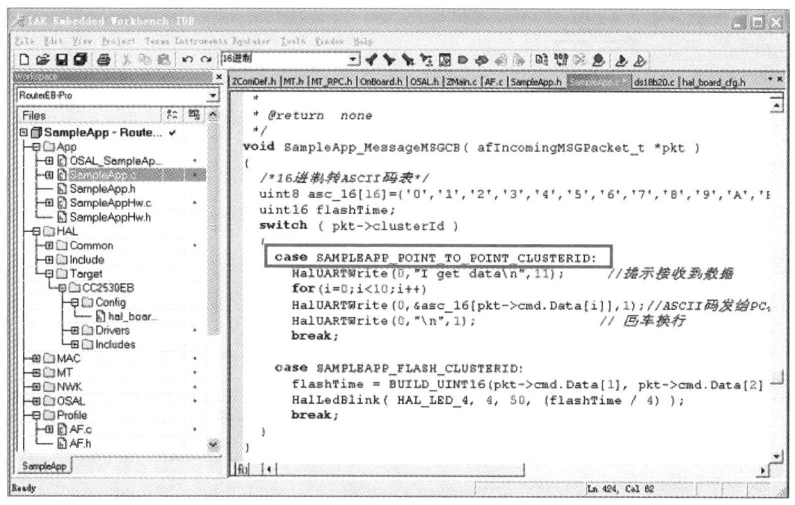

图 5.22 点播接收数据程序代码

由于协调器不能给自己点播，因此周期性点播初始化时协调器不能初始化，如图 5.23 所示。

最后，在 SampleApp.c 函数声明里加入如下代码：

```
void SampleApp_SendPointToPointMessage(void);
//点对点通信发送函数定义，否则编译报错
```

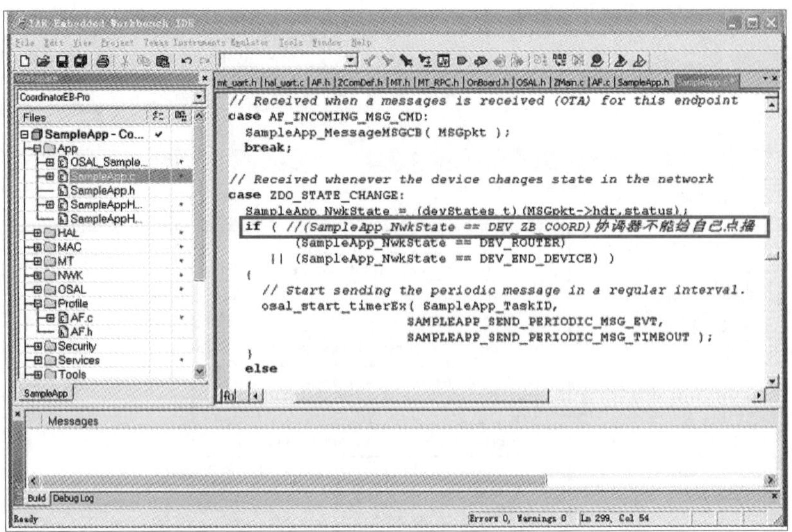

图 5.23 协调器不能给自己点播

将修改后的程序分别以协调器、路由器、终端设备的方式下载到 3 个节点设备中，连接串口，可以看到只有协调器在一个周期内收到信息。也就是说，路由器和终端设备均与地址为 0x0000 的设备(协调器)通信，不与其他设备通信，从而实现点对点通信，效果如图 5.24 所示。

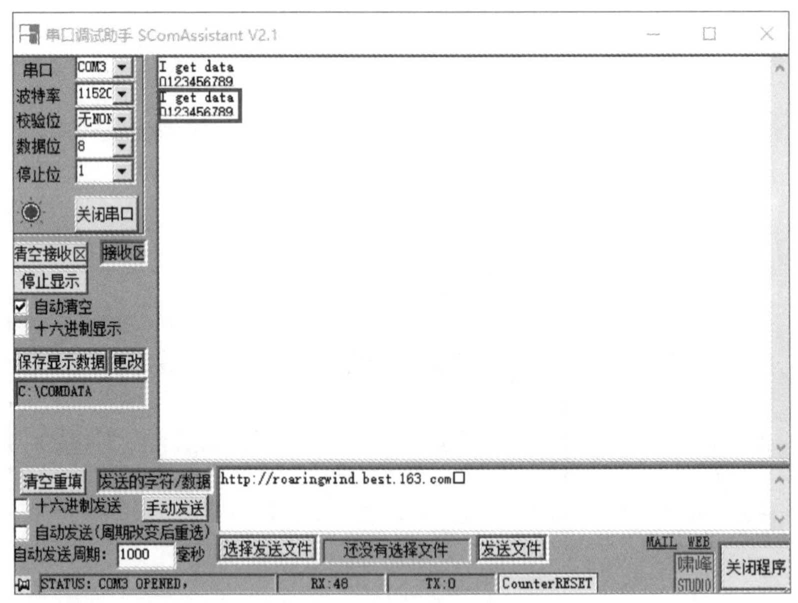

图 5.24 点对点通信效果

任务二 组播实验

任务目标

① 认识 Z-Stack 协议栈的串口通信。

② 了解 Z-Stack 协议栈的组播组网通信。

③ 培养学生协作与交流的意识与能力，让学生进一步认识了解 Z-Stack 协议栈的构架。

任务内容与要求

① 根据实际应用要求，进行组播发送和接收函数参数修改，完成二次开发任务。

② 修改程序代码，实现数据通信可视化。

任务考核

任务二考核表见表 5.4。

表 5.4　任务二考核表

考核要素	评价标准	分值	评分			
			自评(10%)	小组(10%)	教师(80%)	小计(100%)
组播通信的定义和组播发送函数	了解组播发送函数的参数，能够根据实际应用进行二次开发	40				
协调器收到同一组终端设备发送的信息	能够实现数据通信可视化	30				
分析总结		30				
合计						
评语(主要是建议)						

任务参考

一、实验设备

任务二所用实验设备见表 5.5。

表 5.5　任务二所用实验设备

实验设备	数量	备注
ZigBee Debugger 仿真器	1	下载和调试程序
CC2530 节点	3	调试程序
USB 线	1	连接 PC、网关板、调试器
RS-232 串口连接线	1	调试程序
SmartRF Flash Programmer 软件	1	烧写物理地址软件
电源	1	供电
Z-Stack-CC2530-2.5.1a	1	协议栈软件

二、实验步骤

组播描述的是网络中所有节点设备被分组后在组内相互通信的过程，用于确定通信对象的就是节点的组号。下面利用 SampleApp 例程通过简单的修改完成组播实验。

在 SampleApp.c 中添加代码，如图 5.25 所示，具体代码如下：

```
afAddrType_t Group_DstAddr;// 组播通信定义
aps_Group_t WEBEE_Group;// 分组内容
```

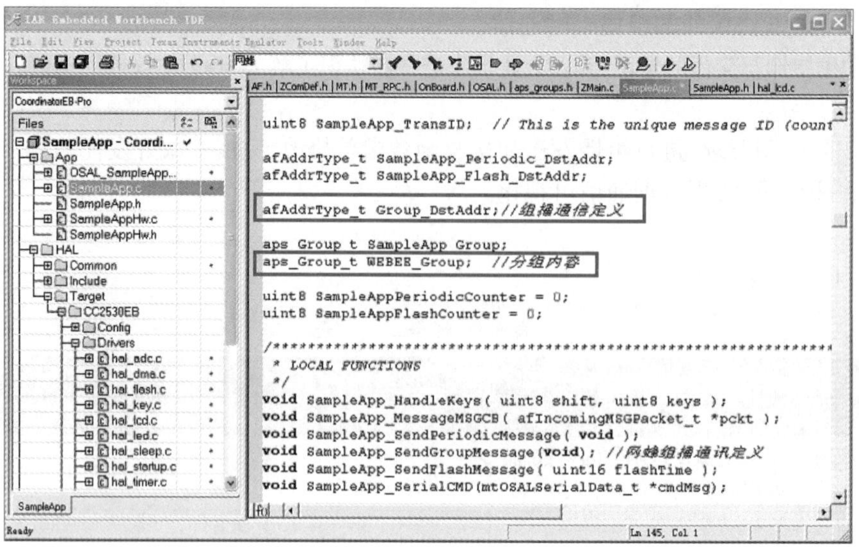

图 5.25　组播通信定义

在 SampleApp.c 文件的 SampleApp_Init(uint8 task_id)函数中初始化组播参数,如图 5.26 所示,具体代码如下:

```
//组播通信定义
Group_DstAddr.addrMode=(afAddrMode_t)afAddrGroup;
Group_DstAddr.endPoint=SAMPLEAPP_ENDPOINT;
Group_DstAddr.addr.shortAddr=WEBEE_GROUP;//组播号
```

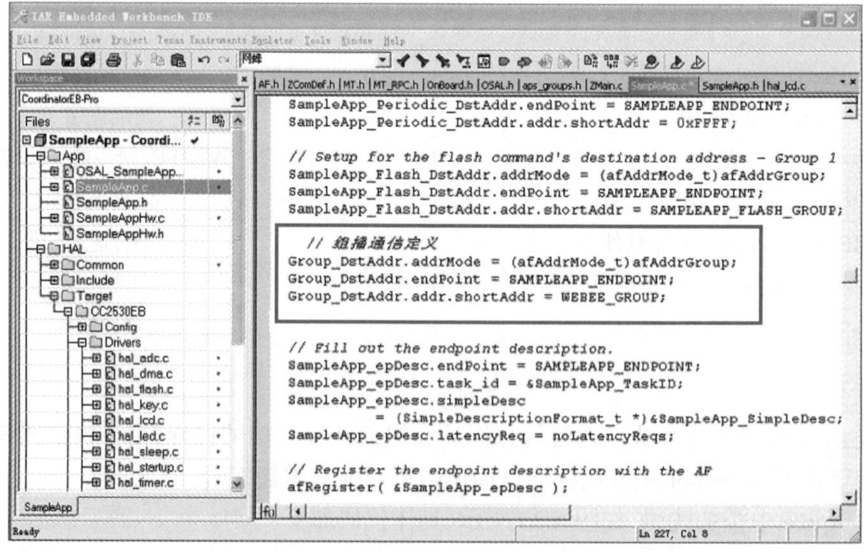

图 5.26　组播通信参数初始化

在 SampleApp.h 文件中添加 WEBEE_GROUP 的定义,如图 5.27 所示,具体代码如下:

```
#define WEBEE_GROUP          0x0002// 组播号 2
```

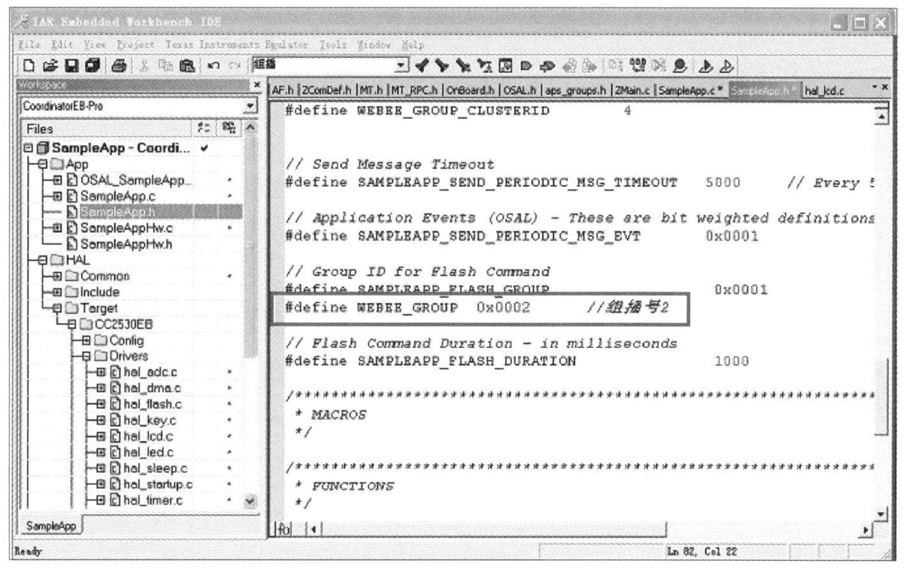

图 5.27 组播号定义

接下来添加自己的组播发送函数,如图 5.28 所示,具体代码如下:

```
void SampleApp_SendGroupMessage(void)
{
  uint8 data[10]={0,1,2,3,4,5,6,7,8,9};
  if(AF_DataRequest(&GROUP_DstAddr,&SampleApp_epDesc,
                    WEBEE_GROUP_CLUSTERID,
                    10,
                    data,
                    &SampleApp_TransID,
                    AF_DISCV_ROUTE,
                    AF_DEFAULT_RQDIUS)==afStatus_SUCCESS)
  {
  }
  else
  {
    //Error occurred in request to send
  }
}
```

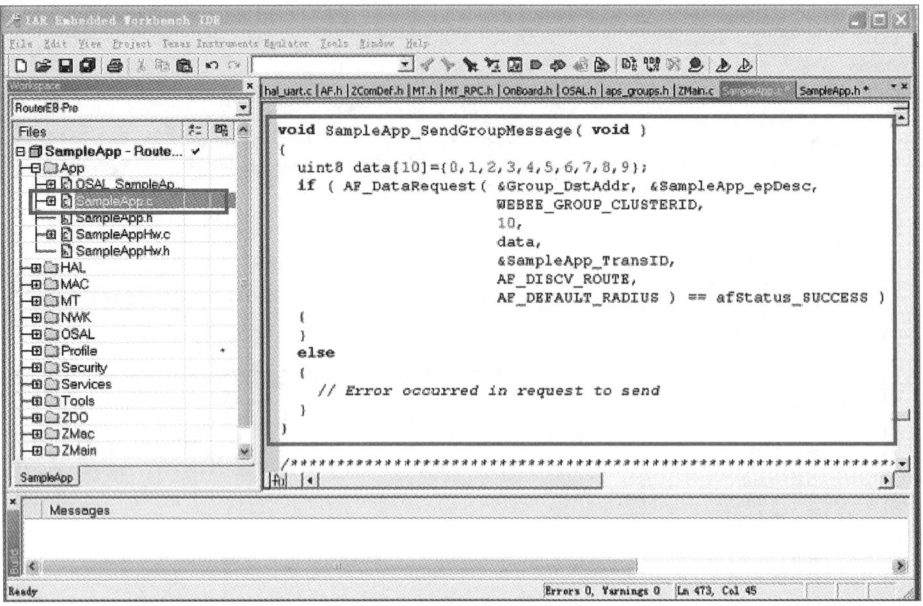

图 5.28 添加组播发送函数

在 SampleApp.h 中加入 WEBEE_GROUP_CLUSTERID 的定义，如图 5.29 所示，具体代码如下：

```
#define WEBEE_GROUP_CLUSTERID 4// 传输编号
```

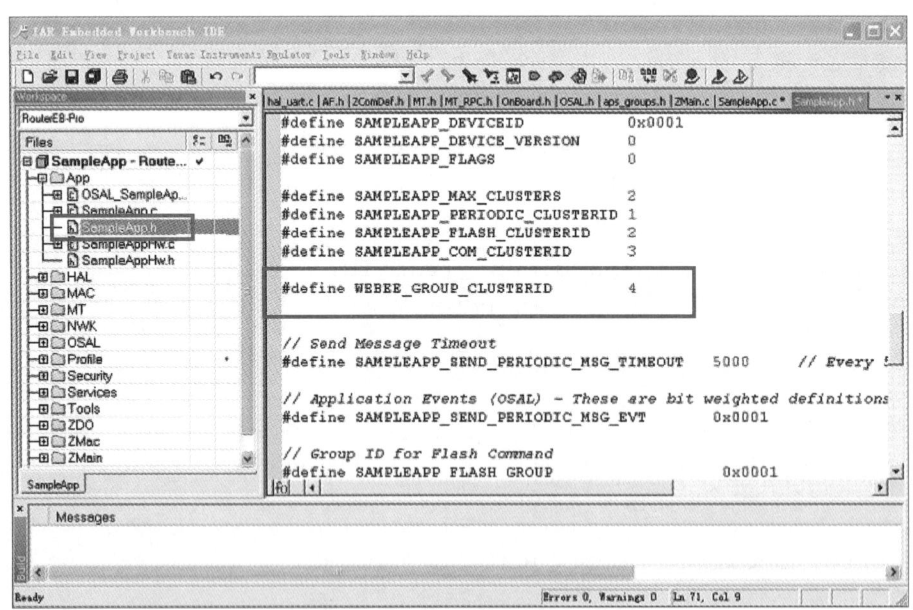

图 5.29 添加组播传输编号

为了测试程序，将 SampleApp.c 文件中的 SampleApp_SendPeriodicMessage( ) 函数替换成刚刚建立的组播发送函数 SampleApp_Send GroupMessage( )，这样就能实现周期性组播发送数据了，如图 5.30 所示。

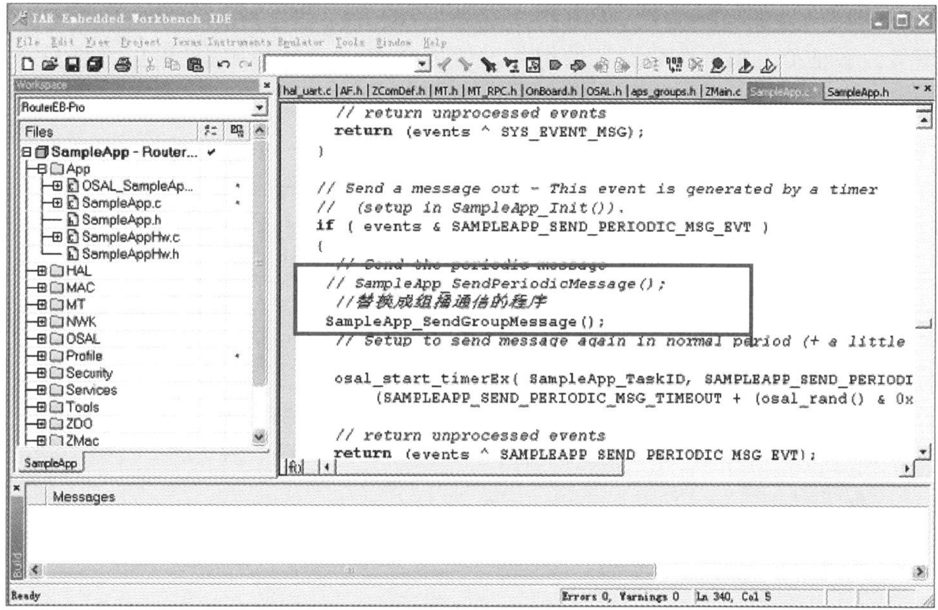

图 5.30　周期性组播发送数据程序代码

在接收方面进行如下修改:将接收 ID 改成刚才定义的 WEBEE_GROUP_CLUSTERID,如图 5.31 所示。

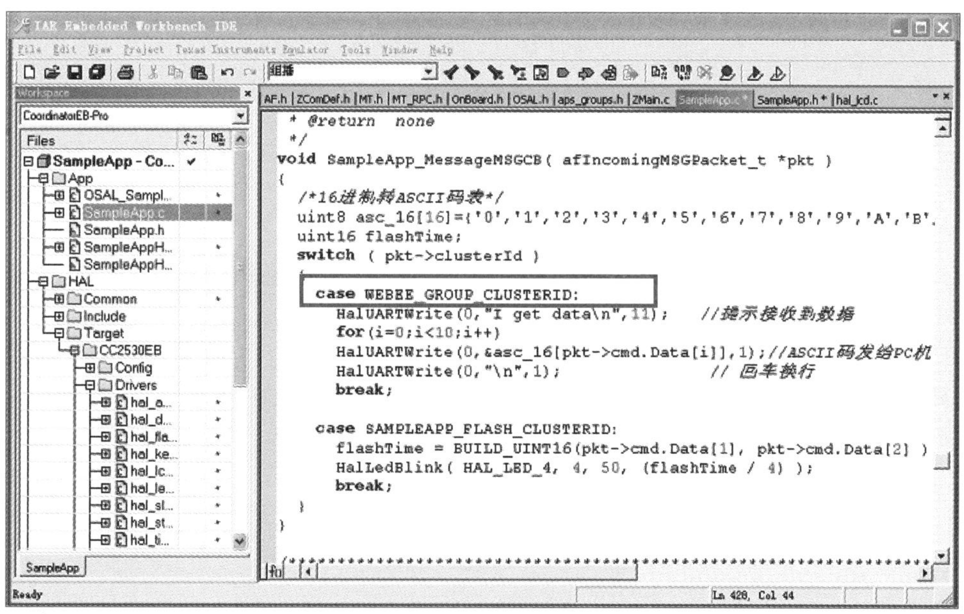

图 5.31　组播接收程序代码

最后,在 SampleApp.c 函数声明里加入如下代码:

```
void SampleApp_SendGroupMessage(void);//组播通信发送函数定义
```

将修改后的程序分别以协调器、路由器、终端设备的方式下载到 3 个节点设备中，将协调器和路由器的组号设置成 0x0002，终端设备的组号设置成 0x0003。连接串口，可以看到只有 0x0002 的两个设备相互发送信息，从而实现组播通信效果，如图 5.32 所示。

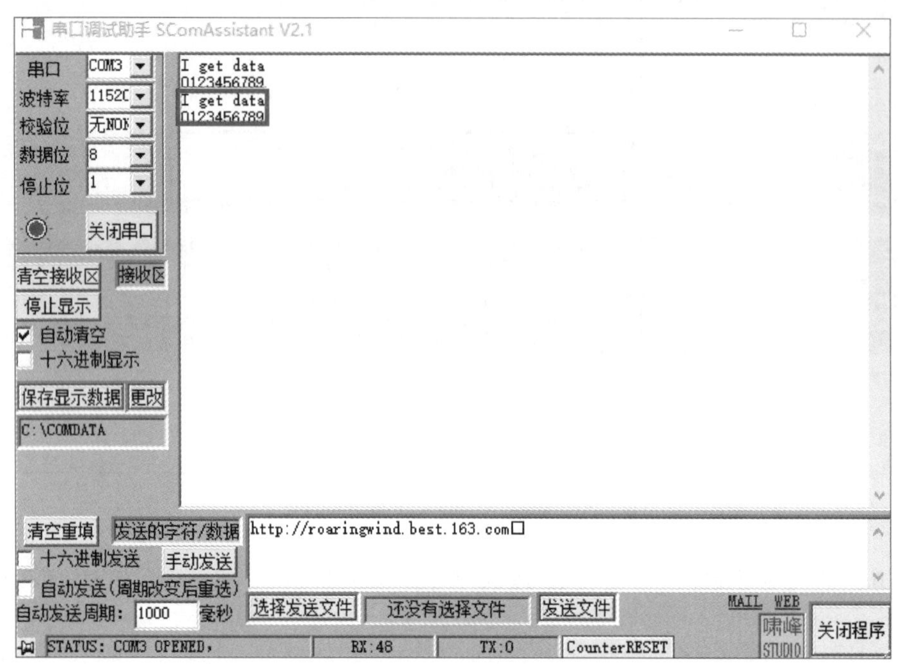

图 5.32 组播通信效果

课后练习

一、填空题

(1) ZigBee 无线传感器网络地址分配方式有________和________两种。

(2) 一个 ZigBee 无线传感器网络必须至少包括 1 个________。

(3) 在 ZigBee 无线传感器网络中，数据通信主要有________、________和________三种类型。

二、简答题

(1) 简述直接寻址和间接寻址的区别。

(2) ZigBee 无线传感器网络的架构主要由哪三个值决定？

项目六
网关技术应用

项目目标

知识目标	技能目标	素质目标
(1) 掌握 ZigBee 无线传感器网络的网关特点和功能 (2) 了解 ZigBee 无线传感器网络的网关分类 (3) 掌握 ZigBee 无线传感器网络的网关系统原理	(1) 掌握基于 Z-Stack 协议栈实现广播通信组网的方法 (2) 利用 Z-Stack 协议栈进行二次开发,实现广播通信数据的可视化	通过导入案例“科学巨星,情深谊长”,培养无私奉献精神 导入案例

思维导图

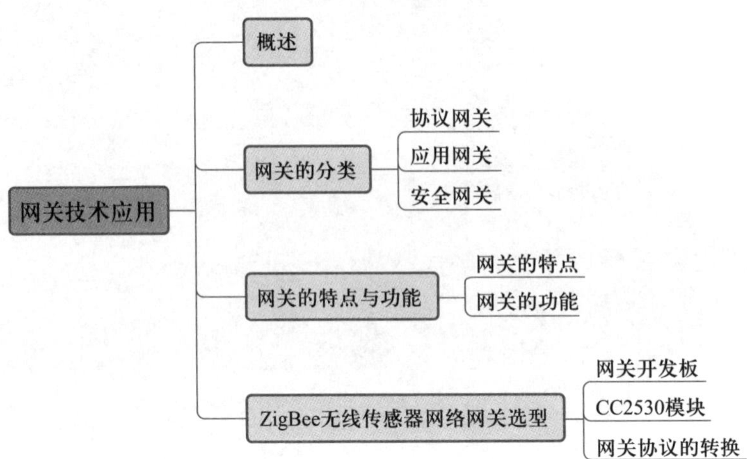
网关技术应用
概述
网关的分类
协议网关
应用网关
安全网关
网关的特点与功能
网关的特点
网关的功能
ZigBee无线传感器网络网关选型
网关开发板
CC2530模块
网关协议的转换

6.1 概述

网关,又称为网间连接器、协议转换器。网关在传输层上实现网络互联,是最复杂的网络互联设备,用于两个或两个以上高层协议不同的网络之间的互联。网关的结构类似于路由器设备,不同的是互联层。网关既可用于广域网互联,也可用于局域网互联,是一种担当协议转换重任的计算机系统或设备。

ZigBee 无线传感器网络的网关节点是 ZigBee 无线传感器网络的控制中心,能够主动扫描其覆盖范围内的所有传感器节点,管理整个无线监测网络的完整路由表,接收来自其他节点的数据,并对数据进行校正、融合等处理,通过 GPRS 或者以太网等网络基础设施将其发送到远程监控中心,同时对监控中心所发出的指令给予相应的处理。网关节点通常连接两个或多个相互独立的网络,需要在传输层以上对不同的协议进行转换,因此对中央控制器的数据传输和运算能力有较高要求。

6.2 网关的分类

网关根据应用领域的不同,一般可以分为协议网关、应用网关和安全网关。

6.2.1 协议网关

协议网关通常在不同协议的网络间做协议转换工作,这是网关最常见的功能。协议转换必须在数据链路层以上的所有协议层都运行,而且节点使用这些协议层的进程透明。协议转换必须考虑两个协议之间特定的相似性和差异性,所以协议网关的功能比较复杂。协议网关中比较典型的代表是专用网关和两层协议网关。

1. 专用网关

专用网关能够在传统的大型机系统和迅速发展的分布系统间建立桥梁。典型的专用网关将基于 PC 的客户端与局域网边缘的转换器相连。该转换器通过 X.25 广域网提供对大型机系统的访问。专用网关结构如图 6.1 所示。

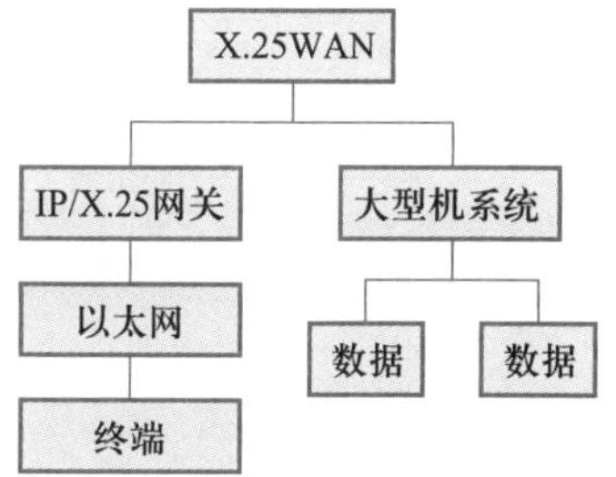

图 6.1 专用网关结构

2. 两层协议网关

两层协议网关提供局域网到局域网的转换。在使用不同帧类型或时钟频率的局域网间互联可能就需要这种转换。

所有的 IEEE 802 标准都共享公共介质访问层,但是不同标准(如 IEEE 802.3 标准和 IEEE 802.5 标准)之间的帧结构可能不同,见表 6.1 和表 6.2,不同标准间帧结构的不同会导致两种协议之间不能直接通信。

表 6.1 IEEE 802.3 以太网帧结构

字节:6	1	6	6	2	可变长度	4
序号	开始标识符	目标地址	源地址	长度	数据	帧校验

表 6.2 IEEE 802.5 令牌环帧结构

字节:1	1	1	6	6	可变长度	1
开始标识符	访问控制域	帧控制域	目标地址	源地址	数据	帧尾

协议网关利用两层协议帧的共同点，如 MAC 地址，提供帧结构不同部分的转换，使两层网络协议互通。第一代局域网需要独立的设备来提供协议网关，现在的多协议交换集线器通常提供高带宽主干，在不同的帧类型间用作协议网关。

6.2.2 应用网关

应用网关是在应用层连接两部分应用程序的网关，是在不同数据格式间翻译数据的系统。这类网关一般只适合于某种特定的应用系统的协议转换。

应用网关的典型应用是在不同数据格式间翻译数据，接收一种格式的输入，翻译后以新的格式发送，如图 6.2 所示。输入、输出接口可以是分立的，也可以使用同一网络相连。

应用网关可以用于局域网客户机与外部数据源的连接，这种网关的本地主机提供了与远程交互式应用的连接。将应用的逻辑和执行代码置于局域网中，客户端不再具有低带宽、高延迟的广域网的特点，其响应时间将更短。应用网关将请求发送给相应的计算机来获取数据，如果需要可以将数据格式转换成客户所要求的格式。图 6.3 所示为局域网与外部数据的转换。

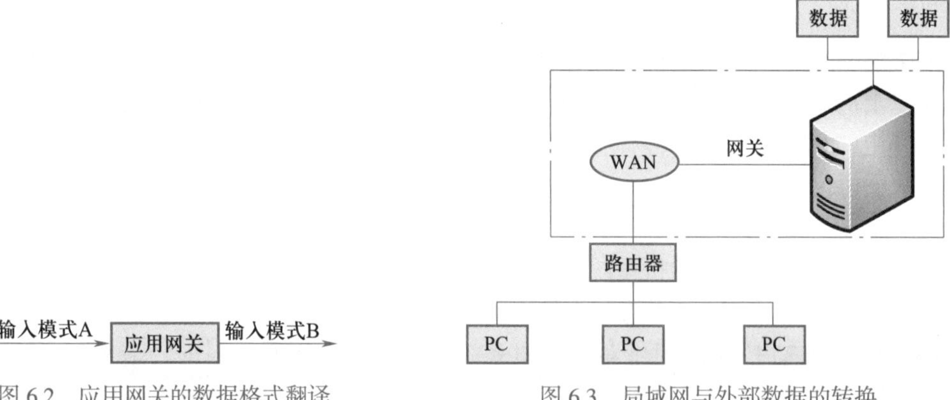

图 6.2 应用网关的数据格式翻译

图 6.3 局域网与外部数据的转换

6.2.3 安全网关

安全网关类似于防火墙，网关可以是本地的，也可以是远程的。目前，网关已成为网络上每个用户都能访问大型主机的通用工具。

在网络中安全网关是指一种将内部网和公众访问网分开的工具，实际上是一种网关隔离技术。安全网关是在两个网络通信时执行的一种访问控制尺度，它允许合法的数据进入网络，同时将不合法的数据隔离在网络外部。安全网关具有很好的保护作用，入侵者必须穿越安全网关的防线，才能接触到目标计算器。此外，可以将安全网关配置成不同的保护级别。

6.3 网关的特点与功能

网关是一种使不同的网络协议相互转换的设备，但是在设计 ZigBee 无线传感器网络的网关时，必须考虑 ZigBee 无线传感器网络的特点及网关的特点和功能。

6.3.1 网关的特点

广义上的网关有以下两个特点。

① 连接不同协议的网络。在一个大型的计算机网络中，当类型不同而协议又差别很大时，可以利用网关实现多个物理上或逻辑上独立的网络间的连接。由于协议转换的复杂性，一般只进行一对一的转换或者少数集中应用协议的转换。

② 可以用于广域网互联，也可以用于局域网互联。对具有不同网络体系结构而且物理上又彼此独立的网络，可以使用网关连接起来。被连接的两个网络可以是相同的，也可以是不同的。用网关互联的两个网络在物理上可以是同一个网络。

ZigBee 无线传感器网络由成百上千个节点组成，且一般部署在环境比较恶劣的场合。在恶劣的环境中，频繁地为数量巨大的节点更换电池是不现实的。因此，ZigBee 无线传感器网络网关节点的能源供给都是一次性电池。ZigBee 无线传感器网络的网关具有以下特点。

① 能耗方面：寿命长、能效高、成本低等。

② 数据处理方面：数据吞吐量大，计算能力、存储能力要求高等。

③ 通信距离方面：网关的传输范围比普通的 ZigBee 无线传感器网络节点的传输范围远，以保证数据传输到外网的监控中心。

④ 在采用无线网络作为网关和监控中心的传输媒介时，要保证网关能与最近的基站通信。

6.3.2 网关的功能

广义上的网关具有以下功能：① 协议转换；② 流量控制；③ 在各个网络之间可靠地传输信息；④ 路由选择；⑤ 将数据分组、分段和重装。

ZigBee 无线传感器网络的网关在完成协议转换的同时，还可以承担组建和管理 ZigBee 无线传感器网络的诸多工作，其具体功能如下。

① 扫描并选定数据传输的物理信道，分配 ZigBee 无线传感器网络内的网络，发送广播同步帧，初始化 ZigBee 无线传感器网络设备。

② 配合 ZigBee 无线传感器网络所采用的 MAC 算法和路由协议，协助节点完成与邻居节点连接的建立和路由的形成。

③ 对接收数据进行协议转换。

④ 对从各个节点接收到的数据的具体应用和需求以及当前的带宽，自适应地启动数据融合算法，降低数据冗余度。

⑤ 处理来自监控中心的控制命令。

6.4 ZigBee 无线传感器网络网关选型

ZigBee 无线传感器网络的网关属于协议网关的一种，可以转换不同的协议。在 ZigBee 无线传感器网络中，汇聚节点用于连接传感器网络、互联网和因特网等外部网络，可实现几种通信协议之间的转换，所以可以认为汇聚节点是 ZigBee 无线传感器网络的网关。

ZigBee 无线传感器网络的网关由网关开发板、显示屏、CC2530 模块等组成，其外观如图 6.4 所示。

6.4.1 网关开发板

网关开发板以STM32F107VCT6为核心处理器，外部集成了串口、USB、CC2530插槽、SD卡插槽、蜂鸣器、以太网接口等。

图6.4 ZigBee无线传感器网络的网关外观

STM32F107VCT6处理器基于ARM V7架构的Cortex-M3内核，主频为72 MHz，内部含有256 KB的Flash和64 KB的SRAM。STM32F107VCT6处理器的主要硬件资源如下。

① ARM Cortex-M3内核，最高频率可达72 MHz。

② 60针和100针两种引脚配置，多种封装方式。

③ 64~256 KB Flash存储器，64 KB SRAM存储器。

④ 2.0~3.6 V电源。

⑤ 2个12 bit、1 μs A/D转换器(16通道)。

⑥ 2个12 bit D/A转换器。

⑦ 12通道DMA控制器。

⑧ 支持SWD和JTAG的调试接口。

⑨ 10个定时计数器。

⑩ 14个通信接口。

网关开发板的STM32F107VCT6处理器主要完成以下两种协议的转换：① 以太网↔串口；② 以太网↔USB。

6.4.2 CC2530模块

CC2530是ZigBee芯片的一种，广泛使用于2.4 GHz片上系统解决方案中，建立在基于IEEE 802.15.4标准的协议之上，支持ZigBee 2006、ZigBee 2007和ZigBee Pro协议。CC2530芯片支持“ZigBee↔串口”的转换。

在ZigBee无线传感器网络数据采集和传输的过程中，CC2530模块通过无线通信协议可以接收到其他传感器节点的数据，此无线通信协议即为ZigBee协议。

6.4.3 网关协议的转换

网关的主要作用就是通过协议转换将数据发送出去。将CC2530模块插入网关开发板的CC2530插槽中，它便成为网关开发板的一部分。网关协议转换过程如图6.5所示。

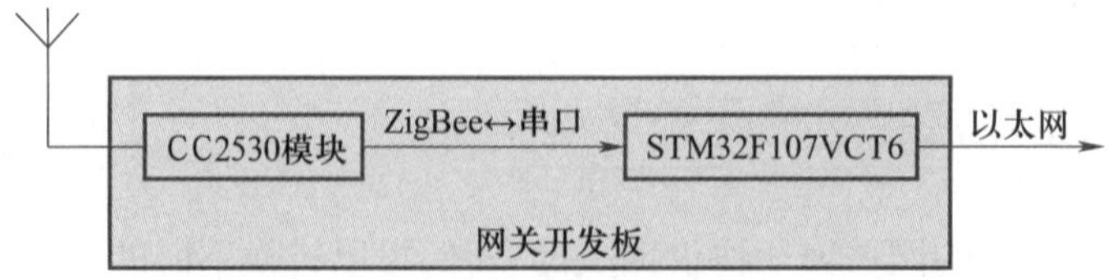

图6.5 网关协议转换过程

CC2530模块通过ZigBee协议接收到其他支持ZigBee协议的节点发送的数据后，将此数据经过“ZigBee→串口”的转换，通过串口将数据传输至网关开发板的STM32F107VCT6处理器中。STM32F107VCT6处理器通过处理将协议转换为以太网，再将数据通过以太网发送出去。

项目小结

① 网关又称为网间连接器、协议转换器，是在多个网络间提供数据转换服务的计算机系统或设备。

② 协议网关在不同协议的网络间进行协议转换。

③ 应用网关是在应用层连接两部分应用程序的网关，是在不同数据格式间翻译数据的系统。

④ 安全网关类似于防火墙，网关可以是本地的，也可以是远程的。

⑤ ZigBee无线传感器网络的网关在完成协议转换的同时，还可以承担组建和管理ZigBee无线传感器网络的诸多工作。

⑥ ZigBee无线传感器网络的网关属于协议网关的一种，主要完成不同协议之间的转换。

主要概念

网关、协议网关、应用网关、安全网关。

实训任务

微课
广播通信

任务　基于Z-Stack的广播实验

任务目标

① 认识Z-Stack协议栈的串口通信。

② 了解Z-Stack协议栈的广播组网通信。

③ 培养学生协作与交流的意识与能力，让学生进一步了解Z-Stack协议栈的构架。

任务内容与要求

① 根据实际应用要求，进行广播发送和接收函数参数修改，完成二次开发任务。

② 修改程序代码，实现数据通信可视化。

任务考核

任务考核表见表6.3。

表6.3　任务考核表

考核要素	评价标准	分值	评分			
			自评（10%）	小组（10%）	教师（80%）	小计（100%）
广播通信的定义和广播发送函数	了解广播发送函数的参数，能够根据实际应用进行二次开发	40				

续表

考核要素	评价标准	分值	评分			
			自评（10%）	小组（10%）	教师（80%）	小计（100%）
多个终端设备收到协调器发送的信息	能够实现数据通信可视化	30				
分析总结		30				
合计						
评语（主要是建议）						

任务参考

一、实验设备

任务所用实验设备见表 6.4。

表 6.4 任务所用实验设备

实验设备	数量	备注
ZigBee Debugger 仿真器	1	下载和调试程序
CC2530 节点	3	调试程序
USB 线	1	连接 PC、网关板、调试器
RS-232 串口连接线	1	调试程序
SmartRF Flash Programmer 软件	1	烧写物理地址软件
电源	5	供电
Z-Stack-CC2530-2.5.1a	1	协议栈软件

二、实验基础

1. 原理说明

广播是指任意一个节点设备发出广播数据，网络中的任意设备都能收到。

在一个 ZigBee 广播网络内，网络中的任意设备都可以向同属该网络的其他设备进行广播；本地的应用层实体通过 NLDE-DATA.request 原语来进行广播传输，其中将参数 DstAddr 设置为广播地址，如表 6.5 所示。

表 6.5 广 播 地 址

广播地址	目的地组
0xFFFF	个域网的所有设备
0xFFFe	保留
0xFFFd	macRxOnWhenIdle=TRUE
0xFFFc	所有的路由器和协调器
0xFFFb	仅对低功耗路由器
0xFFF8~0xFFFa	保留

为发送一个广播 MSDU（MAC 服务数据单元），ZigBee 路由器或协调器的网络层会发送一个

MCPS-DATA.request 原语，其中将参数 DstAddrMode 设置为 0x02（16 位网络地址），将参数 DstAddr 设置为广播网络地址 0xFFFF。作为 ZigBee 的终端设备，一个广播帧的 MAC 目标地址应该与终端设备的父节点的 16 位网络地址一致。其 PAN_ID 参数应该设置为该 ZigBee 网络的 PAN_ID。但 ZigBee 协议不支持多个网络广播。广播传输不采用 MAC 层确认机制，而采用被动的确认机制。被动确认机制是指每一个 ZigBee 路由器和协调器都跟踪它的邻居设备，以确认是否成功进行广播传输。将 TxOption 参数的确认传输标志设置为 FALSE，则禁止 MAC 层的确认机制。其他所有 TxOption 参数的标志应该按照网络结构来设置。

2. 协议栈的相关文件

展开工程目录下的 Tools 文件夹，如图 6.6 所示。

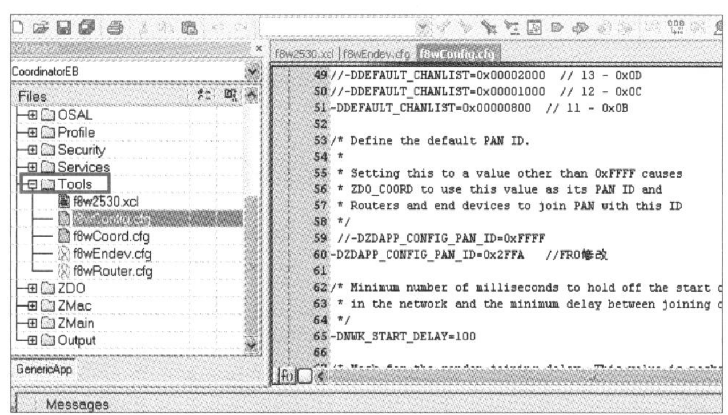

图 6.6　配置文件

Tools 文件夹下各文件的内容及作用在项目一中已经介绍过，参见 1.7.4 节。

三、实验步骤

打开 SampleApp.c 文件，可发现已经存在如下代码：

```
afAddrType_t SampleApp_Periodic_DstAddr;
afAddrType_t SampleApp_Flash_DstAddr;
```

按照格式来添加广播地址结构代码，具体如下：

```
afAddrType_t Broadcast_DstAddr;
```

在 SampleApp.c 文件中找到 SampleApp_Init（uint8 task_id）函数进行广播参数初始化，如图 6.7 所示，具体代码如下：

```
//广播通信定义
SampleAPP_Periodic_DstAddr.addrMode=(afAddrMode_t)AddrBroadcast;
SampleAPP_Periodic_DstAddr.endPoint=SAMPLEAPP_ENDPOINT;
SampleAPP_Periodic_DstAddr.addr.shortAddr=0xFFFF;
```

修改自带的广播发送函数，如图 6.8 所示，具体代码如下：

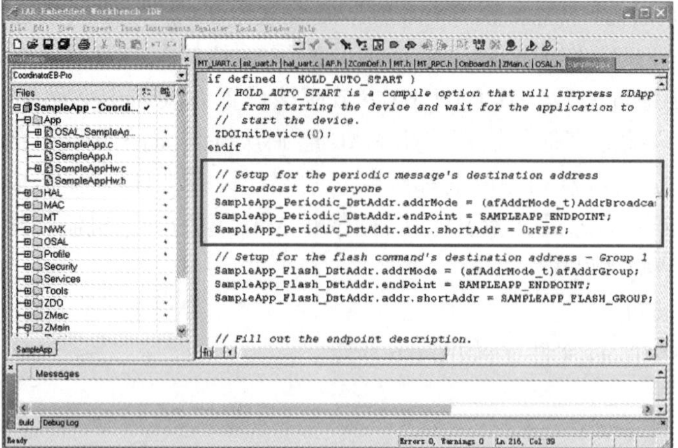

图 6.7 广播参数初始化

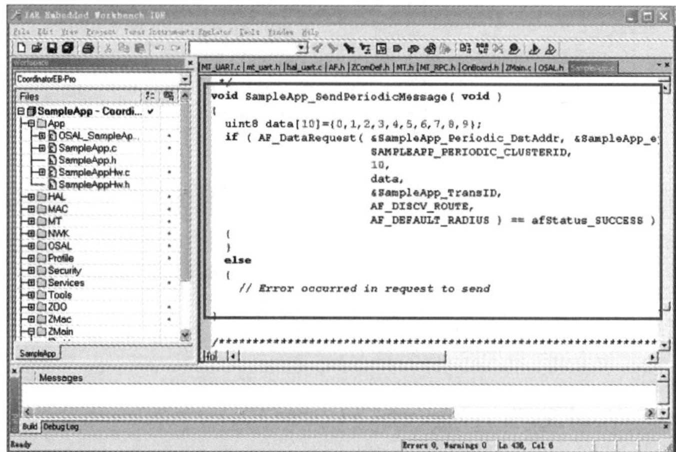

图 6.8 修改广播发送函数

```
void SampleApp_SendPeriodicMessage(void)
{
    uint8 data[10]={0,1,2,3,4,5,6,7,8,9};
    if(AF_DataRequest(&SampleApp_Periodic_DstAddr,
                      &SampleApp_epDesc,
                      SAMPLEAPP_PERIODIC_CLUSTERID,
                      10,
                      data,
                      &SampleApp_TransID,
                      AF_DISCV_ROUTE,
                      AF_DEFAULT_RQDIUS) ==afStatus_SUCCESS)
{
```

```
    }
    else
    {
      //Error occurred in request to send
    }
    }
```

在 SampleApp.h 中加入 SAMPLEAPP_PERIODIC_CLUSTERID 的定义，如图 6.9 所示，具体代码如下：

```
#define SAMPLEAPP_PERIODIC_CLUSTERID 1  //广播传输编号
```

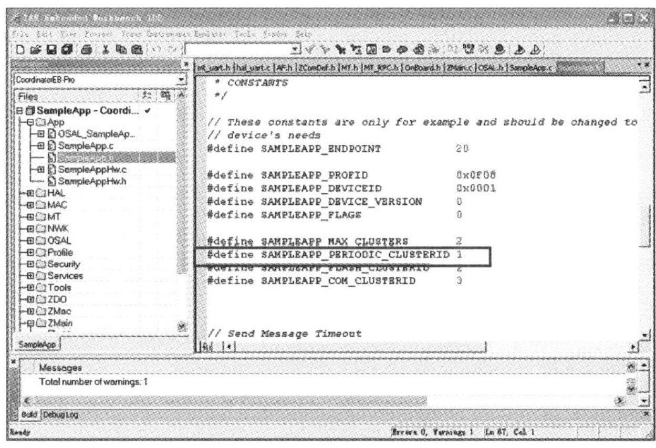

图 6.9　添加广播传输编号

测试程序，按照原来的代码保留函数 SampleApp_SendPeriodicMessage( )，如图 6.10 所示，就能实现周期性广播发送数据了。

在接收方面，默认接收 ID 就是上面定义的 SAMPLEAPP_PERIODIC_CLUSTERID，如图 6.11 所示。

将修改后的程序分别以协调器、路由器和终端设备的方式下载到 3 个节点设备中，可以看到各个设备都在广播发送信息，同时也接收广播信息。广播通信效果如图 6.12 所示。

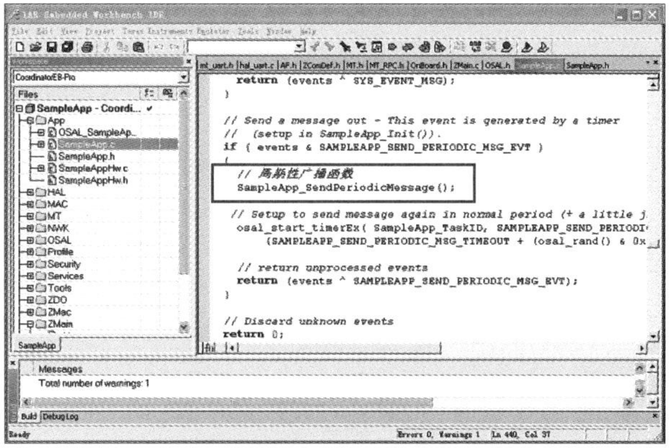

图 6.10　保留周期性广播函数

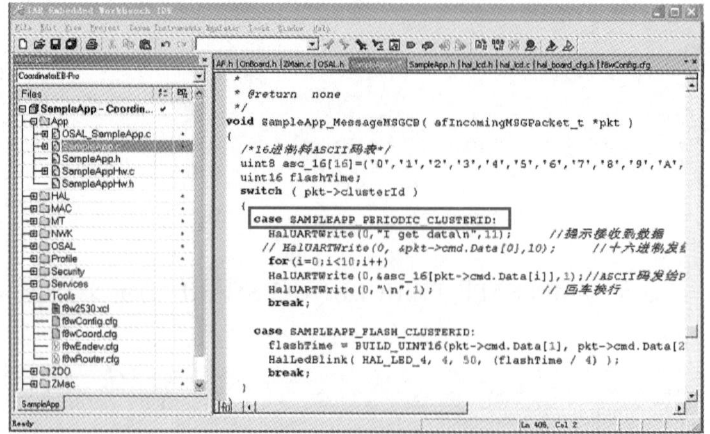

图 6.11 默认接收 ID

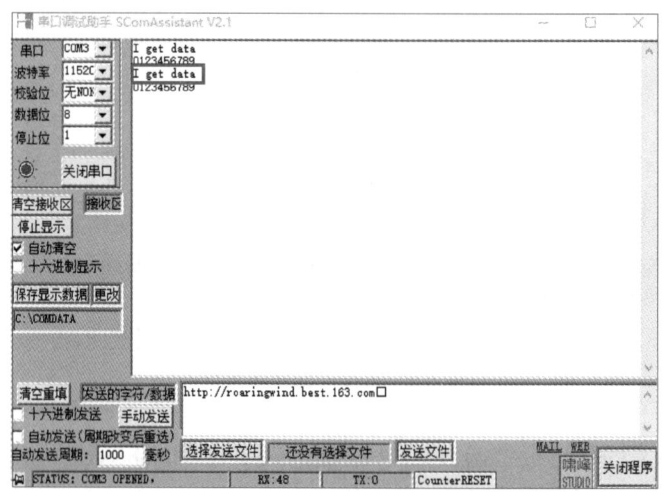

图 6.12 广播通信效果

课后练习

一、填空题

(1) 网关根据应用领域的不同,一般可以分为______________、____________和____________。

(2) ZigBee 无线传感器网络的网关属于__________的一种,可以转换不同的协议。

二、简答题

简述 ZigBee 无线传感器网络网关的特点和功能。

项目七
ZigBee 无线传感器网络设计

项目目标

知识目标	技能目标	素质目标
(1) 掌握 ZigBee 无线传感器网络系统设计的基本要求 (2) 了解 ZigBee 无线传感器网络的安全设计 (3) 掌握 ZigBee 无线传感器网络的硬件和软件设计	(1) 赛教融合,能够根据实际项目需求进行二次开发 (2) 能够进行数据采集,实现自动控制和手动控制	通过导入案例"弘扬科学家精神,凝聚创新发展力量",培养工匠精神 导入案例

思维导图

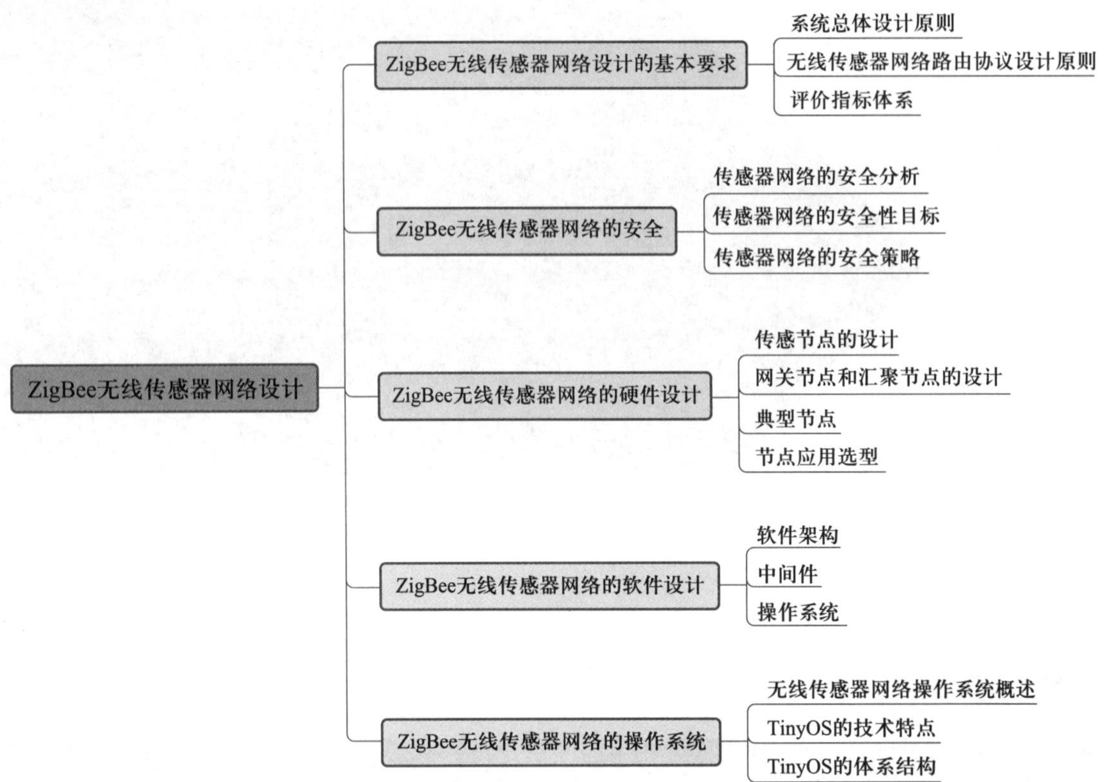
ZigBee无线传感器网络设计
ZigBee无线传感器网络设计的基本要求
系统总体设计原则
无线传感器网络路由协议设计原则
评价指标体系
ZigBee无线传感器网络的安全
传感器网络的安全分析
传感器网络的安全性目标
传感器网络的安全策略
ZigBee无线传感器网络的硬件设计
传感节点的设计
网关节点和汇聚节点的设计
典型节点
节点应用选型
ZigBee无线传感器网络的软件设计
软件架构
中间件
操作系统
ZigBee无线传感器网络的操作系统
无线传感器网络操作系统概述
TinyOS的技术特点
TinyOS的体系结构

7.1 ZigBee 无线传感器网络设计的基本要求

微课
ZigBee 无线传感器网络设计

7.1.1 系统总体设计原则

ZigBee 无线传感器网络的载波媒体可能的选择包括红外线、激光和无线电波。为了提高网络的环境适应性，所选择的载波媒体应该是在多数地区内都可以使用的。红外线的使用不需要申请频段，不会受到电磁信号的干扰，而且红外线收发器价格便宜。激光通信保密性强、速度快。但红外线和激光通信的一个共同问题是要求发送器和接收器在视线范围之内，这对于节点随机分布的 ZigBee 无线传感器网络来说难以实现，因而其使用受到了限制。在已经建立起来的 ZigBee 无线传感器网络中，多数传感器节点的硬件设计基于射频电路。由于使用的 ISM 频段不需要向无线电管理部门申请，所以很多系统采用 ISM 频段作为载波频率。

ZigBee 无线传感器网络的总体设计原则具体如下。

① 节能是 ZigBee 无线传感器网络节点设计最主要的问题。ZigBee 无线传感器网络部署在人们无法接近的场所，而且不常更换供能设备，所以对节点功耗的要求非常严格。在设计过程中，应当使用合理的能量监测与控制机制，将功耗限制在毫瓦甚至更低的数量级。

② 成本的高低是衡量 ZigBee 无线传感器网络节点设计好坏的重要指标。ZigBee 无线传感器网络节点通常大量散布，只有低成本才能保证节点的广泛使用。这就要求无线传感器节点的各个模块的设计不能特别复杂，否则将不利于降低成本。

③ 小型化是 ZigBee 无线传感器网络追求的目标。只有节点本身足够小，才能保证不影响目标系统环境。特别是在工业应用环境等特殊环境中，小型化是首要考虑的问题。

④ 可扩展性是 ZigBee 无线传感器网络设计中必须要考虑的问题。节点应当在具备通用处理器和通信模块的基础上拥有完整、规范的外部接口，以适应不同的组件。

7.1.2 无线传感器网络路由协议设计原则

对于无线传感器网络的特点与通信需求，网络层需要解决通过局部信息来决策并优化全局行为（路由生成与路由选择）的问题，其协议设计非常具有挑战性，在设计过程中需要考虑的因素有节能、可扩展性、传输延迟、容错性、精确度和服务质量等。因此，在进行无线传感器网络路由协议设计时一般应遵循以下设计原则。

(1) 健壮性

在无线传感器网络中，由于能量限制、拓扑结构频率变化和环境等因素的干扰，无线传感器网络节点容易发生故障。因此，应尽量利用节点容易获得的网络信息计算路由，以确保在路由出现故障时能够尽快得到恢复；还可以采用多路径传输来提高数据传输的可靠性。路由协议具有健壮性可以保证部分传感器节点的损坏不会影响到全局任务。

(2) 通过减少通信量来降低能耗

由于无线传感器网络中数据通信最为耗能，因此应在协议中尽量减少数据通信量。例如，可以在数据查询或数据上报时采用某种过滤机制，抑制节点传输不必要的数据；可以采用数据融合机制，在数据传输到网关节点前就完成可能的数据计算。

(3) 保持通信量负载均衡

通过灵活使用路由策略让各个节点均衡地分担数据传输任务，平衡节点的剩余能量，可提高整个网络的生命周期。例如，可在层次路由中采用动态簇头，在路由选择中采用随机路由而非稳定路由，在路径选择中考虑节点的剩余能量等。

(4) 路由协议应具有安全机制

由于无线传感器网络的固有特性，路由协议通过广播多跳的方式实现数据交换，其路由协议极易受到安全威胁，攻击者对未受到保护的路由信息可进行多种形式的攻击。

(5) 可扩展性

随着节点数量的增加，网络的存活时间和处理能力增强，路由协议的可扩展性可以有效地融合新增节点，使它们参与到全局的应用中。

7.1.3 评价指标体系

对无线传感器节点而言，评价指标体系主要包括功耗、灵活性、鲁棒性、安全性、计算和通信能力、同步性能，以及成本和体积等，其中功耗和通信能力是决定性的指标。对 ZigBee 无线传感器网络而言，评价指标主要包括能源有效性、生命周期、时间延迟、感知精度、容错性、可扩展性等。

(1) 能源有效性

所谓能源有效性是指网络在有限的能源条件下能够处理的请求数量。能源有效性是 ZigBee 无线传感器网络的重要性能指标。

(2) 生命周期

生命周期是指从网络启动到不能为观察者提供需要的信息为止所持续的时间。

(3) 时间延迟

时间延迟是指观察者发出请求到其接收到回答所需要的时间。

(4) 感知精度

感知精度是指观察者接收到的感知信息的精度。感知精度主要由传感器的精度、信息处理的方法和网络通信协议等因素决定。

(5) 容错性

由于环境或其他原因，维护或替换失效节点是十分困难的。因此，无线传感器网络的软件和硬件必须具有很强的容错性，以保证系统具有高强壮性。

(6) 可扩展性

可扩展性是指表现在节点数量、网络覆盖区域、生命周期、时间延迟、感知精度等方面的可扩展极限。传感器网络必须提供支持该可扩展性级别的机制和方法，进行功能扩展。

7.2 ZigBee 无线传感器网络的安全

7.2.1 传感器网络的安全分析

ZigBee 无线传感器网络是一种自组织网络，其通过大量低成本、资源受限的传感器节点设备协同工作实现某一特定任务。

传感器网络为在复杂的环境中部署大规模的网络，进行实时数据采集与处理带来了希望，但同时它通常部署在无人维护、不可控制的环境中，除了具有一般无线网络所面临的信息泄露、信息篡改、重放攻击、拒绝服务攻击等多种威胁外，还面临着传感器节点容易被攻击者物理操纵，并获取存储在传感器节点中的所有信息，从而控制部分网络的威胁。用户不可能接受并部署一个没有解决好安全和隐私问题的传感器网络，因此在进行无线传感器网络协议和软件设计时，必须充分考虑无线传感器网络所面临的安全问题，并把安全机制集成到系统设计中去。

1. 传感器网络的特点

传感器网络的特点主要体现在以下几个方面。

(1) 能量有限

能量是限制传感器节点能力、寿命的最主要的约束性条件。现有的传感器节点都是通过标准的AAA 或 AA 电池进行供电的，并且不能重新充电。

(2) 计算能力有限

传感器节点 CPU 一般只具有 8 位、4~8 MHz 的处理能力。

(3) 存储能力有限

传感器节点一般包括三种形式的存储器，即 RAM、程序存储器和工作存储器。RAM 用于存放工作时的临时数据，一般不超过 2 KB。程序存储器用于存储操作系统、应用程序以及安全函数等。工作存储器用于存储获取的传感信息。程序存储器和工作存储器一般也只有几十千字节。

(4) 通信范围有限

为了节约信号传输时的能量消耗，传感器节点的 RF 模块的传输能量一般为 10~100 mW，传输范围也局限于 100~1 000 m。

(5) 防篡改性

传感器节点是一种价格低廉、结构松散、开放的网络设备。攻击者一旦获取传感器节点，就很容易获得和修改存储在传感器节点中的密钥信息以及程序代码等。

另外，大多数传感器网络在进行部署前，其网络拓扑是无法预知的；部署后，整个网络拓扑、传感器节点在网络中的角色也是经常变化的。因此，ZigBee 无线传感器网络预配置的能力是有限的，很多网络参数、密钥等都是在传感器节点部署后进行协商形成的。

2. ZigBee 无线传感器网络的安全特点

① 资源受限、通信环境恶劣。ZigBee 无线传感器网络单个节点能量有限，存储空间和计算能力差，直接导致了许多成熟、有效的安全协议和算法无法顺利得以应用。另外，节点之间采用无线通信方式，信道不稳定，信号不仅容易被窃听，而且容易被干扰或篡改。

② 部署区域的安全无法得到保障，节点容易失效。传感器节点一般部署在无人值守的恶劣环境中，其工作空间本身就存在不安全因素，节点很容易受到破坏或被俘，一般无法对节点进行维护，节点很容易失效。

③ 网络无基础框架。在 ZigBee 无线传感器网络中，各节点以自组织的方式形成网络，以单跳或多跳的方式进行通信，由节点相互配合实现路由功能，没有专门的传输设备，传统的端到端的安全机制无法直接应用。

④ 部署前地理位置具有不确定性。在 ZigBee 无线传感器网络中，节点通常随机部署在目标区域，任何节点之间是否存在直接连接在部署前是未知的。

7.2.2 传感器网络的安全性目标

1. 无线传感器网络的安全目标及实现基础

虽然无线传感器网络的主要安全目标和一般网络没有多大区别,包括保密性、完整性、可用性等,但考虑到无线传感器网络是典型的分布式系统,并以消息传递来完成任务的特点,可以将其安全问题归结为消息安全和节点安全。所谓消息安全是指节点之间传输的各种报文的安全性;节点安全是指当传感器节点被俘获并改造而变为恶意节点时,网络能够迅速地发现异常节点,并有效地防止其产生更大的危害。事实上,当节点被攻破,密钥等重要信息被窃取时,攻击者很容易控制被俘节点或复制恶意节点以危害消息安全。因此,节点安全高于消息安全,确保传感器节点安全尤为重要。

维护传感器节点安全的首要问题是建立节点信任机制。传感器节点通信开销很大,不稳定的信息和通信延迟导致公钥密码体制不适合在资源受限的无线传感器网络中使用。因此,密钥管理是安全管理中最重要、最基础的环节。

2. 无线传感器网络的安全需求

(1) 保密性

保密性要求对无线传感器网络节点间传输的信息进行加密,让任何人在截获节点间的物理通信信号后不能直接获得其所携带的消息。

(2) 完整性

无线传感器网络的无线通信环境为恶意节点实施破坏提供了方便。完整性要求节点收到的数据在传输过程中未被插入、删除或篡改,即保证接收到的消息与发送的消息是一致的。

(3) 健壮性

无线传感器网络一般被部署在恶劣环境、无人区域或敌方阵地中,外部环境条件具有不确定性。另外,随着旧节点的失效或新节点的加入,网络的拓扑结构不断发生变化。因此,无线传感器网络必须具有很强的适应性,才能使单个节点或者少量节点的变化不会威胁到整个网络的安全。

(4) 真实性

无线传感器网络的真实性主要体现在点到点的消息认证和广播认证两个方面。点到点的消息认证使得某一节点在接到另一节点发送来的消息时,能够确认这个消息是从该节点发送过来的,而不是别人冒充的。广播认证主要解决单个节点向一组节点发送统一通告时的认证安全问题。

(5) 时效性

在无线传感器网络中,网络多路径传输延时的不确定性和恶意节点的重放攻击使得接收方可能收到延后的相同数据包,消息的时效性要求接收方收到的数据包都是最新的、非重放的。

(6) 可用性

可用性要求无线传感器网络能够按预先设定的工作方式向合法的用户提供信息访问服务。然而,攻击者可以通过信号干扰、伪造或者复制等方式使无线传感器网络处于部分或全部瘫痪状态,从而破坏系统的可用性。

(7) 访问控制

无线传感器网络不能通过设置防火墙进行访问过滤,由于硬件受限,也不能采用非对称加密体制的数字签名和公钥证书机制。无线传感器网络必须建立一套符合自身特点,综合考虑性能、效率和安全性的访问控制机制。

7.2.3 传感器网络的安全策略

根据 ZigBee 无线传感器网络的安全分析可知,ZigBee 无线传感器网络容易遭受传感器节点的物理操纵、传感信息的窃听、私有信息的泄露、拒绝服务攻击等多种威胁和攻击。下面将根据无线传感器网络的特点,对无线传感器网络面临的潜在安全威胁分别进行描述和对策探讨。

1. 传感器节点的物理操纵

未来的传感器网络一般有成百上千个传感器节点,很难对每个节点进行监控和保护,因而每个节点都是一个潜在的攻击点,都能被攻击者进行物理和逻辑攻击。另外,传感器通常部署在无人维护的环境当中,这更加方便了攻击者捕获传感器节点。当捕获了传感器节点后,攻击者就可以通过编程接口(如 JTAG 接口),修改或获取传感器节点中的信息或代码。攻击者可以把 EEPROM、Flash 和 SRAM 中的所有信息传输到计算机中,通过汇编软件,可以很方便地把获取的信息转换成汇编文件格式,从而分析出传感器节点所存储的程序代码、路由协议及密钥等机密信息,同时还可以修改程序代码,并加载到传感器节点中。

目前通用的传感器节点具有很大的安全漏洞,攻击者通过此漏洞,可方便地获取传感器节点中的机密信息,修改传感器节点中的程序代码,使得传感器节点具有多个身份 ID,从而以多个身份在传感器网络中通信等。另外,攻击还可以通过获取存储在传感器节点中的密钥、代码等信息来进行,从而伪造或伪装成合法节点加入传感器网络中。一旦控制了传感器网络中的一部分节点,攻击者就可以发动多种攻击,如监听传感器网络中传输的信息,向传感器网络发布虚假的路由信息或传送虚假的传感信息,进行拒绝服务攻击等。

安全策略:由于传感器节点容易被物理操纵是传感器网络不可回避的安全问题,因此必须通过其他的技术方案来提高传感器网络的安全性能。例如,在通信前进行节点与节点的身份认证;设计新的密钥协商方案,使得即使有一小部分节点被操纵,攻击者也不能或很难从获取的节点信息中推导出其他节点的密钥信息等。另外,还可以通过对传感器节点软件的合法性进行认证等措施来提高节点本身的安全性。

2. 传感信息的窃听

根据无线传播和网络部署的特点,攻击者很容易通过节点间的传输而获取敏感或者私有的信息。例如,在通过 ZigBee 无线传感器网络监控室内温度和灯光的场景中,部署在室外的无线接收器可以获取室内传感器发送过来的温度和灯光信息;同样,攻击者通过监听室内和室外节点间信息的传输,也可以获知室内信息。

安全策略:对传输信息加密可以解决窃听问题,但需要一个灵活、强健的密钥交换和管理方案。密钥管理方案必须容易部署而且适合传感器节点资源有限的特点。另外,密钥管理方案还必须保证当部分节点被操纵(如攻击者攻取了存储在这个节点中生成会话密钥的信息)后,不会破坏整个网络的安全性。由于传感器节点的内存资源有限,因此,在传感器网络中实现大多数节点间端到端的安全不切实际。然而,在传感器网络中可以实现跳与跳之间的信息加密,这样传感器节点只要与相邻节点共享密钥就可以了。在这种情况下,即使攻击者捕获了一个通信节点,也只是影响相邻节点间的安全。但一旦攻击者通过操纵节点发送虚假路由消息,就会影响整个网络的路由拓扑。解决这个问题的一种方法是依赖于具有鲁棒性的路由协议;另一种方法是使用多路径路由,通过多个路径传输部分信息,并在目的地进行重组。

3. 私有信息的泄露

传感器网络是以收集信息作为主要目的的，攻击者可能通过窃听、加入伪造的非法节点等方式获取这些敏感信息。一般传感器网络中的私有性问题，并不是通过传感器网络去获取收集到的信息，而是攻击者通过远程监听无线传感器网络，从而获得大量的信息，并根据特定算法分析出其中的私有性问题。因此，攻击者并不需要物理接触传感器节点，远程监听是一种低风险、匿名的获得私有信息的方式。远程监听还可以使单个攻击者同时获取多个节点传输的信息。

安全策略：保证网络中的传感信息只有可信实体才可以访问是保证私有性问题的最好方法，这可通过数据加密和访问控制来实现；另外一种方法是限制网络所发送信息的粒度，因为信息越详细，越有可能泄露私有性。

4. 拒绝服务攻击

拒绝服务攻击主要用于破坏网络的可用性，减少、降低执行网络或系统某一期望功能能力的任何事件。例如，试图中断、颠覆或毁坏传感器网络；另外，还包括硬件失效、软件 bug、资源耗尽、环境条件等。这里主要考虑协议和设计层的漏洞。确定一个错误或一系列错误导致拒绝服务攻击是很困难的，特别是在大规模的网络中，因为此时传感器网络本身具有比较高的单个节点失效率。

拒绝服务攻击可以发生在物理层，如信道阻塞，这可能包括恶意干扰网络中协议的传送或者物理损害传感器节点。攻击者还可以发起快速消耗传感器节点能量的攻击，例如，向目标节点连续发送大量无用信息，目标节点就会消耗能量处理这些信息，并把这些信息传送到其他节点。如果攻击者捕获了传感器节点，那么还可以伪造或伪装成合法节点发起这些拒绝服务攻击。例如，可以产生循环路由，从而耗尽这个循环节点的能量。

安全策略：一些跳频和扩频技术可以用来减轻网络堵塞问题。恰当的认证可以防止在网络中插入无用信息。然而，这些协议必须十分有效，否则它也可能被用来当作拒绝服务攻击的手段。

7.3 ZigBee 无线传感器网络的硬件设计

随机布设的 ZigBee 无线传感器网络具有规模大、节点数量众多、无人值守的特点，为其开发设计带来了成本、技术等方面的挑战，对相关的硬件和软件开发、网络系统设计提出了不同于传统网络设计的要求。表 7.1 列出了传统网络与 ZigBee 无线传感器网络的不同之处。

表 7.1 传统网络与 ZigBee 无线传感器网络的不同之处

传统网络	ZigBee 无线传感器网络
通用设计，服务于多个应用	单一设计，服务于特定应用
主要关注网络性能和延迟	功耗是主要设计关注点
器件和网络工作于可控的温和环境中	常布设于存在苛刻条件的环境中
通常容易维护与维修	与节点物理接触，很难甚至不可维修
组件故障通过维修解决	网络设计需要预计存在的组件故障，增加其冗余度
轻松获得全局网络信息和实现集中式管理	决策由本地节点完成，不支持集中式管理

ZigBee 无线传感器网络的设计主要分为节点硬件设计和节点软件设计。节点硬件设计局限于能量、通信、计算和存储，满足应用服务，追求设计尺寸小、价格低廉、更高效等目标。

ZigBee 无线传感器网络的硬件设计主要分为传感节点、网关节点和汇聚节点三种设备的设计。传感节点完成对周围环境对象的感知并进行适当处理，将有用的信息发送到目标节点。网关节点主要通过多种接入网络的方式，如以太网、Wi-Fi、移动公网等与外界进行数据交互。汇聚节点同时将终端和网关的控制信息传送到相应的传感节点，具有承上启下的功能。

7.3.1 传感节点的设计

传感节点的设计应满足尺寸小、价格低廉、更高效等目标，为所需的传感器提供适当的接口，并提供所需的计算和存储资源，以及足够的通信功能。传感节点主要包括感知单元、控制单元、无线收发单元和电源管理单元四部分。

1. 感知单元

感知单元负责物理信号的提取。信号采集单元包括信号调理电路和模 / 数转换模块。传感器输出的模拟信号需经信号调理才能符合模 / 数转换要求。常见的信号调理方式有抗混叠滤波、降噪、放大、隔离、差分信号变单端信号等，信号调理的结果直接关系到信号的信噪比，影响信号的特征。模 / 数转换模块的功能是把模拟信号转换为控制单元可接收的数字信号。近年来，随着 MEMS（微机电系统）技术的发展，出现了集成信号调理电路和模 / 数转换模块的数字传感器。这种数字传感器只需通过相应的数字接口即可实现与控制单元的通信，减小了节点的尺寸，降低了设计的复杂度。

2. 控制单元

控制单元将其他单元及外部接口连接在一起，处理有关感知、通信和自组织的指令。节点的任务调度、设备管理、功能协调、数据融合、特征提取、数据存储和能耗管理等都是在控制单元的支持下完成的。控制单元包括控制器件、非易失性存储器（通常是控制器件的片内 Flash）、随机存储器、内部时钟等。大部分控制器件集成了非易失性存储器、随机存储器、内部时钟等，所以控制器件的选择应考虑以下因素。

(1) 功耗

由于传感节点采用电池供电，因此控制器件满负荷工作的功耗应尽可能低。传感节点大部分时间处于休眠或待机状态。控制器件的休眠或待机状态功耗要低。

(2) 成本

控制器件的成本在整个传感节点中占了很大的一部分，而 ZigBee 无线传感器网络需要成百上千的传感节点，控制器件的成本要尽可能低。

(3) 运行速度

运行速度快的控制器件响应快、实时性强；但运行速度越快，功耗就越高，应权衡速度与功耗。

(4) 数据处理能力

从功耗角度看，对于相同的数据量，对其进行数据处理所消耗的能量要远远小于对其进行无线传输所消耗的能量。

(5) 集成度

在控制器件集成有模 / 数转换器、定时器、计数器、看门狗等模块的情况下，可以减少外围电路，降低成本。

(6) 存储空间

代码的保存、运行和数据的存储都需要一定的存储空间，控制器件集成有存储空间，可以减少外围器件。存储空间的大小直接影响控制器件的性能。

(7) 通信接口和 I/O 口

控制单元与其他模块的通信都是通过通信接口或通用的 I/O 口进行的。

(8) 中断响应

控制器件能够在低功耗状态下进行快速中断响应，以降低网络延迟。

目前，常见的控制器件有微处理器（MCU）、数字信号处理器（DSP）、专用集成电路（ASIC）和可编程逻辑器件（FPGA）。

在进行复杂信号处理时，为了满足小波变换、快速傅里叶变换、神经网络算法、双谱分析等复杂时频运算对计算能力和存储能力的需求，控制器件宜选择数字信号处理器或可编程逻辑器件作为算法平台。

单纯考虑功耗方面的因素，宜选择微处理器作为网络控制平台。

对于功耗有特殊要求及大量节点的应用，节点需求量达到百万以上，控制器件宜选用专用集成电路。专用集成电路属于专用定制的控制器件，能够根据特定需求将功耗降到最低，并能减小电路板尺寸，但其后续扩展性较差。

在信号处理算法不复杂的情况下，控制器件宜选用微处理器。微处理器具有体积小、存储容量小、通信接口简单、功耗低、功能简单的特点。

大部分传感节点的控制器件采用的是微处理器。目前市场上主流的微处理器有 8 位、16 位和 32 位。微处理器的主流厂商有 Microchip（Atmel）、TI、瑞萨电子、恩智浦半导体、英飞凌、ADI 等。

在现有的传感节点中，应用比较多的 8 位微处理器是 Microchip 公司的 AVR 系列单片机。AVR 系列单片机采用哈佛结构，具有预取指令功能，能实现流水作业；采用超功能 RISC（精简指令集），具有 32 个通用工作寄存器；采用不可破解的锁位（lock bit）技术，增强代码保密性；有多个固定中断向量入口地址，可快速响应中断；片内集成多种频率的 RC 振荡器，具有上电自动复位、看门狗、启动延时等功能，外围电路更加简单，系统更加稳定可靠；具有多种省电休眠模式，且可宽电压运行，工作电压范围为 2.7~5 V，抗干扰能力强；接口丰富，集成有模 / 数转换器、差分信号模 / 数转换器、串行接口等。上述优点使早期的传感节点大部分采用 AVR 系列单片机。

16 位微处理器与 8 位微处理器相比，字长更宽，计算能力更强。在传感节点中应用比较多的 16 位微处理器是 TI 公司的 MSP430 系列单片机。MSP430 系列单片机采用精简指令集结构，具有丰富的寻址方式、简洁的 27 条内核指令、硬件乘法器、高效的查表指令、大量的寄存器；片内资源丰富，包括看门狗、I^2C、模 / 数转换器、定时器、DMA（直接存储器访问）、UART（通用异步收发器）、SPI（串行外设接口）等；其 DMA 功能不仅显著增加了外设的数据吞吐能力，还大幅降低了系统功耗；有丰富的中断资源，当系统处于省电的低功耗状态时，电流消耗在微安级，中断唤醒时间小于 6 μs；在降低芯片的电源电压和灵活可控的运行时钟方面都有其独到之处，从而实现低功耗；大部分产品都能自动工作与关闭，最大限度地减少了内核处于工作模式的时间。

对于视频、图像等高性能应用，传感节点的控制器件需采用 32 位微处理器。在 32 位嵌入式微处理器市场中，ARM 公司的 ARM 处理器占据了很大的市场份额。Cortex-M3 是 ARM 公司生产的低功耗、低成本和高性能的 32 位微处理器内核。它采用了 ARMv7-M3 架构，包括所有的 16 位 Thumb 指令集和 32 位 Thumb-2 指令集架构，但不能执行 ARM 指令集。相比于 ARM 公司的 ARM7TDMI 架构，Cortex-M3 具有更小的基础内核，价格更低，速度更快。Cortex-M3 集成了睡眠模式和可选的八区域存储器保护单元，集成了中断控制器，提供基本的 32 个物理中断，具有低延迟性。目前，意法半导体、恩智浦半导体、TI、Microchip 等公司已经开发出多款 Cortex-M3 内核的微处理器。虽然 Cortex-M3 已经取得了很大的进步，其计算能力胜于 AVR 系列单片机和 MSP430 系列单片机，但其功耗远远大于它们。

AVR 系列单片机、MSP430 系列单片机、Cortex-M3 系列单片机各有各的特点，在实际应用中需要根据不同的应用要求选用合适的控制器件。

3. 无线收发单元

传感节点之间通过无线收发单元实现互联，组成自组织传感器网络。传感节点的无线收发单元主要由无线窄带通信芯片和与其配套的滤波电路等外围电路组成。

根据所采用的通信频率的不同，目前市场上的无线窄带通信芯片可以分为 2.4 GHz 和低于 1 GHz 两种。2.4 GHz 无线通信芯片的绕射能力较差，通信距离短，但其可靠性高，不容易受干扰，抗多径衰落能力强；低于 1 GHz 无线通信芯片的绕射能力强，通信距离长，但其可靠性差，易受其他设备干扰，安全系数较低。2.4 GHz 频段是国际通用的免费频段，也称为 ISM 频段，带宽为 83.5 MHz，可供多个不同通信系统的多个不同信道共同使用。

各芯片厂商根据市场需求推出了多款无线窄带通信芯片，常见的见表 7.2。其中，TI 公司的 CC2533 是无线窄带通信芯片的典型代表。CC2533 是一款针对远程应用全面优化的 IEEE 802.15.4 片上系统，建立在 CC2530 的基础上。CC2533 的最大发射功率可达到 4.5 dBm，典型接收灵敏度可达 −97 dBm。CC2533 集成了硬件 AES（高级加密标准），可产生 128 位的密钥，从而保证了信息安全。CC2533 包括 1 μA 睡眠模式的四种灵活电源模式，可实现最低的电流消耗。CC2533 采用 DSSS（直接序列扩频）调制技术，具有抗干扰性好、抗多径衰落能力强、环境噪声要求低和高度可靠的保密安全性等特点，适合于复杂环境条件下的应用。

表 7.2 常见无线窄带通信芯片

型号	频率范围 / GHz	最大发送速率 / (kbit/s)	接收电流 / mA	接收灵敏度 /dBm	最大发射功率 / dBm	调制方式
CC2530	2.4	250	15	−97	4.5	DSSS-OQPSK
CC2533	2.4	250	14	−97	4.5	DSSS-OQPSK
ADF7241	2.4	250	19	−95	4.8	DSSS-OQPSK
MC13191	2.4	250	37	−91	3.6	DSSS-OQPSK

4. 电源管理单元

在传感节点中，电源管理单元是一个关键的系统组件，体现在两方面：第一，它是存储能量，并为其他单元提供所需电压的稳压器件；第二，它能从外部环境中获取额外的能量。存储能量主要是通过电池实现的，还可以通过燃料电池、超级电容实现。在实际应用中，应根据环境及需求决定采用哪种储存能量的设备。

7.3.2 网关节点和汇聚节点的设计

网关节点和汇聚节点具备信息聚合、处理、选择、分发，以及子网网络管理等功能。

传感节点对其部署的区域进行监控，获取感知信息，网关节点和汇聚节点对其控制区域内的传感节点实现任务调度、数据融合、网络维护等功能。传感节点获取的信息数据经过汇聚节点融合、处理及打包后，由网关节点聚合，根据不同的业务需求和接入网络环境，经由无线局域网接入点、互联网接入点、2 GHz 公网接入点、3 GHz 公网接入点、4 GHz 公网接入点、中高速网络等多类型的异构网络，最终将信息数据传送给终端用户，实现针对 ZigBee 无线传感器网络的远程监控。同样，终端用户也可以通过无线局域网接入点、互联网接入点、2 GHz 公网接入点、3 GHz 公网接入点、4 GHz 公网接入点、中高速网络等接入网关节点，网关节点连接到相应的汇聚节点，再通过汇聚节点对传感节点进行数据查询、任务派发、业务扩展等操作，最终将 ZigBee 无线传感器网络与终端用户有机联系在一起。

在 ZigBee 无线传感器网络中，汇聚节点主要负责传感器网与外网的连接，可将其看作网关节点，因此下面主要介绍网关节点的设计。

1. 控制单元

控制单元主要考虑其计算能力、存储能力和接口。8 位和 16 位微处理器很难满足，一般选用高性能的 32 位微处理器作为网关节点的控制单元。

网关节点的功能如下。

① 网关节点具备信息融合、处理和分发功能。

② 网关节点能够同时支持 ZigBee 无线传感器网络协议栈和与终端交互的协议（如以太网协议、无线局域网协议等）。

③ 网关节点能够维护区域 ZigBee 无线传感器网络，防止网络堵塞的发生。

④ 网关节点能够处理监测区域内所有传感节点的突发数据传输，具有较高的数据吞吐量。

⑤ 网关节点具有保存本地数据的功能，以免外部网络中断而丢失数据。

2. 无线收发单元

网关节点通信分为对上和对下两种。对上的无线收发单元主要面向 2 GHz 公网、3 GHz 公网、4 GHz 公网、无线局域网、互联网、中高速网络等，满足接入各类骨干网络的需求，适应传感器网络的泛在特征。对下的无线收发单元主要用于与无线传感节点或汇聚节点通信。

3. 电源管理

网关节点的功耗远大于传感节点，应采用有线电源供电，其电源管理主要是为网关节点的各个器件提供合适的电压，而不考虑低功耗管理。

7.3.3 典型节点

随着集成电路技术的发展，ZigBee 无线传感器网络节点的成本也有了大幅下降，一些研究机构和企业相继推出了传感节点和网关节点，表 7.3 和表 7.4 分别列出了典型的传感节点和网关节点。

表 7.3 典型的传感节点

节点	微处理器	射频收发	片内可编程空间	片内数据空间	RAM	外部存储空间	编程语言
Btnode	ATmega128L	CC1000、Bluetooth	128 KB Flash	4 KB EEPROM	4 KB	180 KB SRAM	C
COOKIES	ADUC841	OEMSPA13i	8 KB Flash	640 B Flash	256 B	4 MB	C
EPIC mote	MSP430F1611	CC2420	共 48 KB Flash		10 KB	2 MB NOR Flash	C
FireFly	ATmega128L	CC2420	128 KB ROM	4 KB EEPROM	8 KB	无	C
Imote2	PXA271	CC2420	共用 32 MB Flash，32 MB SDRAM		256 KB	无	C

续表

节点	微处理器	射频收发	片内可编程空间	片内数据空间	RAM	外部存储空间	编程语言
Indriya_DP_01All	MSP430F2618	CC2520	共用 116 KB Flash		8 KB	无	C
Iris Mote	ATmega128L	AT86RF230	128 KB Flash	4 KB EEPROM	8 KB	无	C
Kmote	MSP430F1611	CC2420	共用 48 KB Flash		10 KB	无	C
MICA	ATmega103L 和 AT90LS2343	TR1000	128 KB Flash	4 KB EEPROM	8 KB	无	C
MICA2	ATmega128L	CC1000	128 KB Flash	4 KB EEPROM	8 KB	512 KB Flash	C
MICA2 DOT	ATmega128L	CC1000	128 KB Flash	4 KB EEPROM	8 KB	512 KB Flash	C
MICAZ	ATmega128L	CC2420	128 KB Flash	4 KB EEPROM	8 KB	512 KB Flash	C
Mulle	M16C/62P	AT86RF230 C46AHR	384 KB Flash	无	31 KB	2 MB Flash	C
NeoMote	ATmega128L	CC2420	128 KB Flash	4 KB EEPROM	4 KB	512 KB Flash	C
RedBee	MC13224V	SI4432	共用 128 KB Flash		96 KB	无	C
SenseNode	MSP430F1611	CC2420	共用 48 KB Flash		10 KB	无	C
SIMIT-1	MSP430F5438A	SI4432	共用 256 KB Flash		16 KB	8 MB Flash	C
SUNSPOT	ARM020T	CC2420	无		512 KB	4 MB Flash	Java
TINYNode	MSP430F1611	XE1205	共用 48 KB Flash		10 KB	512 KB	C
TMoteSky	MSP430F1611	CC2420	共用 48 KB Flash		10 KB	无	C
Toles	MSP430F149	CC2420	共用 60 KB Flash		2 KB	无	C
TolesB	MSP430F1611	CC2420	共用 48 KB Flash		10 KB	1 MB	C
Waspmote	ATmega128L	XBEE	128 KB ROM	4 KB EEPROM	8 KB	2 GB SD	C
Wec	AT90LS8535	TR1000	8 KB Flash	512 KB EEPROM	512 KB	无	C
Wireless RS485	ATmega128L	CC2420	128 KB Flash	4 KB EEPROM	4 KB	512 KB Flash	C
Ubi-Mote1	CC2430	CC2430	共用 128 KB Flash		8 KB	无	C
Ubi-Mote2	MSP430F2618	CC2530	共用 116 KB Flash		8 KB	无	C
Vemesh	MSP430	TI TRF6903	共用 8 KB Flash		512 KB	无	C
Zebranet	MSP430F149	9XStream	共用 128 KB Flash		2 KB	4 MB Flash	C
Zolertia Z1	MSP430F2617	CC2430	92 KB Flash	无	8 KB	4 MB Flash	C

表 7.4 典型的网关节点

型号	处理器	无线技术	接口
Intrinsyc Cerfcube	Intel PXA255	802.11b	串行 RS–232、USB 接口、以太网接口
PC104	AMD ElanSC400	802.11b	串行 RS–232、以太网接口
Span	MSP430F1611	CC2420	USB 接口
Vemesh	MSP430	TRF6903	串行 RS–232、USB 接口、以太网接口

1. MICA 节点

MICA 节点是伯克利大学研制的用于传感器网络研究演示平台的实验节点，主要包括微处理器、射频收发单元、电源管理单元和存储单元四部分。MICA 节点的微处理器采用 ATmega103L 和 AT90LS2343。ATmega103L 是 8 位 AVR 单片机，集成有 128 KB 的片内 Flash、8 KB 的 SRAM、4 KB 的 EEPROM、8 通道 10 bit 的 ADC、扩展的 16 位定时器和比较器。ATmega103L 的工作功耗仅为 5.5 mA，关机功耗仅为 1 μA。ATmega103L 还集成有 UART、SPI 及 PWM（脉冲宽度调制）输出，提供 32 个可编程的 I/O 口，作为 ATmega103L 的协处理器。AT90LS2343 仅有 8 个引脚，但其计算能力较强，工作于 4 MHz 时的功耗仅为 2.4 mA。

MICA 节点的射频收发芯片采用 RFM 公司的 TR1000 芯片。TR1000 采用开关键控（OOK）和幅移键控（ASK），工作于 916 MHz 的固定频点。TR1000 为单信道，最大功率为 1.5 dBm，最大发送速率为 115 kbit/s，接收灵敏度最高为 –106 dBm@2.4 kbit/s，采用透明编码方式。

MICA 节点的电源管理采用 Maxim 公司的 MAX1678 和 ADI（Linear）公司的 LT1460HC。MAX1678 为整个系统供电，是一款高效的同步升压芯片，适合用于镍氢、镍镉电池供电，转换效率可达 90%，封装尺寸仅 1.1 mm 高。LT1460HC 是一款微功率精准串联基准电压芯片，为 ATmega103L 的模拟 ADC 提供精准参考电压，最高精准度可达 0.075%，温漂最大为 10 ppm/℃。LT1460HC 具有反向电池保护功能，无须输出电容器，工作功耗仅为 130 μA。

MICA 节点的存储单元采用 Microchip 公司的 4 MB 串行 Flash AT45DB041B 通过 SPI 接口与微处理器通信，仅需较少的引脚。

2. Toles 节点

Toles 节点是 Moteiv 公司推出的用于传感器网络研究演示平台的实验节点，主要包含微处理器、传感器、无线收发芯片和 PC 接口。

Toles 节点的微处理器采用 TI 公司的 16 位单片机 MSP430F149。MSP430F149 的工作电压为 1.8~3.6 V，待机功耗仅为 1.6 μA，正常工作模式功耗为 280 μA @ 1 MHz；集成有 60 KB Flash、2 KB RAM，减少片外存储需要；从唤醒到进入工作状态少于 6 μs；集成有 12 位的模 / 数转换器，包含内部基准电压；集成有 16 位定时器和两个串行接口，串行接口可根据需要配置为 SPI 或 UART 模式。

无线收发芯片采用 TI 公司的 CC2420。CC2420 启动时间仅为 580 μs，集成硬件 MAC 加密编码 AES–128，提高了信息的安全性；包含 128 KB 的发送和接收 FIFO，最大发送速率可达 250 kbit/s 和 2 MChip/s；接收功耗为 18.8 mA，发送功耗为 17.4 mA。

Toles 节点通过 USB 接口与 PC 进行通信。接口芯片采用 FTDI 公司的 FT232BM。FT232BM 将微处理器的串口信号转换为 USB 信号，极大地方便了与 PC 的通信。它集成有 384 KB 的接收缓存和 128 KB 的发送缓存，3.3 V 稳压输出提供给芯片的 I/O 接口，兼容 USB 1.1 和 USB 2.0 标准。

Toles 节点考虑两种供电方式：AA 电池供电和 USB 供电。两节 AA 电池的电压为 3 V，因而节点不需要专门的升压 / 降压芯片为 IC 供电。USB 供电方式的电压为 4.5~5 V，节点采用 Microchip 公司的 MCP1700 为其他 IC 提供 3.3 V 电压。MCP1700 是一款 CMOS 低压降正电压稳压器，在输入 / 输出电压差只有 625 mV 的情况下，也能提供 250 mA 的电流。MCP1700 的低压差特性和仅 1.6 μA 的低电流消耗，使其成为电池供电工作的理想之选。

Toles 节点的传感器包括温湿度传感器和光电二极管。温湿度传感器采用瑞士 Sensirion 公司的 SHT11。SHT11 将温度检测、湿度检测、信号转换、A/D 转换和加热等功能集成到一个芯片上，通过二线串行通信协议与微处理器通信，该协议与 I^2C 协议不兼容。光电二极管采用 HAMAMATSU 株式会社的 S1087。S1087 是陶瓷封装光电二极管，能够根据光照条件产生低电流。

3. SIMIT-1 节点

SIMIT-1 节点是中国科学院上海微系统与信息技术研究所研制的用于野外环境监测的传感节点，主要由控制单元、无线收发单元、存储模块、定位模块、电源管理单元和信号采集单元组成。

SIMIT-1 节点的控制单元采用 TI 公司的 MSP430F5438A 作为主控微处理器。MSP430F5438A 有 256 KB 的 Flash 空间及 16 KB RAM；工作模式下的功耗为 160 μA/MHz，待机模式下的功耗为 2.6 μA/MHz，关闭模式下的功耗为 0.1 μA/MHz；支持多通道 DMA，可在运行和待机模式下实现外部设备与内核之间的通信；集成智能化的模拟外设（ADC/DAC），不运行时完全不消耗电能；集成 32 位硬件乘法器，提供整体的数据处理能力；具有 4 个通用串行接口，可根据需要配置为 I^2C、SPI、UART 接口。

SIMIT-1 节点的无线收发单元采用 Silicon 公司的 SI4432 作为无线收发芯片。SI4432 具有 20 dBm 的最大发射功率和 -121 dBm 的接收灵敏度；最大数据速率为 256 kbit/s，集成自动频率校准，支持三种可配调制方式（GFSK、FSK 和 OOK）；集成 64 KB 的 TX/RX FIFO，自动打包处理。微处理器可以通过 SPI 接口与 SI4432 进行配置。

SIMIT-1 节点的存储模块采用 Microchip 公司的 SST25VF064C。SST25VF064C 的工作电压为 2.7~3.6 V，存储空间达 64 MB，可反复擦写 100 000 次，数据保存时间可达 100 年，可通过 SPI 接口与微处理器相连。

SIMIT-1 节点的定位模块采用 u-blox 公司基于 GPS 的 NEO-5Q。NEO-5Q 是一款 GPS 接收模块，采用极小的 12 mm × 16 mm × 2.4 mm 封装实现高度集成化，最多仅需 1 s 就可以获取热点卫星信息；配备具有 50 个通道和 100 万个以上相关器件的引擎，能够同步追踪 GPS 和伽利略定位系统（Galileo）的信号；采用 KickStart 技术获取微弱信号，极限可达 -160 dBm，确保使用小尺寸隐蔽天线也能够精确定位。

SIMIT-1 节点的电源管理单元包括充电和降压两部分。充电部分采用 TI 公司的 BQ24022 芯片。BQ24022 可以通过电源适配器或 USB 充电，内部集成 USB 控制器，可以自动选择 100 mA 或 500 mA 的充电电流，自动睡眠状态切换适合低功耗应用。降压部分采用 TI 公司的 TPS79633 芯片。TPS79633 是一款具有较低压降要求的 LDO（低压差线性稳压器），具有极低噪声和较高纹波抑制比，非常适合对噪声和纹波敏感的 RF 与 ADC 使用。

SIMIT-1 节点的信号采集单元提供基于数字与模拟的两种接入接口。基于数字的信号采集单元采用 UART 协议与相配套的传感器相连，提供主动和被动两种工作方式。模拟信号采集采用 4 路模拟信号接入接口。

7.3.4 节点应用选型

ZigBee 无线传感器网络节点大规模产业化，节点的性能受成本影响很大。针对节点应用，提出了

“共性平台 + 应用子集”的方案。

从系统层面的需求来看，传感节点存在以下几类需求。

① 从目标探测方式来看，存在主动式探测和被动式探测两种需求。这两类设备在感知模式、用于对环境或指令等信息进行反馈的执行器结构和功能、感知信息在网络中的传输模式和流量特征、信息预处理（主动式探测设备要求可以针对特定任务进行有效的针对性处理；被动式探测设备必须支持不同环境下的感知信息的预处理，并尽量减小误报率和漏报率）以及节点状态等方面存在较大差异，必须针对各个模块进行专门的模块级设计和实现。

② 从感知参数来看，存在单参感知和多参感知两种需求。这两类设备在感知量（单传感节点 / 多传感节点或同一类的不同参量导致了采样方式和预处理方式的不同）和信息处理（多参量需要基于物理相关性进行模态融合等）上有显著差别，进而导致设备结构存在较大差异，必须针对各个模块进行专门的模块级设计和实现。

③ 从目标参数类型来看，存在标量感知信息和矢量感知信息两种需求。两类设备由于传感信息类型的不同而在时间相关性、空间相关性、目标信息相关性、模态相关性、系统要求等方面存在差异，从而导致设备软 / 硬件资源配置、功能模块设计等方面会有较大差别，需要研制专门的设备种类。例如，矢量感知信息对同步、定位等存在较高要求。

④ 从节点对感知信息的协同处理能力来看，对地震波、声波及大部分混合传感器信息需要本地高协同处理能力，以减少网络传输能耗损失，而对于一般家居控制等则仅仅需要简单的处理能力即可。针对高协同处理能力设备和低协同处理能力设备的开发在人力、技术、成本等因素上差别较大，有必要进行针对性研发。

⑤ 从网络通信能力来看，对低功耗无线传输设备存在近距离（100 m 以内）和中距离（1 000 m 以内）两类需求。近距离设备满足室内和室外传感器密集布设需要，而中距离设备将为野外传感节点的使用带来极大的便利。

7.4 ZigBee 无线传感器网络的软件设计

软件设计受限于有限的硬件资源，需支持极低功耗，兼顾通用性和继承性，减少不同应用的开发重复性，提高软件开发的效率。

软件架构的设计应遵循的主要原则如下。

① 以操作系统为基础的设备管理实体对程序进程进行优先级管理和分配。

② 层间交互以服务原语的形式实现，层内功能实体之间的交互以消息的形式实现。

③ 各功能模块具有可裁剪性和易重构性。

④ 满足软件测试所必需的测试单元。

⑤ 遵守开放的公共接口规范。

⑥ 符合存储受限要求。

7.4.1 软件架构

ZigBee 无线传感器网络的软件架构采取开放架构的形式，以公共接口规范来实现功能模块的可重构性，其主要组成部分包括基础软件层、服务与中间件层、应用软件层及设备管理层，如图 7.1 所示。

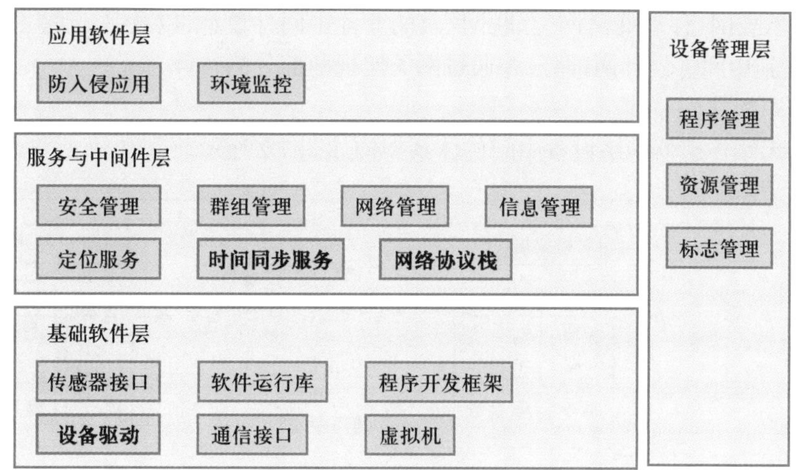

图 7.1 ZigBee 无线传感器网络设备软件架构

基础软件层通常与传感器设备硬件直接相关。设备驱动提供对板级控制器上各种硬件设备(包括 Flash、SDRAM、UART、USB、LCD 等)的驱动与控制;通信接口负责与无线收发单元交互,控制其进行数据包的接收与发送;传感器接口软件实现对板载及外接的各种传感器设备运行参数的配置、工作状态的控制及传感器数据的获取。基础软件层的另一项职责是为上层软件提供运行环境。根据应用需求的不同,上层软件开发可以采用不同的编程语言,如 C、C++、Java、Android 等。每种编程语言编写的程序在运行时,都需要软件运行库(run time library)的支持。

服务与中间件层构建于基础软件层之上,其主要任务是利用基础软件层提供的基本要素,实现传感器网络设备的各项基本功能,包括定位、时间同步、安全管理、网络管理、信息管理等。该层的设计目标是将设备底层的具体硬件实现与传感器网络业务隔离开来,为上层应用软件提供标准化的网络访问及功能调用接口,使应用开发独立于设备硬件及底层软件,从而大大加快二次开发的速度,降低应用开发的难度。网络协议栈是服务与中间件层的重要组成部分,是整个网络的核心,层中其他组件以其提供的网络服务为基础并实现特定的功能。网络协议栈的构成通常包括接入控制、睡眠管理、链路管理、路由管理、传输控制等部分。

应用软件层实现具体的传感业务,如入侵检测、环境监控等。该层主要依靠服务与中间件层提供的各种基本功能,实现对各种传感业务的整合。

设备管理层通常以操作系统的形式存在,与具体硬件平台密切相关,是对基础软件层、服务与中间件层和应用软件层三层体系架构的平台技术支撑,可简化应用开发进程。

① 程序管理单元负责各功能单元的注册和调度,各功能管理单元满足公共接口规范要求,能够实现方便地替换、增强等功能。

② 资源管理单元能够对节点能源、存储、计算、通信等能力做出有效的评估和管理,为各层协议设计提供跨层优化等功能。

③ 标志管理单元用于生成设备的网络标志,需要满足一定范围内的唯一性要求。

7.4.2 中间件

从 ZigBee 无线传感器网络系统的特性与需求出发,首先进行系统中间件架构设计。将系统中间件设计分为基于承载网(移动蜂窝网、互联网等)的业务中间件设计,以及基于底层ZigBee无线传感器网络的管理、实施中间件设计两部分,并通过网关实现两部分的整合与统一。

1. 本地设备中间件

本地ZigBee无线传感器网络设备中间件体系架构如图7.2所示。

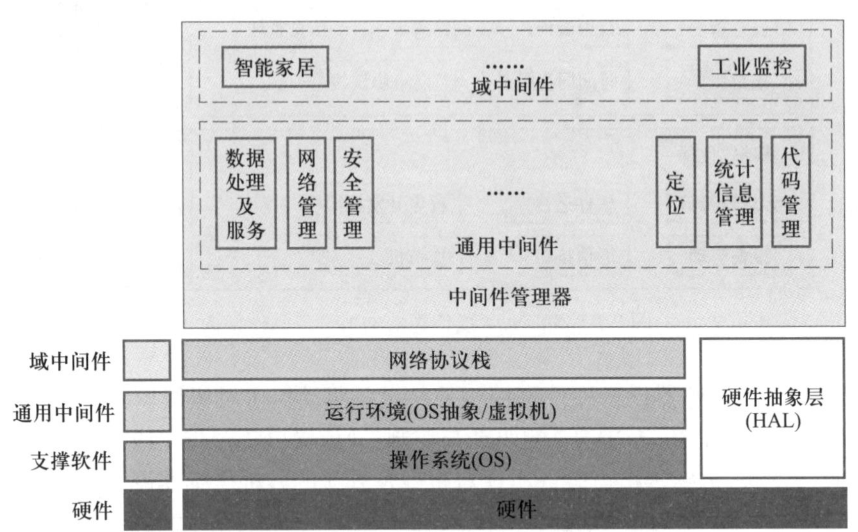

图7.2 本地ZigBee无线传感器网络设备中间件体系架构

本地ZigBee无线传感器网络设备中间件位于ZigBee无线传感器网络设备应用软件和底层支撑软件之间,属于应用层软件范畴。本地ZigBee无线传感器网络设备中间件按其功能可分为通用中间件和域中间件。

(1) 通用中间件

通用中间件是指对不同的应用均需具备的基本中间件组件,包括感知、定位、同步设备,还有系统的各种管理功能、安全功能等。常见的通用中间件主要有以下几种类型。

① 定位中间件。定位服务模块为应用层提供静止或移动设备的位置信息服务。模块工作机制为应用端客户需要从ZigBee无线传感器网络中获取一定的地理位置信息和服务,这些数据和服务可能处于不同的操作系统,或不同的网络协议构架的分布式节点上。应用程序只要访问中间件上的自定位模块,由该模块在ZigBee无线传感器网络中找到数据源或服务,进而传输客户请求,重组答复消息,最后将结果送回应用程序。用户通过标准接口访问自定位模块。整个模块对用户是透明的,其中包括定位算法的选择、定位数据的分发、根据请求做相应的数据格式转换,以及根据不同需要合并定位数据。

② 数据处理及服务中间件。感知数据处理技术是ZigBee无线传感器网络应用必需的支撑技术之一,不同的应用对感知数据的收集、融合处理及数据管理技术需求各有不同,对网内事件检测和通知等服务机制和服务质量需求也有差别。基于多网应用对感知数据处理及服务的共性需求,研发无线传感器中间件数据处理及服务组件,可实现智能化感知数据处理及可动态配置的数据服务,支持ZigBee无线传感器网络应用的快速开发和灵活部署。

③ 统计信息管理中间件。统计信息管理中间件主要对传感节点各功能模块的工作情况进行记录和统计。统计信息管理中间件的实质是维护一个ZigBee无线传感器网络业务统计数据库,该数据

库记录了不同网络应用的运行统计数据。统计信息数据库由统计数据存/取控制单元进行统一控制。中间件可对外提供统计服务访问接口,提供统计信息记录与删除、统计信息查询等服务原语接口。

④ 代码管理中间件。代码管理中间件主要包括代码升级管理模块和移动代码管理模块两个部分。

a. 代码升级管理模块:利用无线通信的方式把升级代码发送到已经部署完毕的 ZigBee 无线传感器网络中,并对节点的中间件/应用模块及底层模块进行升级,方便新应用、新中间件功能的快速部署与原有漏洞的修复。

b. 移动代码管理模块:控制计算任务的代码在 ZigBee 无线传感器网络中向数据源附近迁徙或克隆,用分布式协同计算的方式取代以往简单的数据上报、网关汇总处理的集中计算模式,从而减轻原始数据上报对网络带宽的压力,缓解汇聚节点周围节点能量过度消耗的问题。

⑤ 网络管理中间件。网络管理中间件为底层本地 ZigBee 无线传感器网络提供面向应用的网络构建、维护、故障处理等功能,对应用层提供通用的需求及响应接口,对下一层级实现面向异构本地 ZigBee 无线传感器网络的自适应支持。

⑥ 安全管理中间件。安全管理中间件采用标准化的组件技术,设计安全接口注册机制和安全服务发现机制,封装安全组件接口,为各功能组件、开放应用接口和传感器网络接口提供安全服务。传感器网络安全组件架构和标准化的安全组件接口技术为传感器网络的各项应用业务提供信息保密性、数据完整性和系统可用性的安全保障。

(2) 域中间件

域中间件在单个或多个通用中间件提供的基本功能服务的基础上,实现较为复杂的业务功能,向上为应用提供配置、控制、数据访问接口。ZigBee 无线传感器网络设备中加载的域中间件类型与特定区域的功能密切相关。上层网络应用只与域中间件有直接接口,其对通用中间件的访问必须通过域中间件来完成。

(3) 中间件管理器

域中间件、通用中间件均运行在中间件管理器内,受中间件管理器的统一控制与调度。每个中间件模块都提供至少一个服务访问点(service access point,SAP)。服务访问点是中间件与其他软件模块之间信息交互的唯一通道。服务的访问及服务原语的传递受中间件管理器的集中控制,中间件管理器可拒绝执行非法的、未授权的服务访问及原语传递。此外,中间件管理器的另一项重要功能就是控制中间件模块的加载与卸载,并在模块加载与卸载时向其他相关模块发送通知,这一功能也是实现节点代码管理所必需的。

除了中间件管理器之外,底层支撑软件也是 ZigBee 无线传感器网络设备中间件正常运行所必需的软件组成部分。这部分软件包括操作系统(operating system,OS)、软件运行环境(runtime support)、硬件抽象层(hardware abstraction layer,HAL)和网络协议栈(network stack)。

2. 网关中间件

网关中间件也运行在底层基础软件层之上,并由中间件管理器进行统一管理与调度。

网关节点应用支撑环境架构与底层传感节点类似。在操作系统方面,因为节点硬件资源较为丰富,所以可以选择的操作系统比传感节点要多,可以使用 Linux、VXWorks、eCos 等传统嵌入式操作系统。除了操作系统能够提供抽象功能外,其运行环境模块还可以采用轻量级的虚拟机实现虚拟功能。由于有两个以上的网络接口,所以通常配备了两个以上不同的网络协议栈模块。

网关节点上的中间件管理器的结构和功能与底层传感节点上的中间件管理器类似,网关中间件之间的通信也是采用服务原语交互的方式。与传感节点不同，网关中间件分为应用中间件和管理中间件。应用中间件与具体的行业相关，通常是定制的。

管理中间件受上层业务网络控制，实现对底层网络的各种管理任务，如设备管理、代码管理、安全管理、统计信息管理、服务质量管理等。管理中间件接收、解析上层网络发送的管理命令，将其转化为底层传感器网络能够执行的指令，下发到下层网络执行并上报管理命令执行结果。管理中间件在未来 ZigBee 无线传感器网络的运行中将起到至关重要的作用。

7.4.3 操作系统

ZigBee 无线传感器网络的操作系统与传统 PC 的操作系统在很多方面都是不同的，这些不同来源于其独特的硬件结构和资源。ZigBee 无线传感器网络操作系统的设计应考虑以下几个方面。

1. 硬件管理

操作系统的首要任务是在硬件平台实现硬件资源管理。ZigBee 无线传感器网络的操作系统提供如读取传感器、感知、时钟管理、收发无线数据等抽象服务。由于硬件资源受限，ZigBee 无线传感器网络的操作系统不能提供硬件保护，这将直接影响调试、安全及多任务系统协同等功能。

2. 任务协同

任务协同直接影响调度和同步。ZigBee 无线传感器网络的操作系统需为任务分配 CPU 资源，为用户提供排队和互斥机制。任务协同决定了以下两种代价消耗：CPU 的调度策略和内存。每个任务需要分配固定大小的静态内存和栈，对于资源受限的传感节点来说，多任务情况下内存代价是很高的。

3. 资源受限

资源受限主要体现在数据存储空间、代码存储空间和 CPU 带宽上。从经济角度出发，ZigBee 无线传感器网络的操作系统总是运行在低成本的硬件平台上，以便于大规模部署。硬件平台资源受限只能依赖于信息技术的进步。

4. 电源管理

传感节点大部分采用电池供电，由于电池技术没有实质性的提高，因而只能减少节点的电池消耗，延长节点寿命。在传感节点中，无线传输产生的功耗是最大的。发送 1 位数据的功耗远大于处理 1 位数据的功耗。

5. 内存

内存是网络协议栈主要代价消耗之一。为最大化利用数据内存，应整合利用网络协议栈和 ZigBee 无线传感器网络操作系统的内存。

6. 感知

ZigBee 无线传感器网络的操作系统必须提供感知支持。感知数据来源于连续信号、周期性信号或事件驱动的随机信号。

7. 应用

与用户驱动的应用不同，一个传感节点只是一个分布式应用中很小的一部分。优化 ZigBee 无线传感器网络操作系统与其他节点的交互，对系统应用具有很重要的意义。

8. 维护

大量地随机布设传感节点，很难通过人工的方法实现维护。ZigBee 无线传感器网络的操作系统应支持动态重编程，允许用户通过远程终端实现任务的重新分配。

根据操作系统内核任务调度策略，目前现有的 ZigBee 无线传感器网络操作系统分为两大类：一类是抢占式操作系统，如 antisOS 等；另一类是非抢占式操作系统，如 TinyOS、SOS 等。

7.5　ZigBee 无线传感器网络的操作系统

7.5.1　无线传感器网络操作系统概述

ZigBee 无线传感器网络的操作系统是 ZigBee 无线传感器网络的基本软件环境，是 ZigBee 无线传感器网络应用软件开发的基础。它定义了一套通用的界面框架，允许应用程序选择服务的实现；另外还提供框架的模块化，以适应硬件的多样性。

在资源受限的无线节点上使用操作系统会极大地方便对节点平台的应用开发，同时，操作系统提供公共服务接口，也极大地降低了应用开发的难度。早期单片机硬件设备的不断发展促进了 ZigBee 无线传感器网络操作系统的诞生。操作系统对于早期的单片机硬件环境而言，负担过大。但是随着嵌入式设备功能的日益完善，操作系统为传感器节点的硬件设备提供了完善的硬件抽象架构，也为应用开发提供了良好的软件开发环境。

传统的嵌入式操作系统一般代码量大、结构繁杂，对于现阶段本身资源受限的传感器节点而言是不可取的。因此，国内外相继研发了适合无线传感器网络的操作系统。现阶段适合 ZigBee 无线传感器网络的操作系统有 TinyOS、Contiki、MANTIS、Nano-RK、LiteOS 等。表 7.5 从体系结构、编程模型、内核调度方式、内存管理与分配、支持的通信协议以及编程语言六个方面对适合 ZigBee 无线传感器网络的操作系统进行了比较。

表 7.5　ZigBee 无线传感器网络的操作系统

操作系统	体系结构	编程模式	内核调度方式	内存管理与分配	支持的通信协议	编程语言
TinyOS	基于组件和应用的硬件抽象架构	nesC 语言基于组件的编程模型	基于事件驱动，外部中断事件获得高优先级	静态内存管理	主动消息模式、数据分发协议与汇聚协议	nesC
Contiki	模块化	原始线程和基于事件驱动	基于事件和消息传递的进程间通信	动态内存管理、多个任务共享一个任务栈	uIP 和 Rime	C
MANTIS	分层结构	线程模型	基于优先级的抢占调度	动态内存管理	分层协议	C
Nano-RK	单内核体系结构	线程模型	抢占式多任务操作系统	静态内存管理	基于 Socket 的网络协议	C
LiteOS	模块化	线程和事件驱动	基于优先级的调度	动态内存管理	基于文件形式的通信	Lite C++

TinyOS 是美国加州大学伯克利分校开发的一个开源、BSD 许可的操作系统，是为低功耗无线设备而设计的。该系统采用 nesC 语言编写，功能是基于组件的形式实现的；采用基于组件和应用的硬件抽象架构，静态内存管理，使用数据分发协议和汇聚协议。该系统已经在较多领域得到应用，如传

感器网络、个域网、智能建筑、智能仪表等，现阶段已经成为 ZigBee 无线传感器网络领域事实上的标准平台。7.5.2 节和 7.5.3 节将主要对 TinyOS 进行介绍。

Contiki 操作系统是瑞典计算机科学学院开发的多任务操作系统，是一个源代码开放、高度可移植、专门适用于存储空间受限的 ZigBee 无线传感器网络的多任务嵌入式操作系统。在典型配置下，Contiki 只需占用约 2 KB 的 RAM 以及 40 KB 的 Flash 存储器即可支持多任务环境与 TCP/IP 扩展，在某种程度上大大减轻了对硬件的要求，非常适合于物联网嵌入式系统和 ZigBee 无线传感器网络。Contiki 支持的嵌入式 uIP 协议，也为以后与 Internet 的通信提供了基础。而且，Contiki 采用纯 C 语言编写，在 GCC 环境下编译，从而减少了学习其他计算机语言与其他编译平台的麻烦。

MANTIS 是美国科罗拉多州大学研发的轻量级的操作系统。该系统采用分层架构，分为应用层、传输层、网络层以及通信层等，使用 C 语言编写，基于线程的模型，其内核采用基于优先级的抢占调度模式及动态内存管理，在 ZigBee 无线传感器网络硬件中支持 CC1000、CC2420。

Nano-RK 操作系统是卡内基梅隆大学设计的适用于 ZigBee 无线传感器网络的实时操作系统。它采用单内核体系结构及线程模型，其内核支持基于优先级的调度方式，只需 2 KB 的 RAM 及 18 KB 的 Flash，使用 C 语言编写，支持基于 Socket 的网络协议。

LiteOS 是美国伊利诺伊大学开发的适用于 ZigBee 无线传感器网络的实时操作系统。它是一个类 UNIX 系统，适合内存受限的传感器节点，采用混合编程模型，支持事件驱动和线程驱动。该操作系统已经运用在 MicaZ 和 IRIS 平台上。

7.5.2 TinyOS 的技术特点

TinyOS 本身在软件上体现了一些已有的研究成果，如组件化编程、事件驱动模式、轻量级线程(任务)、主动消息通信等。TinyOS 的技术优势主要体现在以下几个方面。

1. 组件化编程

TinyOS 提供了一系列可重用的组件，一个应用程序可以通过连接配置文件将各个组件连接起来，以完成所需要的功能。

2. 事件驱动模式

TinyOS 的应用程序都是基于事件驱动模式的，采用事件触发去唤醒传感器工作。事件相当于不同组件之间传递状态信息的信号。当事件对应的硬件中断发生时，系统能够快速调用相关的事件处理程序。

3. 轻量级线程(任务)

任务之间是平等的，不能相互抢占，应按先入先出的队列进行调度。轻量级线程是针对节点并发操作比较频繁且线程比较短的问题提出来的。

4. 两级调度方式

任务(即一个进程)一般用于对时间要求不是很高的应用中，通常每一个任务都很短小，以使系统的负担较轻，任务之间相互平等，不能抢占。事件一般用于对时间要求很严格的应用中，用于硬件处理的事件可以抢占用户的轻量级事件和低优先级的中断处理事件。TinyOS 一般由硬件中断处理来驱动事件。

5. 分阶段作业

为了让一个耗时较长的操作尽快完成，TinyOS 不会提供任何阻塞操作，而会将该操作的请求和完成分开实现，以便获得较高的执行效率。

6. 主动消息通信

每一个消息都维护一个应用层的处理程序。节点收到消息后,会把消息中的数据作为参数,传递给应用层的处理程序,由其完成消息数据的解析、计算处理和发送响应消息等任务。

7.5.3 TinyOS 的体系结构

TinyOS 操作系统采用组件的结构,是一个基于事件的系统。系统本身提供了一系列的组件供用户调用,包括主组件、应用组件、感知组件、执行组件、通信组件和硬件抽象组件,如图 7.3 所示。

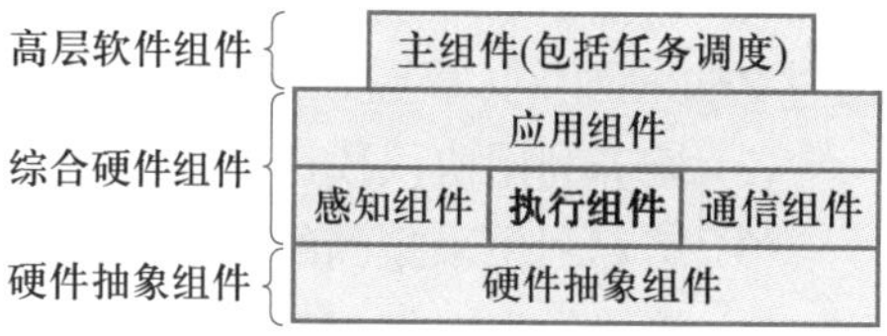

图 7.3 TinyOS 体系结构

组件由下到上通常分为硬件抽象组件、综合硬件组件和高层软件组件三类。

① 硬件抽象组件是将物理硬件映射到 TinyOS 的组件模型。

② 综合硬件组件模拟高级的硬件行为,包括感知组件、通信组件等。应用组件实现控制、路由以及数据传输等应用层的功能。

③ 高层软件组件向底层组件发出命令,底层组件向高层软件组件报告事件。

TinyOS 的层次结构就如同一个网络协议栈,底层组件负责接收和发送最原始的数据位,高层组件负责对这些数据进行编码、解码,更高层组件负责数据打包、路由选择及数据传输。

调度器具有两层结构,第一层维护命令和事件,主要是在硬件中断发生时对组件的状态进行处理;第二层维护任务,负责各种计算,只有当组件状态维护工作完成后,任务才能被调度。TinyOS 调度模型的主要特点如下。

① 任务单线程结束,只分配单个任务栈,这对内存受限的系统很有利。

② 没有进程管理概念,对任务按简单的 FIFO 队列进行调度。

③ FIFO 的任务调度策略具有能耗敏感性,当任务队列为空时,处理器进入休眠状态,随后由外部中断事件唤醒 CPU 进行任务调度。

④ 两级调度结构可以实现优先执行少量相同事件相关的处理,同时打断长时间运行的任务。

⑤ 基于事件的调度策略,只需要少量空间就可获得并发性,并允许独立的组件共享单个执行上下文。与事件相关的任务可以很快被处理,不允许阻塞,具有高度并发性。

⑥ 任务之间相互平等,没有优先级的概念。

项目小结

① 节能是 ZigBee 无线传感器网络节点设计最主要的问题。

② 在设计过程中需要考虑的因素有节能、可扩展性、传输延迟、容错性、精确度和服务质量等。

③ 一些跳频和扩频技术可以用来减轻网络堵塞问题。

主要概念

安全分析、传感节点设计、软件架构、中间件、操作系统。

实训任务

微课
ZigBee 组网光照采集自动控制

任务 ZigBee 组网光照采集自动控制

任务目标

(1) 以全国职业院校技能大赛“物联网应用技术”赛项样题为例进行真题讲解，通过 ZigBee 组网，掌握 ZigBee 无线传感器网络的构架。

(2) 培养利用协议栈进行 AD 数据采集的能力。

(3) 培养利用采集到的光照值实现控制的能力。

(4) 培养学生协作与交流的意识与能力，让学生进一步认识 ZigBee 无线传感器网络的构架。

任务内容与要求

(1) 基于 Z-Stack 协议栈组网。

(2) 进行 AD 数据采集，无线传输并实现自动和手动控制。

任务考核

任务考核表见表 7.6。

表 7.6 任务考核表

考核要素	评价标准	分值	评分			
			自评(10%)	小组(10%)	教师(80%)	小计(100%)
程序修改能力	利用 Z-Stack 协议栈进行二次开发，能够成功组网	40				
光照值数据的采集	能够实现数据采集和传输数据的可视化	20				
节点控制的实现	能够实现逻辑控制	20				
分析总结		20				
合计						
评语(主要建议)						

任务参考

一、实验设备

任务所用实验设备见表 7.7。

表 7.7 任务所用实验设备

实验设备	数量	备注
ZigBee Debugger 仿真器	1	下载和调试程序
CC2530 节点	3	调试程序
USB 线	1	连接 PC、网关板、调试器
RS-232 串口连接线	1	调试程序
SmartRF Flash Programmer 软件	1	烧写物理地址软件
电源	5	供电
Z-Stack-CC2530-2.5.1a	1	协议栈软件

二、实验要求

ZiGBee无线传感器组网光照采集自动控制需要3个ZigBee节点通信，设置通信信道为11，PAN_ID为“0x8000+0x组号”，如组号为40，则PAN_ID为0x8040，由代码实现。

采用LED节点模块进行控制照明，当接收到光电传感器的AD值小于一定数值时（选手用手遮挡光电传感器时），LED节点模块上的D5灯点亮；当接收到光电传感器的AD值大于一定数值时（选手不用手遮挡光电传感器时），LED节点模块上的D5灯熄灭。

按下LED节点模块上的SW1键（按下时间不超过1 s）再松开，D5灯的亮、灭状态取反，并禁用自动控制模式，改为手动控制模式，此时D5灯的亮、灭状态由人为按SW1键决定，如果给LED节点模块重新上电，LED节点模块自动切换为自动控制模式，如果有人按下LED节点模块按键，则切换至手动控制模式。

还需将此时的光电传感器数值和LED节点模块上D5灯的状态间隔5 s内通过串口与net工具端进行通信，教师通过net工具端观察数据。

三、实验步骤

1. ZigBee组网连接

ZigBee组网连接如图7.4所示。

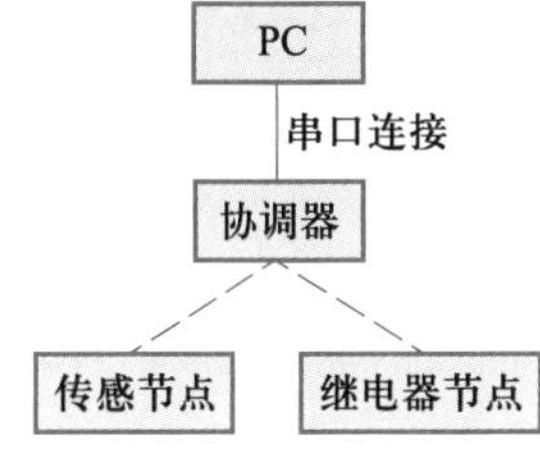

图7.4 ZigBee组网连接

2. 代码完善和补充

第一步：对协调器（coord1.c）、传感节点（Endev1.c）和继电器节点（Endev2.c）分别设置pandid和channel参数，具体如下：

```
void ChannelPanidInit(void)
{
  /*user code start*/
  uint16 pandid;
  uint8 channel;

  zb_Readpandid(&pandid);
  channel=zb_Readchannel();

  if(pandid!=0x8040)
  {
   pandid=0x8040;
   zb_Writepandid(&pandid);
   zb_SystemReset();
  }

  if(channel!=16)
  {
   channel=16;
   zb_Writechannel(channel);
   zb_SystemReset();
```

```
    }
    /*user code end*/
  }
```

第二步:根据实际应用的需求,在传感节点程序文件中添加按键扫描事件。

① 在 sapi.h 文件中添加如下代码(sapi.h 中添加的代码全局可用):

```
#define MY_KEY_EVENT  0x0010  //定义按键事件名
```

② 在协调器、传感节点和继电器节点程序文件的用户事件处理函数中添加对事件的处理,具体如下:

```
void zb_HandleOsalEvent(uint16 event)  //用户事件处理函数
{
  if(event&MY_KEY_EVENT) //判断是否有按键事件要处理
  {
     if(!P1_2)  //判断按键是否按下
     {
  //按键按下
     while(!P1_2);  //等待按键松开
     mode=0;  //按键松开,自动控制模式变为手动控制模式
     HalLedSet(HAL_LED_4,HAL_LED_MODE_TOGGLE);  //D5 灯翻转
   }
osal_start_timerEx(sapi_TaskID,MY_KEY_EVENT,10);
//10 ms 后再次启动事件,实现按键实时扫描
  }
//处理其他事件
}
```

③ 启动按键事件。在协调器程序文件的 zb_HandleKeys( )函数中,在"zb_AllowBind(0xFF);"语句之后添加启动按键扫描事件代码,具体如下:

```
osal_set_event(sapi_TaskID,MY_KEY_EVENT);
```

在传感节点程序文件的 zb_HandleOsalEvent( )函数中,在"zb_BindDevice( );"语句之后添加如下代码:

```
if(!isGateWay)
  {
    zb_BindDevice(TRUE,DUMMY_REPORT_CMD_ID,(uint8*) NULL);
  }
  osal_start_timerEx(sapi_TaskID,MY_SEND_EVT,1000);
  HalLedBlink(HAL_LED_3,0,10,2750);
```

```
    HalLedSet(HAL_LED_4,HAL_LED_MODE_OFF);
    HalLedSet(HAL_LED_2,HAL_LED_MODE_OFF);
    HalLedSet(HAL_LED_1,HAL_LED_MODE_OFF);
```

最后添加启动按键扫描事件代码,具体如图 7.5 所示。

```
if ( event & MY_FIND_COLLECTOR_EVT )
{
  // Find and bind to a gateway device (if this node is not gateway)
  if (!isGateWay)
  {
    zb_BindDevice( TRUE, DUMMY_REPORT_CMD_ID, (uint8 *)NULL );
  }
  osal_start_timerEx( sapi_TaskID, MY_SEND_EVT, 1000 );
  HalLedBlink ( HAL_LED_3, 0, 10, 2750);
  HalLedSet( HAL_LED_4, HAL_LED_MODE_OFF );
  HalLedSet( HAL_LED_2, HAL_LED_MODE_OFF );
  HalLedSet( HAL_LED_1, HAL_LED_MODE_OFF );

   ///////////////////////////////////////////////////////////
   osal_set_event( sapi_TaskID, MY_KEY_EVENT );
```

图 7.5　添加启动按键扫描事件

第三步:在传感节点程序文件中实现终端光电数据采集发送。

① 修改 myReportPeriod 变量为 2 000,实现 2 s 发送一次数据。

② 在 sendDummyReport( )函数中实现数据采集发送,具体如下:

```
static void sendDummyReport(void)
{
  uint8 buff[12];
  memset(buff,0xff,12);  //需添加头文件 string.h
  uint16 ad=get_guangdian_ad();  //获取光电值
  buff[0]=0xfe;
  buff[1]=ad>>8;
  buff[2]=ad;
  buff[11]=0xff;
  zb_SendZigbeeDatas(buff,12);
}
```

第四步:在继电器节点程序文件中分别实现终端 LED 节点状态发送和光电接收判断。

① 修改 myReportPeriod 变量为 5 000,实现 5 s 发送一次数据。

② 进行光电接收判断,具体如下:

```
void zb_ReceiveDataIndication(uint16 source,uint16 command,uint16
len,uint8 *pData)
{
  /*user code start*/
if(mode==1)//判断是否为自动控制模式
{
  if(pData[0]==0xfe)
```

```
    {
        uint16 ad;
        ad=pData[1]<<8;
        ad |=pData[2];
        //ad=BUILD_UINT16(pData[2],pData[1]);
        if(ad!=0xffff)//判断是否为有效值
        if(ad<0x20)
        {
            HalLedSet(HAL_LED_4,HAL_LED_MODE_ON);
        }else
        {
            HalLedSet(HAL_LED_4,HAL_LED_MODE_OFF);
        }
    }
  }
    /*user code end*/
  }
```

③ 进行 LED 节点状态发送,具体如下:

```
  static void sendDummyReport(void)
  {
    uint8 buff[12];
    memset(buff,0xff,12);  //需添加头文件 string.h
    buff[0]=0xfe;
    buff[9]=HAL_STATE_LED4();
    buff[10]=0x00;
    buff[11]=0xff;
    zb_SendZigbeeDatas(buff,12);
  }
```

第五步:在协调器程序文件代码中实现协调器接收光电数据,5 s 周期性发送 LED 状态。

① 修改 myReportPeriod 变量为 5 000,实现 5 s 发送一次数据。

② 进行光电接收判断,具体如下:

```
  uint8 ledstatus=0;
  uint16 ad=0;
  void zb_ReceiveDataIndication(uint16 source,uint16 command,uint16
len,uint8 *pData)
  {
```

```
    /*user code start*/
    if(pData[0]==0xfe)
    {
          uint16 ad1;
          ad1=pData[1]<<8;
          ad1|=pData[2];
          if(ad1!=0xffff)//判断有效
          {
              ad=ad1;
          }
          if(pData[9]!=0xff)
          {
              ledstatus=pData[9];
          }
    }
    /*user code end*/
  }
```

③ 将串口状态发送给上位机,具体如下:

```
static void sendDummyReport(void)
{
  uint8 buff[12];
  memset(buff,0xff,12);
  buff[0]=0xfe;
  buff[1]=ad>>8;
  buff[2]=ad;
  buff[9]=ledstatus;
  buff[10]=0x00;
  buff[11]=0xff;
  HalUARTWrite(HAL_UART_PORT_0,buff,12);
}
```

④ 添加协调器启动定时发送事件。

a. 在 zb_HandleKeys( )函数中的“zb_AllowBind(0xFF);”广播语句之后添加如下代码:

```
osal_set_event(sapi_TaskID,MY_REPORT_EVT);
```

b. 修改 zb_HandleOsalEvent(uint16 event)函数的代码。

修改前代码如下:

```
if(event&MY_REPORT_EVT)
```

```
  {
    if(isGateWay)
    {
    osal_start_timerEx(sapi_TaskID,MY_REPORT_EVT,myReportPeriod);
    }
    else if(appState==APP_BINDED)
    {
       sendDummyReport();
    osal_start_timerEx(sapi_TaskID,MY_REPORT_EVT, myReportPeriod);
    }
  }
```

修改后代码如下：

```
if(event&MY_REPORT_EVT)
  {
    //if(isGateWay)//
    {
     //osal_start_timerEx(sapi_TaskID,MY_REPORT_EVT,myReportPeriod);//
    }
    //else if(appState==APP_BINDED)//
    {
      sendDummyReport();
      osal_start_timerEx(sapi_TaskID,MY_REPORT_EVT,myReportPeriod);
  }
}
```

课后练习

一、填空题

(1) ZigBee 无线传感器网络节点设计最主要的问题是__________。

(2) ZigBee 无线传感器网络的评价指标主要包括能源有效性、生命周期、_______、______________、______________、可扩展性等。

(3) 网关节点和汇聚节点具备信息聚合、处理、选择、分发和__________等功能。

(4) 单纯考虑功耗方面的因素，宜选择__________作为网络控制平台。

二、简答题

(1) 简述 ZigBee 无线传感器网络的安全性目标。

(2) 简述 ZigBee 无线传感器网络的安全策略。

参考文献

[1] 谢金龙,黄权,李玉斌. STM32 嵌入式技术与应用[M]. 北京:高等教育出版社,2021.
[2] 谢金龙,黄权,彭红建. CC2530 单片机技术与应用[M]. 北京:人民邮电出版社,2018.
[3] 谢金龙,邹梓秀,武献宇,等. 物联网应用技术[M]. 长沙:湖南大学出版社,2016.
[4] 彭文胜,谢金龙,邹梓秀. 物联网应用技术[M]. 北京:高等教育出版社,2016.
[5] 谢金龙. 物流信息技术与应用[M]. 3 版. 北京:北京大学出版社,2019.
[6] 谢金龙,邓子云. 物联网工程设计与实施[M]. 大连:东软电子出版社,2012.
[7] 王小强,欧阳骏,黄宁淋. ZigBee 无线传感器网络设计与实现[M]. 北京:化学工业出版社,2012.
[8] 谭浩强. C 程序设计[M]. 5 版. 北京:清华大学出版社,2017.
[9] 于宝明. 短距离无线通信设备检测[M]. 北京:机械工业出版社,2014.

郑重声明

读者意见反馈

为收集对教材的意见建议，进一步完善教材编写并做好服务工作，读者可将对本教材的意见建议通过如下渠道反馈至我社。

咨询电话　400-810-0598

反馈邮箱　gjdzfwb@pub.hep.cn

通信地址　北京市朝阳区惠新东街4号富盛大厦1座
　　　　　高等教育出版社总编辑办公室

邮政编码　100029